Avi Loeb

AUSSERIRDISCH

Intelligentes Leben jenseits unseres Planeten

Aus dem Englischen von Jürgen Schröder

Pantheon

Die Originalausgabe erschien 2021 unter dem Titel *Extraterrestrial. The First Sign of Intelligent Life Beyond Earth* bei Houghton Mifflin Harcourt, Boston.

Klimaneutral
Druckprodukt
ClimatePartner.com/14044-1912-1001

MIX
Papier aus verantwortungsvollen Quellen
FSC® C083411
FSC
www.fsc.org

Verlagsgruppe Random House FSC® N001967

1. Auflage

Umschlaggestaltung: total italic / Thierry Wijnberg, Amsterdam / Berlin
Umschlagabbildung: © Greg Rakozy/Unsplash
Satz: GGP Media GmbH, Pößneck
Druck und Bindung: CPI books GmbH, Leck
Printed in Germany
ISBN 978-3-570-55466-1

www.pantheon-verlag.de

Meinen drei Musen,
Ofrit, Klil und Lotem,
und allen anderen, die da draußen sind …

INHALT

EINLEITUNG

Wenn Sie die Möglichkeit haben, gehen Sie nach draußen und bewundern Sie das Universum. Am besten macht man das natürlich nachts. Aber selbst wenn der einzige Himmelskörper, den wir sehen können, die Mittagssonne ist, ist das Universum stets da und wartet auf unsere Aufmerksamkeit. Ich finde, dass man nur nach oben schauen muss, um die eigene Perspektive zu ändern.

Der Blick nach oben ist zwar am erhabensten in der Nacht, aber das ist keine Eigenschaft des Universums. Vielmehr handelt es sich um eine Eigenschaft des Menschen. Im Durcheinander der Alltagssorgen verbringen die meisten von uns einen Großteil der Stunden damit, unsere Aufmerksamkeit auf das zu richten, was sich ein paar Meter vor uns befindet; wenn wir daran denken, was über uns ist, dann meistens nur deshalb, weil wir am Wetter interessiert sind. Doch in der Nacht verebben unsere irdischen Sorgen in der Regel, und die Pracht des Mondes, der Sterne, der Milchstraße und – für diejenigen von uns, die vom Glück begünstigt sind – die Spur eines vorbeiziehenden Kometen oder Satelliten werden für Gartenteleskope und sogar für das bloße Auge sichtbar.

Was wir sehen, wenn wir uns die Mühe machen, nach oben zu schauen, hat die Menschheit begeistert, seit es geschichtliche Aufzeichnungen gibt. Tatsächlich wurde vor Kurzem gemutmaßt, dass vierzigtausend Jahre alte Höhlengemälde in ganz Europa zeigen, dass unsere fernen Verwandten die Sterne verfolgten. Von Dichtern bis zu

Philosophen, von Theologen bis zu Naturwissenschaftlern haben wir im Universum Anregungen zur Ehrfurcht, zum Handeln und zur Weiterentwicklung der Zivilisation gefunden. Schließlich war es das aufkommende Gebiet der Astronomie, das den Anstoß zur wissenschaftlichen Revolution von Nikolaus Kopernikus, Galileo Galilei und Isaac Newton gab, die die Erde aus dem Mittelpunkt des physikalischen Universums entfernte. Diese Wissenschaftler waren zwar nicht die Ersten, die sich für eine bescheidenere Sicht unserer Welt einsetzten, aber im Unterschied zu den Philosophen und Theologen, die ihnen vorangingen, vertrauten sie auf eine Methode evidenzgesicherter Hypothesen, die seit der damaligen Zeit der Prüfstein für den Fortschritt der menschlichen Zivilisation gewesen ist.

• • •

Den größten Teil meiner beruflichen Laufbahn habe ich damit verbracht, dem Universum gründliche Neugier entgegenzubringen. Direkt oder indirekt gehört alles, was sich jenseits der Atmosphäre der Erde befindet, zum Zuständigkeitsbereich meines Berufs. Während ich dies schreibe, bin ich Lehrstuhlinhaber des Instituts für Astronomie der Harvard University, Gründungsrektor der Black Hole Initiative in Harvard, Leiter des Institute for Theory and Computation am Harvard-Smithsonian Center for Astrophysics, Vorsitzender der Breakthrough Starshot Initiative, Vorsitzender des Ausschusses für Physik und Astronomie der Nationalakademien, Mitglied des Beratungsausschusses für die digitale Plattform »Einstein: Visualize the Impossible« an der Hebräischen Universität in Jerusalem und als Mitglied des Beratungsgremiums des amerikanischen Präsidenten für Wissenschaft und Technik in Washington, D.C. Es ist mein Glück, an der Seite vieler außergewöhnlich talentierter Wissenschaftler und Studenten zu arbeiten, während wir einige der tiefgreifendsten Fragen des Universums erforschen.

Dieses Buch nimmt eine dieser tiefgreifenden Fragen ins Visier, die wohl auch die folgenschwerste ist: Sind wir allein? Im Laufe der Zeit wurde diese Frage auf verschiedene Weise gestellt. Ist das Leben hier auf der Erde das einzige Leben im Universum? Sind Menschen die einzige bewusste Intelligenz in der unermesslichen Weite von Raum und Zeit? Eine bessere, präzisere Formulierung der Frage wäre folgende: Gibt es jetzt oder gab es jemals über die gesamte Ausdehnung des Raumes und über die gesamte Lebensdauer des Universums hinweg andere Kulturen, die wie wir die Sterne erforschten und Spuren ihrer Bemühungen hinterließen?

Ich glaube, dass sich im Jahr 2017 ein Beleg durch unser Sonnensystem bewegte, der die Hypothese stützt, dass die Antwort auf die letzte Frage Ja lautet. In diesem Buch überprüfe ich diesen Beleg, teste diese Hypothese und stelle die Frage, welche Konsequenzen sich ergeben könnten, wenn die Naturwissenschaftler dieser empirischen Evidenz denselben Glauben schenken würden, den sie Vermutungen über Supersymmetrie, Extradimensionen, die Natur dunkler Materie und die Möglichkeit eines Multiversums schenken.

Aber dieses Buch stellt auch noch eine weitere Frage, die in mancher Hinsicht schwieriger ist. Sind wir, sowohl Naturwissenschaftler als auch Laien, bereit? Ist die menschliche Zivilisation bereit, dem ins Auge zu sehen, was aus unserer Akzeptanz der plausiblen Schlussfolgerung, zu der wir anhand evidenzgesicherter Hypothesen gelangt sind, folgt – nämlich dass das Leben auf der Erde nicht einzigartig und vielleicht noch nicht einmal besonders beeindruckend ist? Ich fürchte, die Antwort darauf lautet Nein, und diese Befangenheit gibt Anlass zur Sorge.

• • •

Wie es in vielen Berufszweigen der Fall ist, so sind auch in der gesamten wissenschaftlichen Gemeinschaft modische Trends und Konservatismus bei der Auseinandersetzung mit dem Unvertrauten offenkundig. Ein Teil dieses Konservatismus entspringt einem lobenswerten Gespür. Die wissenschaftliche Methode fördert vernünftige Vorsicht. Wir stellen eine Hypothese auf, sammeln Beweise, testen diese Hypothese gegen die verfügbaren Beweise und verfeinern dann unsere Hypothese oder sammeln weitere Beweise. Aber Modeerscheinungen können die Erwägung bestimmter Hypothesen verhindern, und Karrierismus kann die Aufmerksamkeit und Ressourcen auf bestimmte Gegenstände hin- und von anderen weglenken.

Die Populärkultur war dabei auch nicht von Nutzen. Science-Fiction-Bücher und -Filme stellen außerirdische Intelligenz häufig auf eine Weise dar, die die meisten seriösen Wissenschaftler lächerlich finden. Außerirdische verwüsten die Städte der Erde, entführen Menschen oder versuchen auf qualvoll indirekte Weise mit uns zu kommunizieren. Unabhängig davon, ob sie gut- oder böswillig sind, besitzen die Außerirdischen häufig eine übermenschliche Intelligenz und beherrschen die Physik auf eine Weise, die es ihnen ermöglicht, Raum und Zeit so zu manipulieren, dass sie das Universum – manchmal sogar ein Multiversum – im Nu durchkreuzen können. Mit dieser Technik besuchen sie Sonnensysteme, Planeten und selbst Stadtteilkneipen, die von bewusstem Leben wimmeln. Im Laufe der Jahre bin ich zu der Überzeugung gelangt, dass die Gesetze der Physik nur an zwei Stellen keine Geltung mehr besitzen: bei Singularitäten und in Hollywood.

Ich persönlich finde keinen Gefallen an Science-Fiction, wenn sie die Gesetze der Physik verletzt; ich mag die Naturwissenschaft und ich mag Belletristik, aber nur, wenn sie ehrlich und nicht überheblich sind. Aufgrund meines Berufs mache ich mir Sorgen darüber, dass sensationslüsterne Darstellungen von Außerirdischen zu einer populären und wissenschaftlichen Kultur geführt haben, in der es salonfähig ist, viele ernsthafte Erörterungen von außerirdischem Leben mit einem Lachen abzutun, und zwar selbst dann, wenn die Belege eindeutig darauf hinweisen, dass dieser Gegenstand einer Erörterung wert ist und dass wir ihn jetzt sogar mehr denn je erörtern sollten.

Sind wir das einzige intelligente Leben im Universum? Science-Fiction-Erzählungen haben uns darauf vorbereitet, dass die Antwort Nein lautet und dass sie sich mit großem Getöse einstellen wird;

naturwissenschaftliche Berichte neigen dazu, die Frage gänzlich zu vermeiden. Das Ergebnis ist, dass die Menschen äußerst schlecht auf eine Begegnung mit einem außerirdischen Gegenstück vorbereitet sind. Nachdem der Abspann über die Leinwand geflimmert ist, wir das Kino verlassen und in den Nachhimmel nach oben blicken, ist der Gegensatz erschütternd. Über uns sehen wir zum größten Teil leeren, scheinbar leblosen Raum. Aber der Schein kann trügen – und zu unserem eigenen Wohl können wir uns nicht erlauben, noch länger getäuscht zu werden.

• • •

In »Die hohlen Männer«, seiner Meditation über das Europa nach dem Ersten Weltkrieg, denkt der Dichter T. S. Eliot, dass die Welt mit Gewimmer und nicht mit einem Knall zugrunde gehen wird, genau wie der verheerende Konflikt, der zu diesem Zeitpunkt der tödlichste der Menschheitsgeschichte war. Aber vielleicht weil meine erste akademische Liebe die Philosophie war, höre ich in Eliots evokativer Darstellung mehr als nur Verzweiflung. Ich höre auch eine ethische Entscheidung.

Natürlich wird die Welt zugrunde gehen, und ganz entschieden mit einem Knall; unsere Sonne, die jetzt etwa 4,6 Milliarden Jahre alt ist, wird sich in etwa sieben Milliarden Jahren in einen sich ausdehnenden Roten Riesen verwandeln und alles Leben auf der Erde auslöschen. Das steht außer Frage und ist auch nichts Moralisches.

Nein, die ethische Frage, die ich in Eliots »Die hohlen Männer« höre, konzentriert sich nicht auf die Auslöschung der Erde, die eine wissenschaftliche Gewissheit ist. Vielmehr betrifft sie die weniger als gewisse Auslöschung der menschlichen Zivilisation – möglicherweise sogar allen irdischen Lebens.

Heute steuert unser Planet auf eine Katastrophe zu. Umweltverschmutzung, Klimawandel, Pandemien und die stets gegenwärtige Gefahr eines Atomkriegs sind nur die bekanntesten Bedrohungen, denen wir gegenüberstehen. Auf unzählige Weisen haben wir die Voraussetzungen für unseren eigenen Untergang geschaffen. Er könnte sich mit einem Knall oder mit Gewimmer oder beidem ereignen – oder keinem von beiden. Im Augenblick bleiben alle Optionen.

Welchen Weg werden wir wählen? Das ist die ethische Frage von Eliots Gedicht.

Was wäre, wenn diese Metapher über das Ende für bestimmte Anfänge gälte? Was wäre, wenn eine Antwort auf die Frage »Sind wir allein?« sich präsentierte und subtil, flüchtig, mehrdeutig wäre? Was, wenn wir unsere Beobachtungs- und Deduktionsfähigkeiten im vollsten Ausmaß einsetzen müssten, um sie zu erkennen? Und was wäre, wenn die Antwort auf diese Frage den Schlüssel zu der anderen Frage enthalten würde, die ich gerade gestellt habe – nämlich ob und wie das irdische Leben und unsere kollektive Zivilisation enden werden?

• • •

Auf den folgenden Seiten ziehe ich die Hypothese in Betracht, dass am 19. Oktober 2017 der Menschheit genau eine solche Antwort gegeben wurde. Ich nehme nicht nur die Hypothese ernst, sondern auch die Botschaften, die sie für die Menschheit enthält, die Lehren, die wir aus ihr ziehen können, und einige der Konsequenzen, die sich daraus ergeben könnten, dass wir entsprechend dieser Lehren handeln oder nicht.

Obwohl die Suche nach Antworten auf die Fragen der Naturwissenschaft, vom Ursprung des Lebens bis zum Ursprung von allem, den Anschein erwecken könnte, dass sie zu den anmaßendsten aller menschlichen Bestrebungen gehört, lehrt uns diese Suche doch Demut. Nach allen Größen bemessen, ist jedes menschliche Leben unendlich klein; unsere individuellen Leistungen sind nur in der Gesamtheit vieler Generationen von Anstrengungen sichtbar. Wir stehen alle auf den Schultern unserer Vorfahren – und unsere eigenen Schultern müssen die Bemühungen derjenigen stützen, die nach uns kommen werden. Wir vergessen das zu unserem und ihrem möglichen Schaden.

Demut liegt auch darin, anzuerkennen, dass es uns aufgrund unseres mangelnden Verständnisses Schwierigkeiten bereitet, dem Universum einen Sinn abzugewinnen, und nicht aufgrund der Tatsachen oder Naturgesetze. Von einem frühen Alter an war ich mir dessen bewusst, was eine Folge davon war, dass ich in meiner Jugend dazu tendierte, Philosoph zu werden. Ich erfuhr dies erneut während meiner frühen Ausbildung als Physiker und verstand es umfassender, als ich gewissermaßen unbeabsichtigt Astrophysiker wurde. In meiner Teenagerzeit war ich besonders von den Existenzialisten und ihrem Fokus darauf berührt, dass der Einzelmensch einer anscheinend absurden Welt gegenübersteht, und als Astrophysiker bin ich mir besonders meines Lebens bewusst – eigentlich allen Lebens –, gemessen an dem immensen Maßstab des Universums. Ich habe festgestellt, dass sowohl die Philosophie als auch das Universum, wenn sie mit Demut betrachtet werden, Anlass zur Hoffnung geben, dass wir eines Besseren fähig sind. Es erfordert sachgemäße wissenschaftliche Zusammenarbeit über alle Staaten hinweg und eine wahrhaft globale Perspektive – aber wir können Besseres leisten.

Außerdem glaube ich, dass die Menschheit manchmal einen Anstoß braucht.

Wenn Belege für außerirdisches Leben in unserem Sonnensystem erschienen, würden wir sie dann wahrnehmen? Wenn wir den Knall von der Schwerkraft trotzenden Raumschiffen an unseren Horizonten erwarten, laufen wir dann Gefahr, das subtile Geräusch anderer Ankünfte zu verpassen? Was wäre zum Beispiel, wenn diese Belege in einer inaktiven oder erloschenen Technologie bestünden – vielleicht im Äquivalent des Abfalls einer Milliarden Jahre alten Zivilisation?

• • •

Folgendes ist ein Gedankenexperiment, das ich den Studenten vorlege, die mein Erstsemesterseminar in Harvard besuchen. Ein außerirdisches Raumschiff ist auf dem Gelände von Harvard gelandet, und die Außerirdischen machen deutlich, dass sie freundlich gesonnen sind.

Sie machen Besichtigungen, lassen sich auf den Stufen der Widener Library ablichten und berühren den Fuß der Statue von John Harvard, wie es so viele irdische Touristen tun. Dann wenden sie sich an ihre Gastgeber und laden sie ein, an Bord ihrer Raumschiffe für die Hinreise (ohne Rückreise) zum Heimatplaneten der Außerirdischen zu klettern. Sie räumen zwar ein, dass das etwas riskant ist, aber welches Abenteuer ist das nicht?

Würden Sie ihr Angebot akzeptieren? Würden Sie die Reise unternehmen?

Fast alle meine Studenten bejahen diese Fragen. An dieser Stelle wandle ich das Gedankenexperiment etwas ab. Die Außerirdischen bleiben zwar sympathisch, aber jetzt teilen sie ihren menschlichen Freunden mit, dass sie über den Ereignishorizont eines Schwarzen Loches hinausreisen werden, anstatt zu ihrem Heimatplaneten zurückzukehren. Wieder handelt es sich zwar um einen riskanten Vorschlag, aber die Außerirdischen haben so viel Vertrauen in ihre theoretische Modellierung dessen, was sie dort erwartet, dass sie bereit sind, die Reise zu machen. Was die Außerirdischen wissen wollen, ist: Sind Sie bereit? Würden Sie die Reise unternehmen?

Fast alle meine Studenten antworten mit Nein.

Beide Reisen sind nur Hinreisen. Beide enthalten Unbekanntes und Risiken. Warum dann die unterschiedlichen Antworten? Der am häufigsten genannte Grund ist, dass meine Studenten im ersten Fall immer noch in der Lage wären, ihre Telefone zu benutzen, um ihre Erfahrungen mit Freunden und Familienangehörigen zu Hause zu teilen, denn obwohl es Lichtjahre dauern könnte, bis die Signale die Erde erreichen, würden sie schließlich doch eintreffen. Doch eine Reise über den Ereignishorizont eines Schwarzen Lochs hinaus garantiert, dass kein Selfie, kein Text, keine Information, ob wundersam oder nicht, durchkäme. Die eine Reise würde »Gefällt mir« auf Facebook oder Twitter hervorbringen; bei der anderen wäre das ausgeschlossen.

An diesem Punkt erinnere ich meine Studenten daran, dass sich, wie Galileo argumentierte, nachdem er durch sein Fernrohr geschaut hatte, empirische Beweise nicht um Zustimmung kümmern. Das gilt für alle Beweise, ob sie auf einem fernen Planeten oder auf der anderen Seite des Ereignishorizonts eines Schwarzen Lochs in Erfahrung gebracht werden. Der Wert einer Information bemisst sich nicht an der Anzahl von Daumen-hoch-Zeichen, die sie bekommt, sondern daran, was wir mit ihr anfangen.

Und dann stelle ich ihnen eine Frage, auf die meine jungen Harvard-Studenten die Antwort zu kennen glauben: Sind wir – das heißt wir Menschen – die *smartest kids on the block*? Bevor sie antworten können, füge ich hinzu: Schauen Sie zum Himmel empor und machen Sie sich bewusst, dass Ihre Antwort zu einem großen Teil davon abhängen wird, wie Sie auf eine meiner Lieblingsfragen antworten – sind wir allein?

Die Betrachtung des Himmels und des Universums jenseits davon lehrt uns Demut. Der Raum und die Zeit des Kosmos haben riesige Größenmaßstäbe. Es gibt mehr als eine Milliarde Billionen sonnenähnliche Sterne in der beobachtbaren Ausdehnung des Universums, und diejenigen von uns, die am meisten Glück haben, leben nur ein Prozent eines Millionstels der Lebensdauer der Sonne. Aber auch wenn wir demütig bleiben, sollte uns das nicht daran hindern, unser Universum besser kennenzulernen. Vielmehr sollte es uns animieren, unsere Ziele höherzustecken, schwierige Fragen zu stellen, die unsere Annahmen in Zweifel ziehen, und dann sollten wir uns daranmachen, auf strenge Weise Belege anstatt »Gefällt mir«-Bekundungen zu erforschen.

• • •

Der größte Teil der empirischen Belege, mit denen dieses Buch ringt, wurde über elf Tage hinweg gesammelt, angefangen am 19. Oktober 2017. Das war die Zeitspanne, die uns zur Verfügung stand, den ersten bekannten interstellaren Besucher zu beobachten. Aus der Analyse dieser Daten und zusätzlichen Beobachtungen haben wir unsere Schlussfolgerungen zu diesem sonderbaren Objekt gezogen. Elf Tage klingt nach nicht viel, und obwohl sich jeder Wissenschaftler gewünscht hätte, dass es uns gelungen wäre, noch mehr Belege zu sammeln, sind die Daten, die wir haben, erheblich. Aus ihnen können wir Vieles folgern, das ich in diesem Buch alles genau beschreiben werde. Einer Schlussfolgerung jedoch stimmen alle zu, die die Daten studiert haben: Dieser Besucher war verglichen mit jedem anderen Objekt, das Astronomen je untersucht haben, exotisch. Und die Hypothesen, die angeboten werden, um allen beobachteten Sonderbarkeiten des Objekts gerecht zu werden, sind ebenfalls exotisch.

Ich behaupte, die einfachste Erklärung dieser Sonderbarkeiten besteht darin, dass das Objekt von einer intelligenten Zivilisation erschaffen wurde, die nicht von dieser Erde ist.

Das ist natürlich eine Hypothese – aber es ist eine durch und durch wissenschaftliche. Die Schlüsse, die wir aus ihr ziehen können, sind nicht ausschließlich wissenschaftlich, ebenso wenig wie die Handlungen, die wir angesichts dieser Schlüsse tätigen könnten. Der Grund dafür ist, dass meine einfache Hypothese zu einigen der tiefsten Fragen führt, die die Menschheit je zu beantworten versucht hat, ob durch das Objektiv der Religion, der Philosophie oder der wissenschaftlichen Methode. Sie berühren alles, was irgendeine Bedeutung für die menschliche Zivilisation und das Leben, jedes Leben, im Universum hat.

Im Geiste der Klarheit und Offenheit sollen Sie wissen, dass manche Naturwissenschaftler meine Hypothese unzeitgemäß finden, außerhalb des Mainstreams der Naturwissenschaft oder sogar gefährlich schlecht durchdacht. Aber der ungeheuerlichste Fehler, den wir machen können, besteht glaube ich darin, diese Möglichkeit nicht ernst genug zu nehmen.

Lassen Sie mich das erläutern.

1

KUNDSCHAFTER

Schon lange bevor wir etwas von seiner Existenz ahnten, bewegte sich das Objekt von der Vega aus, einem Stern, der nur 25 Lichtjahre von der Sonne entfernt ist, auf uns zu. Am 6. September 2017 flog es durch die Umlaufebene hindurch, in der sich alle Planeten unseres Sonnensystems um die Sonne drehen. Doch die extrem hyperbolische Flugbahn des Objekts sorgte dafür, dass es nur einen Besuch abstatten, aber nicht hierbleiben würde.

Am 9. September 2017 erreichte der Besucher sein Perihel bzw. den Punkt, an dem seine Flugbahn ihn der Sonne am nächsten brachte. Danach begann er, das Sonnensystem zu verlassen; seine Geschwindigkeit – relativ zu unserer Sonne bewegte er sich mit 94 240 Kilometern pro Stunde – stellte sein Entkommen aus dem Gravitationsfeld der Sonne mehr als sicher. Um den 29. September wanderte er durch die Umlaufebene der Venus und um den 7. Oktober durch die der Erde, während er sich rasch auf das Sternbild Pegasus und die Finsternis dahinter zubewegte.

Als das Objekt in den interstellaren Raum zurücksauste, hatte die Menschheit noch keine Notiz von ihm genommen. Da wir seine Ankunft nicht wahrgenommen hatten, hatten wir ihm auch keinen Namen gegeben. Auch wenn irgendjemand oder irgendetwas es je mit einem solchen versehen hätte, wüssten wir doch nicht, was es sein könnte.

Erst als es bereits an uns vorbeigeflogen war, erhaschten Astronomen auf der Erde einen Blick auf unseren abreisenden Gast. Wir schrieben dem Objekt mehrere offizielle Bezeichnungen zu und landeten schließlich bei der folgenden: 1I/2017 U1. Aber die Wissenschaftlergemeinde der Erde und die allgemeine Öffentlichkeit sollten es einfach als 'Oumuamua kennenlernen – ein hawaiischer Name, der die geografische Lage des Teleskops widerspiegelt, das bei der Entdeckung des Objekts benutzt wurde.

• • •

Die Inseln von Hawaii sind Juwelen im Pazifischen Ozean, die Touristen aus der ganzen Welt anziehen. Für Astronomen halten sie jedoch noch eine zusätzliche Verlockung bereit: Sie beheimaten einige der raffiniertesten Teleskope der Erde, ein Zeugnis unserer am weitesten fortgeschrittenen Technologien.

Unter den modernsten Teleskopen Hawaiis sind die, aus denen das Panoramic Survey Telescope and Rapid Response System (Pan-STARRS) besteht, ein Netzwerk aus Teleskopen und hochauflösenden Kameras, die sich bei einem Observatorium auf dem Haleakala befinden, dem inaktiven Vulkan, der den größten Teil der Insel Maui bildet. Eines dieser Teleskope, Pan-STARRS1, enthält die höchstauflösende Kamera der Erde, und seit es in Betrieb ging, hat das System insgesamt die meisten der in der Nähe der Erde vorbeifliegenden Kometen und Asteroiden entdeckt, die in unserem Sonnensystem gefunden wurden. Doch Pan-STARRS zeichnet sich noch durch eine weitere Eigenschaft aus – es sammelte die Daten, die uns ursprünglich über 'Oumuamuas Existenz informierten.

Am 19. Oktober entdeckte der Astronom Robert Weryk am Haleakala-Observatorium 'Oumuamua in den Daten, die vom Pan-STARRS-Telekop gesammelt wurden – Bilder, die das Objekt als einen Lichtpunkt zeigten, der über den Himmel sauste und sich zu schnell bewegte, um von der Schwerkraft der Sonne eingefangen werden zu können. Dieser Hinweis führte die Gemeinschaft der Astronomen rasch zu der übereinstimmenden Auffassung, dass Weryk das erste interstellare Objekt gefunden hatte, das je in unserem Sonnensystem entdeckt wurde. Doch zu dem Zeitpunkt, als wir uns einen Namen für das

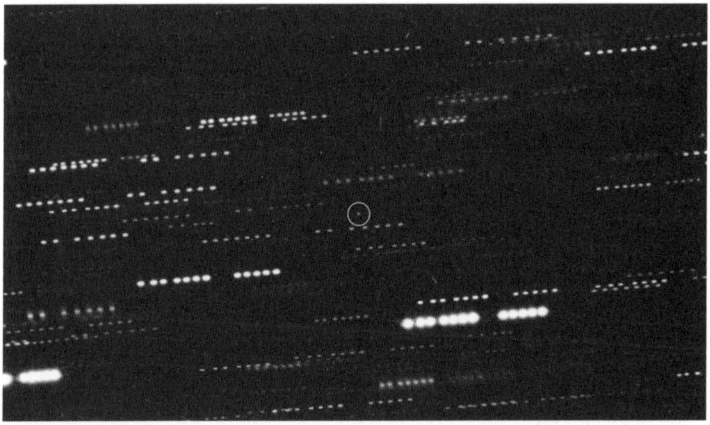

Kombinierte Teleskopaufnahme des ersten interstellaren Objekts 'Oumuamua, eingekreist als unaufgelöste, punktförmige Quelle in der Mitte. Es ist von Spuren schwach leuchtender Sterne umgeben, von denen jede zu einer Reihe von Punkten verwischten, während die Einzelaufnahmen des Teleskops das sich bewegende 'Oumuamua verfolgten. ESO/K. Meech et al.

Objekt ausgedacht hatten, war es schon über dreißig Millionen Kilometer von der Erde entfernt oder etwa 85-mal so weit entfernt wie der Mond, während es sich schnell von uns wegbewegte.

Es kam als Fremdling in unsere Umgebung, aber es verließ sie als etwas mehr. Das Objekt, dem wir einen Namen gegeben hatten, ließ uns mit einer Menge unbeantworteter Fragen zurück, die sowohl den prüfenden Blick unserer Wissenschaftler als auch die Fantasie der Menschheit voll in Anspruch nehmen sollten.

Das hawaiische Wort *'Oumuamua* (ausgesprochen als »Ohmuamua«) wird grob als »Kundschafter« übersetzt. Bei ihrer Verkündung der offiziellen Bezeichnung des Objekts bestimmte die Internationale Astronomische Union *'Oumuamua* anders, nämlich als »einen Boten aus der Ferne, der als Erster ankommt«.[1] So oder so legt der Name eindeutig nahe, dass das Objekt nur das erste von weiteren ist, die noch kommen werden.

• • •

Zuletzt bezeichneten die Medien 'Oumuamua als »sonderbar«, »rätselhaft« und »eigenartig«. Aber im Vergleich wozu? Die kurze Antwort ist, dass dieser Kundschafter sonderbar, rätselhaft und eigenartig war, wenn man ihn mit allen anderen Kometen und Asteroiden vergleicht, die je zuvor entdeckt wurden.

Tatsächlich konnten die Wissenschaftler nicht mit Sicherheit feststellen, ob dieser Kundschafter überhaupt ein Komet oder ein Asteroid *war*.

Nicht dass wir keine Vergleichsgrundlage hätten. Tausende Asteroiden, trockene Gesteinsbrocken, die durch den Weltraum rasen, werden jedes Jahr entdeckt, und die Zahl vereister Kometen in unserem Sonnensystem ist größer, als unsere Instrumente zählen können. Interstellare Besucher sind viel seltener als Asteroiden oder Kometen. Genau genommen hatten wir zum Zeitpunkt von 'Oumuamuas Entdeckung nie ein Objekt gesehen, das seinen Ursprung außerhalb unseres Sonnensystems hatte und sich durch es hindurchbewegte.

Dieses Alleinstellungsmerkmal ging jedoch schnell wieder verloren. Ein zweites interstellares Objekt wurde kurz nach der Identifikation von 'Oumuamua entdeckt, und in der Zukunft werden wir wahrscheinlich noch viel mehr entdecken, und zwar insbesondere mit dem bald in Betrieb gehenden Spiegelteleskop des Legacy Survey of Space and Time (LSST) des Vera C. Rubin Observatory. In einem gewissen Sinne hatten wir diese Besucher zudem schon erwartet, bevor wir sie sehen konnten. Denn Statistiken deuten darauf hin, dass die Anzahl von interstellaren Objekten, die die Umlaufebene der Erde kreuzen, zwar um Größenordnungen kleiner ist als die Anzahl von Objekten, die ihren Ursprung innerhalb unseres Sonnensystems haben, dass diese interstellaren Objekte selbst jedoch nicht ungewöhnlich sind. Kurz, die Vorstellung, dass unser Sonnensystem seltene interstellare Objekte beherbergt, ist zwar erstaunlich, aber daran ist nicht Geheimnisvolles. Und anfangs versprachen die schlichteren Tatsachen zu 'Oumuamua nur Staunen: Schon bald nachdem 'Oumuamuas Entdeckung am 26. Oktober 2017 vom Astronomischen Institut der University of Hawaii verkündet worden war, überprüften Wissenschaftler auf der ganzen Welt die rudimentärsten Daten, die gesammelt worden waren, und stimmten hinsichtlich der grundlegenden Tatsachen überein: 'Oumuamuas Flugbahn, seine Geschwindigkeit und seine ungefähre Größe (sein Durchmesser betrug weniger als vierhundert Meter). Keine dieser frühen Einzelheiten deutete darauf hin, dass 'Oumuamua aus irgendeinem anderen Grund ungewöhnlich war als aus dem, dass sein Ursprung außerhalb unseres Sternensystems lag.

Doch binnen Kurzem begannen Wissenschaftler, die die sich anhäufenden Daten durchsuchten, auf die Eigentümlichkeiten von 'Oumuamua hinzuweisen – Einzelheiten, die uns schon bald die Annahme infrage stellen ließen, dass dieses Objekt ein völlig normaler, wenn auch interstellarer, Komet oder Asteroid sei. Tatsächlich änderte nur wenige Wochen nach der Entdeckung des Objekts die Internationale Astronomische Union – die Organisation, die neu identifizierten Objekten im Weltraum einen Namen gibt – Mitte November 2017 ihre Bezeichnung für 'Oumuamua zum dritten und letzten Mal. Ursprünglich hatte die IAU es C/2017 U1 genannt – das *C* stand für *Comet*. Dann wechselte sie zu A/2017 U1 – das *A* stand für *Asteroid*. Schließlich erklärte die IAU es zu 1I/2017 – wobei das *I* für *interstellar* steht. Zu diesem Zeitpunkt war die Tatsache, dass 'Oumuamua seinen Ursprung im interstellaren Raum hatte, eines der wenigen Dinge, auf die sich alle verständigen konnten.

• • •

Ein Wissenschaftler muss sich dorthin leiten lassen, wohin die empirischen Beweise ihn führen, sagt ein altes Sprichwort. Es ist eine gewisse Demut dabei, wenn man den Beweisen folgt, und dieses Verhalten befreit einen von Voreingenommenheiten, die Beobachtungen und Einsichten verdunkeln können. In etwa dasselbe lässt sich über das Erwachsenenalter sagen, für das eine gute Definition folgendermaßen lauten könnte: »Der Punkt, an dem man so viel Erfahrung gesammelt hat, dass die eigenen Modelle eine hohe Erfolgsrate bei der Vorhersage der Wirklichkeit haben.« Das ist vielleicht nicht die Form, die Sie wählen würden, um die Idee Ihren kleinen Kindern zu präsentieren, aber dennoch finde ich, dass die Definition ihre Vorzüge hat.

In der Praxis bedeutet das einfach, dass wir uns selbst gestatten sollten zu stolpern. Man gebe Vorurteile auf. Man schleife William von Ockhams Rasiermesser und suche nach der einfachsten Erklärung. Man sollte bereit sein, Modelle aufzugeben, die nicht funktionieren, was bei manchen unweigerlich der Fall ist, wenn sie mit unserer unvollkommenen Erfassung der Tatsachen und der Naturgesetze kollidieren.

Offensichtlich gibt es Leben im Universum. Wir sind ein Zeugnis dafür. Und das bedeutet, dass die Menschheit einen riesigen, überzeugenden, bald beflügelnden und bald ernüchternden Datensatz liefert, der zu berücksichtigen ist, wenn wir uns Fragen zu den Handlungen und Absichten irgendeines anderen intelligenten Lebens stellen, das vielleicht im Universum existieren – oder existiert haben – könnte. Als einziges Beispiel von bewusstem Leben, das wir eingehend erforscht haben, geben die Menschen sehr wahrscheinlich viele Hinweise auf das Verhalten irgendeines anderen vergangenen, gegenwärtigen oder zukünftigen bewussten Lebens im Universum.

Als Physiker bin ich beeindruckt von der Allgegenwart der physikalischen Gesetze, die unsere eigene Existenz auf unserem besonderen kleinen Planeten regieren. Wenn ich in den Kosmos hinausblicke, stehe ich ehrfürchtig vor der Ordnung, vor der Tatsache, dass die Naturgesetze, die wir hier auf der Erde feststellen, auch an den äußersten Rändern des Universums zu gelten scheinen. Und seit Langem, auch schon lange vor der Ankunft von ’Oumuamua, geht mir eine Folgerung aus diesem Gedanken durch den Kopf: Die Allgegenwart dieser Naturgesetze legt nahe, dass, wenn es irgendwo anders intelligentes Leben gibt, dieses Leben höchstwahrscheinlich Wesen umfassen wird, die diese allgegenwärtigen Gesetze erkennen und die bereit sind, dorthin zu gehen, wohin die empirische Evidenz sie führt, wobei sie begeistert Theorien bilden, Daten sammeln, die Theorien testen, verfeinern und erneut testen. Und schließlich Forschungsreisen unternehmen, genau wie die Menschheit es getan hat.

Unsere Kultur hat fünf Flugobjekte in den interstellaren Raum hinausgeschickt: Voyager 1 und Voyager 2, Pioneer 10 und Pioneer 11 und New Horizons. Allein diese Tatsache deutet auf unser unbegrenztes Potenzial hin, uns weit hinauszuwagen. Das Gleiche gilt für das Verhalten unserer weiter entfernten Vorfahren. Jahrtausendelang sind Menschen in die Weiten unserer Erde gereist und haben nach einem anderen oder besseren Leben gesucht, oftmals unter erschreckender Ungewissheit darüber, was sie finden oder wann sie wieder zurückkehren würden. Die Gewissheit unserer Spezies hat mit der Zeit beträchtlich zugenommen – Astronauten gelang es im Jahr 1969, sicher zum Mond und zurück zu reisen –, aber die Unsicherheit dieser Unternehmungen bleibt. Nicht die Wände der Mondlandefähre, die etwa so dick wie ein Blatt Papier waren, haben diese Weltraumreisenden beschützt, sondern die Naturwissenschaft und Technik, die hinter deren Bau stand.

Und wenn andere Kulturen sich da draußen unter den Sternen entwickelt haben, hätten sie dann nicht denselben Drang empfunden, Forschungsreisen zu unternehmen, sich über die vertrauten Horizonte auf der Suche nach dem Neuen hinauszuwagen? Wenn man nach dem menschlichen Verhalten urteilt, wäre das nicht im Geringsten überraschend. Tatsächlich haben diese Wesen sich vielleicht mit der Zeit so an die grenzenlose Ausdehnung des Weltraums gewöhnt, dass sie in ihm ebenso reisten, wie wir hier auf der Erde jetzt unseren Planeten durchqueren. Unsere Vorfahren verwendeten Begriffe wie *reisen* und *erforschen*; heute fahren wir in Urlaub.

Im Juli 2017 besuchten meine Frau, Ofrit, unsere beiden Töchter, Klil und Lotem, und ich eine eindrucksvolle Sammlung von Teleskopen auf Hawaii. Als Lehrstuhlinhaber des Instituts für Astronomie der Harvard University war ich eingeladen worden, eine Vorlesung auf Big Island zu halten. Ziel war es, dem Publikum, das zum Teil gegen den weiteren Bau des nächsten großen Teleskops auf der Höhe des inaktiven Vulkans Mauna Kea protestierte, die Begeisterung für Astronomie zu vermitteln. Ich habe die Einladung gerne angenommen und nutzte die Gelegenheit, die anderen Inseln von Hawaii, einschließlich Maui, zu besuchen, die ebenfalls hochmoderne Teleskope beherbergen.

Mein Thema war die Bewohnbarkeit des Universums, die Wahrscheinlichkeit, in den kommenden Jahrzehnten Belege für außerirdisches Leben zu entdecken, und dass eine solche Entdeckung die Menschheit zu der Anerkennung zwingen würde, dass wir nicht so überaus besonders sind. Die Überschrift der Lokalzeitung, die über meinen Vortrag schrieb, fasste die Grundidee schön zusammen: »Seid demütig, Erdbewohner.«

Die Vorlesung wurde etwas weniger als einen Monat vor dem Zeitpunkt gehalten, als 'Oumuamua – ohne dass die Erdbewohner davon wussten – sich durch die Umlaufbahn von Mars bewegte, und ich hielt sie nur wenige Kilometer vom Pan-STARRS1 entfernt – einem der Teleskope, die ich auf dieser Reise besuchte, und einem technischen Wunderwerk der Instrumentenausrüstung. Drei Monate später sollten die Daten, die von Pan-STARRS gesammelt wurden, zur Entdeckung von 'Oumuamua führen.

• • •

Das erste Pan-STARRS-Teleskop, PS1, ging 2008 in Betrieb. Fünfzig Jahre zuvor, im Jahr 1958, war ein anderes Teleskop auf dem Gipfel von Haleakala gebaut worden, das jedoch nicht zur Erforschung der Sterne genutzt wurde. Zu jener Zeit war man wegen sowjetischer Satelliten besorgt, und Amerika wollte in der Lage sein, sie zu verfolgen. Pan-STARRS, das Panoramic Survey Telescope and Rapid Response System, hatte ein anderes Ziel: Kometen und Asteroiden zu entdecken, die mit der Erde zu kollidieren drohten. Infolgedessen ist es seit 2008 immer raffinierter geworden. Weitere Teleskope wurden im Laufe der Jahre hinzugefügt, von denen das bedeutendste Pan-STARRS2 ist, das 2014 voll einsatzfähig wurde. Die Reihe von Teleskopen, die zusammen als Pan-STARRS bezeichnet werden, kartografiert den Himmel über uns weiterhin und entdeckt Kometen, Asteroiden, explodierende Sterne und anderes.

Kurz, ein vergangener Kalter Krieg trug dazu bei, ein Observatorium von solcher Komplexität und technischer Raffinesse anzustoßen, dass Jahrzehnte später in der kalten, klaren Atmosphäre auf einem erloschenen Vulkan ein ausgeklügeltes Gerät in der Lage war, 'Oumuamua zu entdecken, das nur wenige Jahre, nachdem dieses besondere Teleskop seinen Betrieb aufgenommen hatte, darüber hinwegflog.

Leicht können einen Koinzidenzen durch ihre Eigenschaft der Selbsterfüllung beeindrucken. Doch Koinzidenzen können irreführend sein. Den größten Teil der Menschheitsgeschichte haben die Menschen nach mystischen oder religiösen Erklärungen gesucht, um sich einen Reim auf Vorkommnisse zu machen, die keine eindeutigen Ursachen hatten. Ich denke mal, dass die Menschen selbst während des Jugendalters und der frühen Adoleszenz unserer Zivilisation so viel Erfahrungen sammelten, dass ihre Modelle eine zunehmende Erfolgsrate bei der Vorhersage der Wirklichkeit hatten. Man könnte sagen, dass die Menschheit im Laufe der Zeit, über die es Aufzeichnungen gibt, langsam ins Erwachsenenalter eingetreten ist.

Eigentlich gehen die meisten Ereignisse im Leben auf einen Zusammenfluss mehrerer Ursachen zurück. Das gilt sowohl für beiläufige Beispiele (das Essen der Suppe in der Schüssel, die vor Ihnen steht) als auch für außergewöhnliche Fälle (die Ursprünge von, nun ja, allem). Sie können sich von ganz persönlichen Dingen (beispielsweise der ersten Begegnung, die zur Ehe führt, aus der zwei Töchter hervorgehen, die begierig auf einen Urlaub auf Hawaii sind) bis zu globalen erstrecken (etwa der Möglichkeit – der ganz realen Möglichkeit –, dass unsere Teleskope elf Tage lang im Oktober jenes Jahres Zeugen eines Objekts waren, das seinen Ursprung außerhalb unserer Sonnensystems hatte).

• • •

Meine Familie und ich kehrten von unserem Urlaub zu unserem hundertjährigen Haus außerhalb von Boston, Massachusetts, zurück. In vielerlei Hinsicht unterscheidet es sich stark von der Farm in Israel, wo ich aufwuchs. Aber in dem Sinne, dass es meine Liebe zur Natur stillt, mein Bedürfnis, inmitten der Dinge zu sein, die um uns herum wachsen und leben, ist es das Gleiche.

Während eines Abendspaziergangs im Wald in der Nähe meines Hauses beobachtete ich, wie ein großer Baum im Wald, der sich hinter unserem Garten ausbreitet, umfiel. Zuerst hörte ich das Knacken, und dann sah ich, wie er nachgab und fiel. Ich sah, dass sein Stamm hohl war. Ein Großteil davon war schon seit Jahren abgestorben, und an jenem Tag und zu jener Stunde konnte er dem Wind nicht länger standhalten. Es ergab sich einfach, dass ich bei seinem Sturz zugegen war – dem einen Teil einer Kausalkette, deren Zeuge ich war, auf die ich jedoch keinen Einfluss hatte.

Unter günstigeren Umständen können unsere Handlungen jedoch entscheidend sein. Vor etwa einem Jahrzehnt, kurz nachdem meine Familie nach Lexington gezogen war, entdeckte ich einen gebrochenen Ast an einem jungen Baum im Garten. Ein Gärtner riet mir, den schon fast abgetrennten Ast abzusägen. Bei näherer Untersuchung sah ich, dass lebendige Fasern ihn immer noch mit dem übrigen Baum verbanden. Ich beschloss, den Ast mit Isolierband zusammenzubinden. Heute erhebt sich der Ast hoch über meinem Kopf in den Himmel, aber das Isolierband blieb auf Augenhöhe. Dieser Baum steht nahe beim Haus und ist von unseren Fenstern aus sichtbar. Ich verweise auf ihn meinen Töchtern gegenüber, um sie daran zu erinnern, dass bescheidene Handlungen außergewöhnliche Folgen haben können.

Einige der folgenreichsten Entscheidungen treffen wir in der hoffnungsvollen Erwartung, was daraus folgen könnte. Zu der Zeit, als ich den Baumast bei meinem Haus reparierte, war das nicht nur ein Glaubensgrundsatz für mich, sondern eine häufig wiederholte Erfahrung.

2

DIE FARM

Zu meinen frühesten Erinnerungen gehört, wie ich an meinem ersten Schultag in der ersten Klasse etwas zu spät zur Schule kam. Als ich das Klassenzimmer betrat, rannten die Kinder herum und sprangen auf ihre Stühle und sogar auf ihre Schreibtische. Es war ein wildes Durcheinander.

Meine Reaktion war Neugier. Ich schaute auf meine Klassenkameraden und dachte: *Sollte ich mich ihnen anschließen? Ist es sinnvoll, sich so zu verhalten? Warum tun sie das? Warum sollte ich es tun?* Ich stand einen Augenblick lang an der Tür und versuchte, mit diesen Fragen klarzukommen.

Ein paar Sekunden später kam die Lehrerin herein. Zu sagen, dass sie unzufrieden war, wäre eine Untertreibung. So wollte sie das neue Schuljahr nicht beginnen lassen. Bei dem Versuch, ihre Autorität durchzusetzen und die Schüler zu beruhigen, sah sie in mir eine Möglichkeit, die Ordnung wiederherzustellen. »Schaut euch an, wie anständig Avi sich benimmt«, sagte sie zu der Klasse. »Könnt ihr nicht alle seinem Beispiel folgen?«

Aber meine Gelassenheit war kein Zeichen von Tugend. Ich hatte nicht entschieden, dass das richtige Verhalten darin bestand, ruhig dazustehen und auf die Ankunft der Lehrerin zu warten; ich hatte einfach noch nicht herausbekommen, ob es für mich sinnvoll wäre, mich dem Chaos anzuschließen.

Ich wollte das der Lehrerin sagen, tat es aber nicht, was ich nun bedauerlich finde. Die Lektion, die meine Klassenkameraden aus meinem Verhalten hätten lernen können – eine Lektion, die ich schließlich selbst lernte und die ich seitdem meinen eigenen Schülern versucht habe beizubringen –, hätte sich nicht darauf bezogen, ob man der Menge folgen sollte, sondern vielmehr darauf, dass man sich Zeit zum Überlegen nehmen sollte, bevor man handelt.

Im Überlegen liegt die Demut der Ungewissheit. Auch das ist eine Einstellung zum Leben, um die ich selbst mich bemühte, die ich bei meinen Studenten in Harvard kultivieren und meinen Töchtern beibringen wollte. Schließlich hatten meine Eltern versucht, mir diese Einstellung beizubringen.

• • •

Ich wuchs in Israel auf der Farm unserer Familie in Beit Hanan auf, einem Dorf, das sich etwa 24 Kilometer südlich von Tel Aviv befindet. Es handelt sich um eine landwirtschaftliche Gemeinde, die auf das Jahr 1929 zurückgeht und schon kurz nach ihrer Gründung 178 Einwohner hatte. Im Jahr 2018 war diese Zahl jedoch nur auf 548 gestiegen. In meiner Kindheit war das Dorf von seinen Obstgärten und Gewächshäusern geprägt, wo alle möglichen Arten von Obst, Gemüse und Blumen kultiviert wurden. Zudem war es ein Moschav, eine besondere Art von Dorf. Im Unterschied zu einem Kibbuz, bei dem das Land gemeinschaftlich bewirtschaftet wird, besteht ein Moschav aus einzelnen Familien, die Eigentümer ihrer eigenen Farmen sind.

Unsere Farm war bekannt für ihr großes Feld mit Pekannussbäumen – mein Vater stand den Pekannussproduzenten von ganz Israel vor –, aber wir bauten auch Orangen und Grapefruits an. Als ich klein war, ragten die Pekannussbäume, die über dreißig Meter hoch wachsen können, über mir auf, während die Zitrusbäume mit ihrem charakteristischen scharfen Geruch reifer Früchte nur selten über drei Meter hoch wurden und es leichter war, auf sie zu klettern.

Die Pflege der Haine und die Beaufsichtigung der notwendigen Maschinen waren für meinen Vater David, der ein kompetenter Problemlöser war, eine Vollzeitbeschäftigung. Tatsächlich erinnere ich mich an ihn hauptsächlich anhand von bestimmten Gegenständen: die Traktoren, die er wartete, die Bäume unserer Obstplantage, die er pflegte, die Haushaltsgeräte, die er in unserem ganzen Haus und unserem Hof ausbesserte. Eine besonders deutliche Erinnerung habe ich daran, wie er im Sommer 1969 auf das Dach unseres Hauses kletterte, um sicherzustellen, dass wir mit unserem Fernsehempfang die Mondlandung von Apollo 11 ansehen konnten.

So fähig mein Vater auch war, das schiere Ausmaß von Arbeit bedeutete, dass zahlreiche tägliche Arbeiten für meine Schwestern und mich übrig blieben. Wir zogen Hühner auf, und schon in einem sehr frühen Alter sammelte ich jeden Nachmittag Eier und verbrachte viele Nächte mit einer Taschenlampe auf der Jagd nach flauschigen Küken, die aus ihren Käfigen entkommen waren.

Israel war in den 1960er und 1970er Jahren, den Jahrzehnten meiner Kindheit und Jugend, ein gefährdeter Ort. Nach dem Zweiten Weltkrieg stieg die Bevölkerung durch jüdische Flüchtlinge um etwa ein Drittel, und die Anzahl von Menschen in der Region wuchs von zwei auf über drei Millionen. Viele kamen aus Europa, sodass der Widerhall des Holocausts immer gegenwärtig war. Hinzu kommt, dass die arabischen Länder des Nahen Ostens Israel entschieden feindlich gesonnen waren, wobei Israel sich behaupten musste. Ein Konflikt folgte dem anderen: Auf den Sinai-Krieg von 1956 folgte der Sechstagekrieg von 1967 und auf diesen der Yom-Kippur-Krieg von 1973. Obwohl zur Zeit meiner Kindheit erst einige Jahrzehnte alt, war Israel von jüngerer und alter Geschichte durchdrungen, und den Israelis war damals – wie heute – bewusst, dass das weitere Überleben ihres Staates davon abhing, dass sie sich die Folgen ihrer Entscheidungen überlegten.

Das Land war außerdem schön, und Beit Hanan sowie die Farm meiner Familie waren herrliche Orte zum Aufwachsen. Diese freie Atmosphäre regte meine frühen Schriften an, Aufzeichnungen, die ich sammelte und in der oberen Schublade meines Schreibtischs auftürmte. Tatsächlich war es während eines Großteils meines Erwachsenenalters für mich ein motivierender Gedanke, dass ich immer und sehr gern zur Farm meiner Kindheit zurückkehren könnte, wenn mein Freidenkertum mich je in Schwierigkeiten bringen sollte.

Gemeinhin denkt man, dass das Leben eine Sammlung der Orte ist, die man besucht. Doch das ist eine Illusion. Das Leben ist eine Sammlung von Ereignissen, und diese sind das Ergebnis von Entscheidungen, von denen nur einige bei uns liegen.

Natürlich gibt es auch Kontinuitäten. Die Wissenschaft, die ich betreibe, ist durch eine direkte Linie mit meiner Kindheit verbunden. Es war eine unschuldige Zeit, in der ich über die großen Fragen des Lebens staunte, die Schönheit der Natur genoss und mich zwischen den Obstgärten und den nächsten Nachbarn in Beit Hanan nicht um meinen Status oder meine Stellung kümmern musste.

• • •

Die Kausalkette, die mich nach Beit Hanan brachte, begann direkt mit der Entscheidung meines Großvaters (und Namensvetters in der hebräischen Übersetzung) Albert, aus Nazi-Deutschland zu fliehen. Klarsichtiger als viele sah er die Wahrscheinlichkeit der Katastrophe voraus, den schnellen Ablauf von Ereignissen, der selbst vor dem Ausbruch des Zweiten Weltkriegs ein immer enger werdendes Spektrum von Wahlmöglichkeiten für Juden übrig ließ, eine immer größer werdende Gefahr entsetzlicher Konsequenzen, wenn er nicht den richtigen Weg wählen würde.

Zum Glück für ihn, und auch für mich, traf Albert die richtige Entscheidung. Er verließ Deutschland 1936 und zog kurz nach der Gründung von Beit Hanan dorthin. Obwohl es weitgehend unbesiedelt war und wie die gesamte Welt vom aufziehenden Sturm des Krieges durchgeschüttelt wurde, war die Landwirtschaftsgemeinde ein vergleichsweise sicherer Hafen. Schon bald nach seiner Ankunft gesellten sich meine Großmutter Rosa und ihre beiden Söhne zu ihm, von denen einer mein damals elfjähriger Vater war. Durch den Übergang von der deutschen zu einer jüdischen Gesellschaft änderte sich sein Name von Georg zu David.

Meine Mutter Sara kam ebenfalls aus der Ferne nach Beit Hanan. Sie wurde in Chaskowo, in der Nähe der bulgarischen Hauptstadt Sofia, geboren und großgezogen. Der geografische Zufall, der sie zu einer Bulgarin und nicht zu einer Deutschen machte, rettete sie und ihre Familie während des Krieges. Obwohl es sich mit dem Nazi-Regime verbündete, behielt Bulgarien seine Souveränität und konnte sich daher Adolf Hitlers stärker werdenden Forderungen widersetzen, das Land solle seine Juden nach Deutschland deportieren. Als Gerüchte über Todeslager zirkulierten, protestierte die bulgarische orthodoxe Kirche gegen die Deportationen, und der bulgarische König beschwor die Entschlossenheit, Deutschlands Aufforderung abzulehnen. Damit keine Missverständnisse aufkommen – er tat das, indem er erklärte, Bulgarien brauche seine Juden für seine eigene Arbeitsreserve, aber die Folge war, dass es ihm gelang, viele Juden des Landes zu beschützen. Daher war meine Mutter in der Lage, eine relativ normale Kindheit zu genießen. Sie besuchte eine französische Klosterschule und ging schließlich auf die Hochschule in Sofia. Doch 1948, als das Nachkriegseuropa in Trümmern lag und die Sowjetunion sich nach Westen ausdehnte, verließ sie die Schule und emigrierte mit ihren Eltern in den neuen Staat Israel.

Die frühesten Gründer Beit Hanans stammten aus Bulgarien, weshalb es nicht überraschend war, dass Saras Familie dort landete. Allerdings unterschied sich das bäuerliche Dorf stark von der kosmopolitischen Stadt und den Hochschulstudien, die sie zurückgelassen hatte. Ihre neue Heimat hatte jedoch ihre eigenen Reize. Kurz nach ihrer Ankunft begegnete Sara meinem Vater. Sie verliebten sich ineinander, heirateten und bekamen drei Kinder – meine beiden älteren Schwestern, Shashana (Shoshi) und Ariela (Reli), und schließlich mich im Jahr 1962.

In diesen frühen Jahren widmete sich meine Mutter ihrer Familie und der Gemeinde. Sie war eine angesehene Bäckerin im Ort, und mein Kleiderschrank zeugte von ihrem Talent zum Stricken von Pullovern. Dennoch blieb sie selbst in der relativen Abgeschiedenheit von Beit Hanan einem Leben des Geistes verschrieben. Damit meine ich nicht einfach nur ein lebensfremdes Interesse an Gelehrsamkeit, sondern den Wunsch, ihren Verstand auf die Welt anzuwenden. Dies war neben ihrer Lauterkeit dafür verantwortlich, dass jeder, der sie kannte, auf ihre ausgewogenen Urteile vertraute, von der Leitung unseres Dorfes bis zu Besuchern, die zu unserer Farm kamen und nach ihrem Rat fragten. Ich war ein unmittelbarer und täglicher Nutznießer. Sie machte deutlich, wie viel ihr an meinem Weg im Leben, meinen Entscheidungen und Interessen lag. Wie ein Gärtner, der eine Pflanze wässert und nährt, kultivierte sie sehr engagiert und äußerst genau die Neugier ihrer Kinder.

Ebenso folgte sie ihrer eigenen Neugier. Als ich ein Teenager war, kehrte sie an die Universität zurück und machte ihr Examen. Anschließend begann sie ein Aufbaustudium und erwarb einen Doktorgrad in Vergleichender Literaturwissenschaft. Das waren keine Unternehmungen, die sie von uns fernhielten; tatsächlich setzte ich mich, durch sie ermuntert, in ihren Philosophieunterricht im Grundstudium, und auf ihr Drängen hin arbeitete ich mich durch viele der Bücher auf ihren Lektürelisten.

Meine Mutter war es, die mich dazu brachte, dass ich mich in die Philosophie verliebte, insbesondere in den Existenzialismus. Ich träumte davon, meinen Lebensunterhalt mit Denken zu verdienen. An Wochenenden schnappte ich mir regelmäßig ein philosophisches Werk, meistens etwas von den Existenzialisten, einschließlich der Romane, die sie schrieben oder inspiriert hatten, und dann fuhr ich unseren Traktor mit meinem ausgewählten Buch an einen ruhigen Fleck in den Hügeln und las stundenlang.

• • •

Seit diesen friedvollen Tagen auf der Farm meiner Familie kam ich auf diesen Gedanken: Sollte die Menschheit je einen bewohnbaren Planeten finden, auf dem sie einen Außenposten unserer Zivilisation errichten könnte, würden die Menschen, die ihn bevölkern, wahrscheinlich so aussehen und handeln wie die Menschen von Beit Hanan.

Wie die Menschheitsgeschichte zeigt, ist das, was beim Besiedeln von Außenposten einer Zivilisation unmittelbar nötig ist, immer gleich.

Zwangsläufig würden sich die Menschen auf den Anbau von Nahrung konzentrieren und sich kollektiv bemühen, einander zu unterstützen, von den Ältesten bis zu den Jüngsten. Jeder von ihnen würde erfinderisch sein und viele Talente haben müssen, um in der Lage zu sein, Maschinen zu reparieren und zu konstruieren, Feldfrüchte anzubauen und die Jugend zu bilden. Ich glaube auch, dass sie dem Leben des Geistes Platz bieten würden, selbst in ihrer Abgeschiedenheit. Und ich vermute, dass ihre Kinder, wenn sie erwachsen werden, derselben Erwartung begegnen würden, der ich begegnete: dem obligatorischen Dienst an der Gesellschaft.

Mein Plan, Philosoph zu werden und einige der grundlegenden Fragen zu behandeln, mit denen die Menschheit seit Äonen gerungen hatte, wurde wegen Israels Wehrpflicht für alle Bürger über achtzehn Jahren aufgeschoben. Der Wehrdienst wurde von jedem erwartet. Da ich im Gymnasium vielversprechend in Physik war, wurde ich für Talpiot ausgewählt, ein neues Programm, in dem zwei Dutzend Rekruten pro Jahr an der Verteidigungsforschung arbeiteten, und zwar in Kombination mit einer intensiven militärischen Ausbildung. Meine akademischen Ambitionen mussten aufgespart werden; das Studium von Jean-Paul Sartre und Albert Camus, der Existenzphilosophen, die ich in meiner Jugend gelesen hatte, passten nicht zu der neuen Rolle, die mir zugewiesen worden war. Indem ich mich auf das Studium der Physik konzentrierte, konnte ich einer intellektuell schöpferischen Tätigkeit während meiner Militärdienstjahre am nächsten kommen.

Obwohl wir die Uniform der israelischen Luftwaffe trugen, wurden wir in alle Bereiche der israelischen Verteidigungsstreitkräfte eingeführt. Wir durchliefen eine Infanterie-Grundausbildung, nahmen an Gefechtskursen für Artillerie und Ingenieurswesen teil und lernten, wie man Panzer steuert, Maschinengewehre auf nächtelangen Märschen trägt und mit dem Fallschirm aus Flugzeugen abspringt. Zum Glück war ich sportlich und fit, sodass die körperlichen Herausforderungen zwar anspruchsvoll, aber erträglich waren. Und neben diesen

Aufgaben betrieb ich eifrig meine akademischen Studien an der Hebräischen Universität in Jerusalem.

Talpiot ordnete an, dass wir Physik und Mathematik studierten, was mir nahe an der Philosophie zu liegen schien, und irgendetwas an der Universität zu studieren, hielt ich für weitaus aufregender, als sich mit einem Gewehr auf dem Rücken durch den Dreck zu quälen. Ich tat mein Bestes, um den Glauben der Regierung an mich zu rechtfertigen. Zur selben Zeit verstand ich allmählich, dass die Philosophie zwar die grundlegenden Fragen stellte, sie sie aber häufig nicht lösen konnte. Die Naturwissenschaft, so wurde mir klar, könnte mich in eine bessere Lage versetzen, nach Antworten zu suchen.

• • •

Nach drei Jahren Studium und militärischer Ausbildung sollte ich mit der Arbeit an einem Industrie- oder Militärprojekt beginnen, das unmittelbare praktische Anwendungen hatte. Ich suchte jedoch nach einem kreativeren Weg, einem, der eine größere intellektuelle und forschungsmäßige Herausforderung darstellte. So besuchte ich eine Anlage, die nicht auf der offiziellen Liste von Forschungsorten stand, und entwarf dann ein unkonventionelles Forschungsvorhaben. Zu dieser Zeit hatte ich sowohl an der Universität als auch bei der militärischen Ausbildung bereits einige Erfolge vorzuweisen, und der Talpiot-Chef befürwortete meine Idee – zunächst auf einer dreimonatigen Versuchsgrundlage und schließlich für die verbleibenden fünf Jahre meiner Dienstzeit von 1983 bis 1988.

Meine Arbeit entwickelte sich rasch in neue Richtungen, von denen das Militär einige recht faszinierend fand. Befeuert vom Nervenkitzel wissenschaftlicher Innovation entwickelte ich die Theorie für ein neuartiges Modell (das zu einem Patent führte) für die Nutzung einer elektrischen Entladung, und zwar für die Beschleunigung von Projektilen auf höhere Geschwindigkeiten als jene, die mit herkömmlichen chemischen Antriebsmitteln erreichbar sind. Das Projekt wuchs so stark, dass es schließlich eine ganze Abteilung von zwei Dutzend

Wissenschaftlern beschäftigte, und erhielt als erste internationale Bemühung finanzielle Unterstützung von der Strategic Defense Initiative (SDI) der Vereinigten Staaten. SDI wird auch als »Krieg der Sterne« bezeichnet und war das ehrgeizige Raketenabwehrprogramm, das Präsident Ronald Reagan 1983 ankündigte.

Zu jener Zeit schien der Kalte Krieg – der jahrzehntelange Wettstreit zwischen den Vereinigten Staaten und der Sowjetunion, zwischen Demokratie und Kommunismus, zwischen Ost und West – eine unveränderliche Größe im Weltgeschehen zu sein. Beide Seiten hatten riesige Arsenale nuklearer Waffen angehäuft, die ausreichten, um einander viele Male zu zerstören. Die Atomkriegsuhr, die Erfindung der Mitglieder des Bulletin of the Atomic Scientists, die die Menschheit vor der Wahrscheinlichkeit einer von Menschen verursachten Katastrophe warnen sollte, stand fast immer auf sieben Minuten vor Mitternacht.

SDI war ein Teil dieses viel umfassenderen Wettstreits. Es sah die Verwendung von Lasern und anderen hoch entwickelten Waffen vor, mit denen feindliche ballistische Raketen beim Anflug zerstört werden konnten. 1993 wurde es aufgelöst, doch zuvor hatte es bedeutenden politischen Einfluss auf das beschleunigte Ende des Kalten Krieges und auf den Zusammenbruch der Sowjetunion.

Diese Arbeit bildete auch das Rückgrat meiner Dissertation, die ich im Alter von vierundzwanzig Jahren abschloss. Das Thema war Plasmaphysik, die sich mit den gewöhnlichsten der vier Aggregatzustände der Materie befasst; es ist das Material von Sternen, Blitzen und bestimmten Fernsehbildschirmen. (Falls Sie neugierig sind, meine Dissertation trug den Titel »Particle Acceleration to High Energies and Amplification of Coherent Radiation by Electromagnetic Interaction in Plasmas« [Beschleunigung von Teilchen auf hohe Energien und Verstärkung kohärenter Strahlung durch elektromagnetische Interaktion in Plasmen] – das ist natürlich ein viel weniger griffiger Titel als der Titel dieses Buches.)

• • •

Auch als ich meinen Doktor gemacht hatte, war ich nicht sicher, wie es weitergehen sollte. Ich fühlte mich nicht unbedingt an eine Laufbahn in der Plasmaphysik gebunden. Es war verlockend, nach Beit Hanan zurückzukehren. Und etwas in mir wollte eine drastische Kurswende und zur Philosophie zurückkehren. Doch eine Kette von Entscheidungen, von denen nur wenige meine eigenen waren, brachte mich auf einen anderen Weg.

Es begann mit einer Busfahrt während meines Militärdiensts. Der Physiker Arie Zigler, der neben mir saß, erwähnte zufällig, dass der angesehenste Ort für Postdoc-Forschungen das Institute for Advanced Study (IAS) in Princeton, New Jersey, sei. Später, während eines meiner Treffen mit SDI-Beamten in Washington und anschließend bei einer Konferenz über Plasmaphysik an der University of Texas in Austin, lief ich dem »Papst der Plasmaphysik«, Marshall Rosenbluth, über den Weg. Ich wusste, dass seine frühere akademische Heimat das Institut war, und fragte ihn nach Einzelheiten. Rasch befürwortete er die Idee, dass ich mir das Institut ansehen sollte. Davon beflügelt, rief ich sofort Michelle Sage von der Institutsverwaltung an und fragte, ob ich in der darauffolgenden Woche zu einem Besuch kommen könne. Sie antwortete: »Wir genehmigen nicht jedem einen Besuch bei uns. Schicken Sie mir bitte Ihren Lebenslauf, und ich werde Ihnen sagen, ob Sie kommen können.«

Unverdrossen schickte ich ihr eine Liste meiner elf Publikationen und rief sie ein paar Tage später wieder an. Dieses Mal erlaubte sie mir, einen Besuch am Ende meines Aufenthalts in den Vereinigten Staaten einzuplanen. Als ich an dem vereinbarten Morgen in ihrem Büro ankam, sagte Michelle: »Nur ein Fakultätsmitglied hat gerade Zeit zur Verfügung, Freeman Dyson. Ich stelle Sie einander vor.«

Ich war außer mir vor Freude. Ich erinnerte mich an Dysons Namen aus meinen Lehrbüchern über Quantenelektrodynamik. Bald darauf saß ich mit Freeman in seinem Büro. Er sagte: »Oh, Sie sind aus Israel. Kennen Sie John Bahcall? Er mag Israelis.« Er muss den fragenden Ausdruck auf meinem Gesicht gesehen haben, denn er fuhr fort und sagte: »Seine Frau Neta ist Israelin.« Ich gestand, dass ich noch nie von diesem Mann, geschweige denn von seiner Frau Neta, gehört hatte.

John Bahcall war Astrophysiker, wie ich erfuhr, und kurze Zeit später saß ich mit ihm beim Mittagessen. Es endete damit, dass er mich einlud, für einen einmonatigen Aufenthalt nach Princeton zurückzukehren. In der Zwischenzeit erfuhr ich, dass er in Übersee Erkundungen einholte und die namhaftesten israelischen Wissenschaftler, wie zum Beispiel Yuval Ne'eman, befragte, was sie von mir hielten. Was auch immer sie ihm gesagt haben, am Ende meines zweiten Besuchs lud mich John ein, in sein Büro zu kommen, und bot mir ein prestigeträchtiges Fünfjahresstipendium an – aber unter der Bedingung, dass ich Astrophysik studierte.

Natürlich nahm ich an.

• • •

Als ich dazu animiert wurde, meine berufliche Laufbahn der Astrophysik zu widmen, wusste ich nicht einmal, was dafür verantwortlich war, dass die Sonne schien. Die Tatsache, dass Bahcalls Spezialgebiet die Erzeugung schwach interagierender Teilchen namens Neutrinos im heißen Inneren der Sonne war, machte meine Unwissenheit bezüglich des Themas nur umso peinlicher. Bis zu diesem Zeitpunkt hatte mein Interesse bei irdischen Plasmen und ihren eher auf die Erde bezogenen Anwendungen gelegen.

Damit keine Missverständnisse aufkommen, Bahcall kannte mein bisheriges Forschungsgebiet. Er sprach das Angebot trotzdem aus. Dass er das Risiko auf sich nahm, kam mir damals bemerkenswert vor und scheint mir heute noch bemerkenswerter zu sein. (Der Zustand der akademischen Welt hat sich seither verändert, und ich bezweifle, dass es möglich wäre, einem jungen Wissenschaftler heute ein ähnliches Angebot zu machen.) Ich war und bleibe dankbar. Ich nahm an und war entschlossen zu beweisen, dass Bahcalls Instinkt – sowie der Instinkt aller bemerkenswerten Wissenschaftler, die mir auf diesem Weg geholfen hatten – gerechtfertigt war.

Obwohl ich mich in Princeton bemühen musste, das grundlegende Vokabular des Gebiets zu lernen, damit ich wissenschaftliche Arbeiten verfassen konnte, war mir das Gebiet doch vertraut. Plasma ist ein Zustand, den die Materie bei hohen Temperaturen erreicht, wenn Atome in ein Meer aus positiv geladenen Ionen (Atome, die Elektronen eingebüßt haben) und negativ geladenen freien Elektronen aufgebrochen werden. Obwohl sich der größte Teil der gewöhnlichen Materie im heutigen Universum (einschließlich des Innenlebens der Sterne) im Plasmazustand befindet, konzentriert sich das Gebiet auf Laborbedingungen, die sich beträchtlich von denen im Weltraum unterscheiden. Es kam mir zugute, dass sich das erste bedeutende Forschungsneuland, dem ich als Astrophysiker den Weg bereitete, um die Frage drehte, wann und wie die atomare Materie im Universum in Plasma umgewandelt wurde. Auf diese Weise begann meine Faszination für das frühe Universum, der sogenannten kosmischen Dämmerung oder den Bedingungen, unter denen sich die Sterne selbst bildeten.

Nach drei Jahren am IAS ermunterte man mich, ich solle mich auf Universitätsstellen für junge Wissenschaftler bewerben, unter anderem auf eine Stelle am Institut für Astronomie der Harvard University. Ich war ihre zweite Wahl. Das Institut bot den jungen Lehrkräften nur selten Festanstellungen an, weshalb einige Kandidaten – unter anderem die Person, der die Stelle vor mir angeboten wurde – es sich zweimal überlegten, ob sie die Stelle annehmen sollten.

Was mich angeht, so nahm ich gerne an. Ich erinnere mich daran, dass ich meine Entscheidung sehr klar durchdachte. Ich vergegenwärtigte mir, dass ich immer zur Farm meines Vaters zurückkehren oder meine erste akademische Liebe, die Philosophie, wiederaufnehmen konnte, falls man mir keine Festanstellung anbot.

Im Jahr 1993 kam ich nach Harvard. Drei Jahre später hatte ich dort eine Professur auf Lebenszeit.

• • •

Seitdem bin ich zu der Überzeugung gelangt, dass John Bahcall nicht nur fest glaubte, dass ich den Übergang von der Plasmaphysik zur Astrophysik schaffen würde, sondern in mir auch einen Geistesverwandten sah – oder vielleicht sogar eine jüngere Ausgabe seiner selbst. Bahcall kam mit der Absicht an die Universität, Philosophie zu studieren, gelangte jedoch schnell zu dem Schluss, dass Physik und Astronomie einen direkteren Weg zu den grundlegendsten Wahrheiten des Universums boten.

Ich gelangte zu einer parallelen Feststellung kurze Zeit, nachdem ich mich von John und dem Institut verabschiedet hatte. Als ich 1993 die Stelle für Jungwissenschaftler an der Harvard University annahm, entschied ich, dass es zu spät war, um einen großen beruflichen Sprung zurück in die Philosophie zu machen. Vor allem aber war ich zu der Überzeugung gelangt, dass meine »arrangierte Ehe« mit der Astrophysik mich tatsächlich wieder mit meiner alten Liebe vereint hatte; sie trug nur andere Kleider.

Die Astronomie, so begriff ich allmählich, befasst sich mit Fragen, die zuvor auf die Sphären der Philosophie und Religion beschränkt waren. Unter diesen Fragen befinden sich die größten der großen – »Wie begann das Universum?« und »Was ist der Ursprung des Lebens?« Außerdem habe ich festgestellt, dass man einen Rahmen für die Beantwortung der Frage: »Was ist ein lebenswertes Leben?« erhält, wenn man in die Unermesslichkeit des Weltraums hinausblickt und über den Beginn und das Ende von allem nachdenkt.

Häufig springt einem die Antwort ins Auge. Wir müssen nur den Mut aufbringen, sie anzuerkennen. Während eines Besuchs in Tel Aviv im Dezember 1997 hatte ich ein Blinddate mit Ofrit Liviatan. Ich mochte sie sofort, eine Wertschätzung, die alles veränderte. Trotz der geografischen Entfernung, die zwischen uns lag, vertieften wir unsere Freundschaft. Ich war nie zuvor jemandem wie ihr begegnet und war überzeugt davon, dass das auch in Zukunft nicht geschehen würde.

Lange Zeit bevor ich mich mit den Belegen auseinandersetzte, die 'Oumuamua hinterließ, hatte ich erfahren, dass es alles verändern kann, wenn man über sämtliche Aspekte des Lebens hinweg die Hinweise annimmt, die einem dargeboten werden, und sie mit Staunen, Demut und Entschlossenheit verfolgt – das heißt, wenn man offen für die Möglichkeiten ist, die in den Fakten enthalten sind. Glücklicherweise besaß ich zu diesem Zeitpunkt meines Lebens diese Offenheit.

Ofrit und ich heirateten zwei Jahre später, und wie ich fand sie schließlich ihren Platz im Umkreis von Harvard, indem sie Leiterin des Seminarprogramms der Universität für Studienanfänger wurde. In unserem alten Haus in der Nähe von Boston, das unmittelbar vor der Zeit gebaut wurde, als Albert Einstein seine Spezielle Relativitätstheorie ableitete, haben Ofrit und ich unsere beiden Töchter großgezogen. Da es eine Kausalkette gibt, die sich von der Entscheidung meines Großvaters, Deutschland 1936 zu verlassen, über die Begegnung meiner Eltern in Beit Hanan bis dahin erstreckt, dass Ofrit und ich Klil und Lotem in Lexington großzogen, legt das für mich den Schluss nahe, dass Philosophie, Theologie und Naturwissenschaft nur durch eine dünne Grenze voneinander getrennt sind. Wenn ich sehe, wie die Kinder allmählich erwachsen werden, erinnert mich das daran, dass die alltäglichsten Akte unserer Existenz auf etwas Wundersames hindeuten, das bis zum Urknall zurückverfolgt werden kann.

Im Laufe der Zeit habe ich die Naturwissenschaft etwas mehr als die Philosophie schätzen gelernt. Während Philosophen viel Zeit im Innern ihres eigenen Kopfes verbringen, geht es den Naturwissenschaftlern immer darum, in einen Dialog mit der Welt einzutreten. Man stellt der Natur eine Reihe von Fragen und lauscht aufmerksam den Antworten aus Experimenten. Wenn das aufrichtig geschieht, ist das eine Erfahrung, die auf nützliche Weise Demut lehrt. Der Erfolg von Albert Einsteins Relativitätstheorie, die in einer Reihe von Veröffentlichungen von 1905 bis 1915 entwickelt wurde, ging nicht auf ihre formale Eleganz zurück. Sie wurde nicht vor 1919 angenommen, als Sir Arthur Eddington, Sekretär der Royal Astronomical Society in England und selbst Astronom, die Vorhersage der Theorie bestätigte, dass die Schwerkraft der Sonne Licht krümmt. Wissenschaftler halten das für schön, was von einer Theorie nach ihrem Kontakt mit den Daten übrig bleibt.

Obwohl ich mit den existenziellen Fragen meiner Jugend deutlich anders als Jean-Paul Sartre oder Albert Camus ringe, glaube ich, dass der Junge auf dem Traktor in den Hügeln von Beit Hanan mit diesem Ergebnis zufrieden wäre. Er würde die Abfolge von Chancen und Entscheidungen bewundern, die mit einem Blinddate begannen und zu einer Familie in Lexington führten.

Aber ich verstehe noch eine weitere Lektion unserer Familiengeschichte, und zwar auf eine Weise, wie es meinem jüngeren Selbst nicht möglich war, eine, die ich in den letzten Jahren ganz oben in meinem Bewusstsein behielt, während ich interstellare Besucher unseres Sonnensystems erforschte.

Manchmal begegnet einem fast zufällig etwas außerordentlich Seltenes und Besonderes. Das Leben hängt davon ab, dass man deutlich sieht, was man vor Augen hat.

• • •

Ich glaube, dass mein ungewöhnlicher Lebensweg mich auf meine Begegnung mit 'Oumuamua vorbereitete. Von einem wissenschaftlichen Standpunkt aus hat mich meine Erfahrung den Wert von Freiheit und Unterschiedlichkeit gelehrt – insbesondere bei der Auswahl von Forschungsthemen und der Wahl von Mitarbeitern.

Es kann enormen Nutzen haben, wenn Astronomen mit Soziologen, Anthropologen, Politikwissenschaftlern und natürlich auch Philosophen sprechen. Doch ich habe die Erfahrung gemacht, dass in der akademischen Welt interdisziplinäre Karrieren häufig das Schicksal seltener Muscheln teilen, die an den Strand gespült wurden: Wenn niemand sie aufhebt und aufbewahrt, verwittern sie mit der Zeit, bis die unerbittlichen Wellen des Meeres sie zu ununterscheidbaren Sandkörnern zermahlen haben.

Während meiner gesamten Laufbahn hätte ich oft auf andere, weniger zufällige Wege gelenkt werden können. Mein Berufsleben hat mich mit vielen Wissenschaftlern zusammengebracht, die zwar ähnliche Qualifikationen wie ich haben, die sich aber nicht ähnlicher

Chancen wie ich erfreuten. Ein ungeschönter Überblick über Lehrkräfte in der gesamten akademischen Welt zeigt uns Männer und Frauen, deren Beiträge von angebotenen oder entzogenen Chancen bestimmt werden. Dasselbe lässt sich von fast allen Lebensbereichen sagen.

Da ich weiß, dass ich der Nutznießer von Menschen gewesen bin, die solche Chancen boten, fühle ich mich zutiefst verpflichtet, jungen Menschen dabei zu helfen, ihr Potenzial zu verwirklichen – selbst wenn das bedeutet, dass man nicht nur orthodoxe Ideen infrage stellt, sondern manchmal auch noch schädlichere orthodoxe Praktiken. Als Teil dieser Mission habe ich mich bemüht, in meiner Lehre und meiner Forschung eine Herangehensweise an die Welt zu vertreten, die manche als kindlich betrachten mögen. Wenn Leute so denken, fühle ich mich dadurch nicht beleidigt. Meiner Erfahrung nach folgen Kinder ihrem inneren Kompass ehrlicher und mit weniger Anmaßung als viele Erwachsene. Und je jünger die Leute sind, desto weniger zügeln sie ihre Gedanken, damit sie den Handlungen der anderen in ihrer Umgebung entsprechen.

Diese Herangehensweise an die Naturwissenschaft hat mich offen gemacht für einige der ehrgeizigeren – manche würden sagen, *waghalsigeren* – Möglichkeiten, die den Themen innewohnen, die ich erforsche. Zum Beispiel die Vorstellung, dass 'Oumuamua, das interstellare Objekt, das im Oktober 2017 entdeckt wurde, als es über den Himmel taumelte, kein natürlich vorkommendes Phänomen war.

3

ANOMALIEN

Die Naturwissenschaft ist wie eine Kriminalgeschichte. Für Astrophysiker weist diese Binsenweisheit jedoch eine bestimmte Wendung auf. Kein anderes Gebiet wissenschaftlicher Spurensuche ist mit einer solchen Vielfalt von Größenmaßstäben und Begriffen konfrontiert. Unser zeitlicher Untersuchungsrahmen beginnt vor dem Urknall und erstreckt sich bis zum Ende der Zeit, auch wenn wir anerkennen, dass die Begriffe von Zeit und Raum selbst relativ sind. Unsere Forschung geht bis zu Quarks und Elektronen hinunter, den kleinsten bekannten Teilchen; sie reicht bis zum Rand des Universums; und sie befasst sich – direkt oder indirekt – mit allem, was dazwischenliegt.

Und so vieles von unserer Detektivarbeit bleibt unvollständig. Wir verstehen immer noch nicht das Wesen der Hauptbestandteile des Universums, und deshalb bezeichnen wir sie aus Unwissenheit mit *dunkler Materie* (die fünfmal mehr zum Massenbudget des Kosmos beiträgt als die gewöhnliche Materie, aus der wir bestehen) und *dunkler Energie* (die sowohl die dunkle als auch die gewöhnliche Materie beherrscht und die zumindest gegenwärtig die merkwürdige kosmische Beschleunigung verursacht). Außerdem verstehen wir nicht, was die Expansion des Kosmos auslöste oder was innerhalb von Schwarzen Löchern geschieht – zwei Forschungsgebiete, auf denen ich mich intensiv beteiligt habe, seit ich vor all diesen Jahren zur Astrophysik wechselte.

Es gibt so viel, das wir nicht wissen, dass ich mich oft frage, ob eine andere Zivilisation – eine, die den Vorteil hatte, eine Milliarde Jahre lang Wissenschaft zu betreiben – uns überhaupt als intelligent betrachten würde. Die Möglichkeit, dass sie uns diesen Gefallen erweisen könnte, wird vermutlich nicht davon abhängen, was wir wissen, sondern davon, wie wir es wissen – nämlich von unserer Treue zur wissenschaftlichen Methode. Der Anspruch der Menschheit auf eine universelle Intelligenz wird damit stehen und fallen, ob wir unvoreingenommen nach Daten streben, die Hypothesen bestätigen oder widerlegen.

Sehr häufig ist das, was die Kriminalgeschichte eines Astrophysikers in Gang bringt, die Entdeckung einer Anomalie in experimentellen oder Beobachtungsdaten – ein Beweisstück, das unseren Erwartungen nicht entspricht und das nicht durch das erklärt werden kann, was wir wissen. In solchen Situationen ist es gängige Praxis, eine Auswahl an alternativen Erklärungen vorzuschlagen und sie dann anhand neuer Beweise eine nach der anderen auszuschließen, bis man die richtige Interpretation gefunden hat. Das war beispielsweise der Fall bei Fritz Zwickys Entdeckung der dunklen Materie in den frühen 1930er Jahren; sie stützte sich auf die Beobachtung, dass die Bewegung von Galaxien in Haufen mehr Materie erforderte, als für unsere Teleskope sichtbar war. Sein Vorschlag wurde bis in die 1970er Jahren ignoriert, als zusätzliche Fakten zur Bewegung von Sternen in Galaxien und zur Expansionsgeschwindigkeit des Universums schlüssige Nachweise dafür lieferten.

Dieser Aussortierungsprozess kann ganze Wissenschaftsgebiete spalten oder gar auseinanderbrechen, wobei die Erklärungen und deren Befürworter gegeneinander in Anschlag gebracht werden, bis die eine Seite – manchmal – einen schlüssigen Beweis liefert.

Das war auch in der Debatte über ’Oumuamua so, ein Fall, der mangels eines schlüssigen Beweises weiter verhandelt wird. Genau genommen lohnt es sich, im Vorhinein klarzustellen, dass die Naturwissenschaftler hier mit sehr geringer Wahrscheinlichkeit je schlüssige Beweise erhalten werden. ’Oumuamua einzuholen und zu fotografieren ist unmöglich. Die Daten, die wir haben, sind alles, was wir je haben werden, was uns vor die Aufgabe stellt, Erklärungen aufzustellen, die den Belegen völlig gerecht werden. Das ist natürlich ein durch und durch wissenschaftliches Unternehmen. Niemand kann neue Belege erfinden, niemand kann Belege ignorieren, die einer Hypothese widersprechen, und niemand kann – wie in dem alten Cartoon, der einen Wissenschaftler zeigt, der einem anderen eine komplexe Gleichung erklärt –, »an dieser Stelle ein Wunder einsetzen«. Die vielleicht gefährlichste, bedenklichste Entscheidung wäre jedoch, im Hinblick auf 'Oumuamua zu erklären: *Hier gibt es nichts zu sehen, es ist Zeit weiterzugehen, wir haben gelernt, was wir konnten, und nun gehen wir am besten zu unseren alten Aufgaben zurück.* Leider haben sich heute offenbar viele Wissenschaftler aber genau dazu entschlossen.

Die wissenschaftliche Debatte über 'Oumuamua war zu Beginn relativ ruhig. Ich schreibe das der Tatsache zu, dass wir am Anfang die quälendsten Anomalien des Objekts noch nicht kannten. Zuerst schien diese Kriminalgeschichte eine ausgemachte Sache zu sein: Die wahrscheinlichste Erklärung für 'Oumuamua – dass es sich um einen interstellaren Kometen oder Asteroiden handelte – war auch die einfachste und geläufigste.

Aber im Lauf des Herbsts 2017 rätselte ich zusammen mit einem bedeutenden Anteil der internationalen naturwissenschaftlichen Gemeinschaft zunehmend angesichts der Daten. Ich konnte – wieder mit einem bedeutenden Anteil der internationalen naturwissenschaftlichen Gemeinschaft – die empirischen Belege nicht sauber mit der Hypothese in Übereinstimmung bringen, dass 'Oumuamua ein interstellarer Komet oder Asteroid war. Da wir uns alle damit abquälten, die Belege mit dieser Hypothese in Übereinstimmung zu bringen, formulierte ich alternative Hypothesen, mit denen sich die mehrenden Sonderbarkeiten von 'Oumuamua erklären lassen konnten.

• • •

Was auch immer wir sonst aus 'Oumuamua schlussfolgern, so würden die meisten Astrophysiker zustimmen, dass es an sich eine Anomalie war und bleibt.

Erst einmal war vor 'Oumuamuas Entdeckung noch nie ein bestätigtes interstellares Objekt in unserem eigenen Sonnensystem beobachtet worden. Allein dies machte 'Oumuamua historisch, und es reichte aus, um die Aufmerksamkeit vieler Astronomen zu erregen, was zur Sammlung von noch mehr Daten führte, die interpretiert wurden und weitere Anomalien enthüllten, die die Aufmerksamkeit von noch mehr Astronomen erregten und so weiter.

Mit der Enthüllung dieser Anomalien begann die eigentliche Detektivarbeit. Je mehr wir über 'Oumuamua erfuhren, desto deutlicher wurde, dass dieses Objekt ganz genauso rätselhaft war, wie es die Medien berichteten.

Kaum hatte das Observatorium in Hawaii seine Entdeckung bekannt gegeben, und während 'Oumuamua zur gleichen Zeit in Richtung auf das äußere Sonnensystem zuflog, richteten Astronomen auf der ganzen Welt eine Vielzahl von Teleskopen darauf. Die naturwissenschaftliche Gemeinschaft war, gelinde gesagt, neugierig. Es war so, als ob jemand zum Abendessen in Ihr Haus gekommen wäre, und Sie all die merkwürdigen Eigenschaften dieser Person erst bemerkt hätten, als sie bereits aus der Tür war und die dunkle Straße hinunterging. Wir Naturwissenschaftler hatten Fragen zu unserem interstellaren Besucher und waren mit einem sich rasch schließenden Zeitfenster konfrontiert, in dem wir Informationen sammeln konnten. Daher überprüften wir die bereits gesammelten Daten zu unserem Gast noch einmal und beobachteten seine kleiner werdende Gestalt, als er in der Nacht verschwand.

Eine drängende Frage war: Wie sah 'Oumuamua aus? Wir hatten und haben kein scharfes Foto des Objekts, auf das wir uns verlassen könnten. Aber wir haben Daten von all den Teleskopen, die sich etwa elf Tage lang dazu verschrieben hatten, alles zu sammeln, was sie sammeln konnten. Und als wir unsere Teleskope einmal auf 'Oumuamua gerichtet hatten, suchten wir insbesondere nach einem ganz bestimmten Informationsbrocken: wie 'Oumuamua das Sonnenlicht reflektierte.

Unsere Sonne wirkt wie eine Straßenlaterne, die nicht nur alle

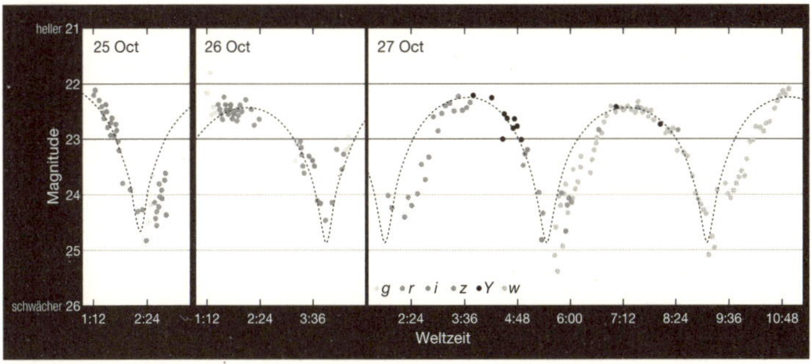

Die Veränderung der Helligkeit von 'Oumuamua, wie sie von unterschiedlichen Teleskopen an drei Tagen im Oktober 2017 über die Tageszeit hinweg (in Stunden) beobachtet wurde. Die Punkte stellen Messungen durch verschiedene Filter in den sichtbaren und an Infrarot angrenzenden Streifen des Farbspektrums dar. Die Intensität des reflektierten Sonnenlichts änderte sich periodisch um etwa einen Faktor von fünf bis zehn (2,5 Magnituden), während sich 'Oumuamua alle acht Stunden drehte. Daraus ging hervor, dass es eine extreme Form hatte, die zumindest fünf- bis zehnmal länger als breit war, wenn man sie auf den Himmel projiziert. Die gestrichelte Linie zeigt die Kurve, die man erwarten würde, wenn 'Oumuamua ein Ellipsoid mit einem Seitenverhältnis von 1:10 wäre. Abbildung von Mapping Specialists, Ltd., basierend auf European Southern Observatory/K. Meech et al. (CC By 4.0)

Planeten erleuchtet, die sie umkreisen, sondern auch jedes Objekt, das nahe genug an die Erde herankommt und groß genug ist, um von hier aus gesehen zu werden. Um das zu verstehen, muss man zuerst begreifen, dass sich in fast allen Szenarien zwei beliebige Objekte relativ zueinander drehen, wenn sie aneinander vorbeifliegen. Mit dieser Vorstellung im Hinterkopf stellen Sie sich eine perfekte Kugel vor, die auf ihrem Weg durch unser Sonnensystem um die Sonne saust. Das Sonnenlicht, das von ihrer Oberfläche gespiegelt wird, verändert sich nicht, weil die Fläche der stürzenden Kugel, die der Sonne zugewandt ist, sich nicht verändert. Alles andere als eine Kugel wird jedoch das Licht der Sonne in unterschiedlichem Grad reflektieren, während sich das Objekt dreht. Ein Football wird beispielsweise mehr Licht reflektieren, wenn eine seiner langen Seiten der Sonne zugewandt ist, und weniger Licht, wenn während seiner Bewegung seine schmale Seite zur Sonne zeigt.

Für Astrophysiker liefert die sich verändernde Helligkeit eines Objekts wertvolle Hinweise auf seine Form. Im Fall 'Oumuamuas variierte die Helligkeit des Objekts alle acht Stunden um das Zehnfache, woraus wir folgerten, dass das die Zeit war, die es für eine volle Drehung brauchte. Diese drastische Veränderlichkeit seiner Helligkeit gab uns zu verstehen, dass 'Oumuamua eine extreme Form hatte oder dass es mindestens fünf- bis zehnmal länger als breit war.

Diesen Abmessungen fügten wir weitere Hinweise auf 'Oumuamuas Größe hinzu. Wir konnten mit Sicherheit sagen, dass das Objekt relativ klein war. Seine Flugbahn in der Nähe der Sonne bedeutete, dass 'Oumuamua eine sehr heiße Oberflächentemperatur gehabt haben müsste, was für die Infrarotkamera des Spitzer-Weltraumteleskops, das die NASA im Jahr 2003 in Betrieb nahm, sichtbar gewesen wäre. Die Kamera des Teleskops konnte jedoch keine Wärme entdecken, die von 'Oumuamua abgestrahlt worden wäre. Das bestärkte uns zu vermuten, dass 'Oumuamua klein gewesen und folglich für das Teleskop nur schwer zu entdecken gewesen sein muss. Seine Länge lag unserer Schätzung nach bei etwa hundert Metern oder der Größe eines Football-Spielfelds und seine Breite bei weniger als zehn Metern. Man denke daran, dass selbst ein Objekt, das so dünn ist wie eine Rasierklinge, häufig eine gewisse Breite in einer zufälligen Ausrichtung am Himmel zu haben scheint, weshalb 'Oumuamuas tatsächliche Breite durchaus auch kleiner sein könnte.

Angenommen, eine größere Variante dieser Abmessungen stimmt, und das Objekt war ein paar hundert Meter mal einige zig Meter groß. Dadurch würde 'Oumuamuas Geometrie um mindestens einige Male noch extremer, was das Seitenverhältnis – oder seine Breite zu seiner Höhe – angeht, als die extremsten Asteroiden oder Kometen, die wir je gesehen haben.

Stellen Sie sich vor, dass Sie dieses Buch hinlegen und irgendwohin spazieren gehen. Sie begegnen anderen Menschen. Vielleicht sind es Fremde, und sicherlich sehen sie alle unterschiedlich aus, aber ihren Proportionen nach sind sie unmittelbar als Menschen erkennbar. Unter solchen Passanten wäre 'Oumuamua eine Person, deren Taille

Künstlerische Darstellung von 'Oumuamua als ein länglicher, zigarrenförmiger Gesteinsbrocken. Dies wurde zur häufigsten Darstellung des interstellaren Objekts. ESO/M. Kornmesser

schmaler als ihr Handgelenk zu sein scheint. Der Anblick einer solchen Person würde Sie veranlassen, entweder Ihr Sehvermögen oder Ihre Auffassung von Menschen infrage zu stellen. Das war im Wesentlichen das Dilemma, mit dem die Astronomen konfrontiert waren, als sie anfingen, die frühen Daten zu 'Oumuamua zu interpretieren.

• • •

Wie bei jeder guten Kriminalgeschichte gestatteten uns die Beweise, die zu 'Oumuamua im Jahr nach seiner Entdeckung auftauchten, bestimmte Theorien aufzugeben und Hypothesen auszusortieren, die den Tatsachen nicht entsprachen. Seine Helligkeit, während es sich drehte, gab uns entscheidende Hinweise darauf, wie 'Oumuamua nicht aussehen konnte und wie es vielleicht aussehen könnte. In der letzteren Kategorie gab es aufgrund der relativ kleinen, aber extremen Abmessungen – mit einer Länge, die mindestens fünf- bis zehnmal größer war als seine Breite – nur zwei Möglichkeiten. Unser interstellarer Besucher war entweder länglich wie eine Zigarre oder flach wie ein Pfannkuchen.

So oder so, 'Oumuamua war eine Seltenheit. Wenn es länglich war, dann hatten wir nie ein natürlich vorkommendes Weltraumobjekt von dieser Größe gesehen, das derart in die Länge gezogen war; wenn es flach war, hatten wir nie irgendein natürlich vorkommendes Weltraumobjekt von dieser Größe gesehen, das so flach war. Bedenken Sie im Vergleich dazu die Tatsache, dass alle zuvor in unserem Sonnensystem gesehenen Asteroiden Längen-Breiten-Verhältnisse von höchstens drei aufwiesen. Das von 'Oumuamua lag, wie eben gesagt, irgendwo zwischen fünf und zehn.

Außerdem gab es noch Weiteres.

Außer dass es klein war und eine ungewöhnliche Form hatte, war 'Oumuamua merkwürdig hell. Trotz seiner winzigen Größe, als es an der Sonne vorbeiflog und deren Licht reflektierte, erwies sich 'Oumuamua als relativ hell und reflektierte mindestens zehnmal mehr Licht als typische Asteroiden oder Kometen unseres Sonnensystems. Wenn, was möglich zu sein scheint, 'Oumuamua einige Male kleiner war als die von Forschern vermutete Obergrenze von ein paar hundert Metern, dann würde sein Reflexionsvermögen sich beispiellosen Werten annähern – Helligkeitsgraden, die einem glänzenden Metall ähnlich sind.

• • •

Als über 'Oumuamuas Entdeckung erstmals berichtet wurde, waren alle diese Sonderbarkeiten fesselnd. Zusammengenommen stellten sie die Astronomen vor ein Rätsel. Zusammengenommen verlangten sie nach einer Hypothese, die erklären konnte, warum ein natürlich vorkommendes Objekt – und zu diesem Zeitpunkt behauptete niemand, dass 'Oumuamua etwas anderes war – diese statistisch seltenen Eigenschaften haben sollte.

Vielleicht, so überlegten die Forscher, wurden die seltsamen Merkmale des Objekts durch seinen Kontakt mit kosmischer Strahlung im

Laufe von mehreren Hunderttausend Jahren verursacht, während derer es sich wahrscheinlich durch den interstellaren Raum bewegt hatte, bevor es unser Sonnensystem erreichte. Ionisierende Strahlung könnte theoretisch einen interstellaren Gesteinsbrocken bedeutend zerfressen haben, obwohl es nicht klar ist, warum ein solcher Prozess 'Oumuamuas Form hervorgebracht hätte.

Oder vielleicht lagen die Gründe für seine Sonderbarkeit in 'Oumuamuas Ursprung. Vielleicht wurde es von einem Planeten durch eine Gravitationsschleuder heftig ausgestoßen, und zwar auf eine Weise, die einige seiner Eigenschaften erklären könnte. Wenn ein Objekt geeigneter Größe in eine bestimmte Entfernung zu einem Planeten gelangt, könnte ein Teil dieses Planeten aus ihm herausgerissen und wie von einer Schleuder in den interstellaren Raum katapultiert werden. Umgekehrt wurde es vielleicht sanft aus einer Schicht vereister Objekte herausgelöst, die die äußeren Zonen eines Sonnensystems umkreisen, etwas, das der Oort'schen Wolke unseres Sonnensystems ähnlich ist.

Wir konnten eine Hypothese aufstellen, die von Annahmen über 'Oumuamuas Durchreise ausging, oder eine, die von seinem Ursprung ausging. Wenn 'Oumuamuas Eigenart nur in seiner sonderbaren Form und seinen Reflexionseigenschaften bestanden hätte, dann hätte jede der beiden Theorien zufriedenstellend sein können. In diesem Fall wäre ich zwar neugierig geblieben, hätte mich aber etwas anderem zugewendet.

Aber aus einem einfachen Grund konnte ich mich nicht zurückhalten, mich auf diese Kriminalgeschichte einzulassen. Er betraf 'Oumuamuas faszinierendste Anomalie.

Wie ich bereits erwähnt habe, wich 'Oumuamuas Flugbahn, als es sich um die Sonne bewegte, von dem ab, was man alleine aufgrund der Gravitationskraft der Sonne erwartete.[2] Es gab keine naheliegende Erklärung dafür, warum das der Fall war.

Dieser Teil der Daten, die wir in den beiden Wochen anhäuften, während wir 'Oumuamua beobachteten, verursachte meiner Meinung nach das meiste Stirnrunzeln. Diese Anomalie 'Oumuamuas sowie die anderen Informationen, die die Forscher zusammensetzten, sollten mich schon bald dazu bewegen, eine Hypothese über das Objekt zu formulieren, die mich in Konflikt mit dem größten Teil des wissenschaftlichen Establishments brachte.

• • •

Während der Raserei, die auf die Formulierung meiner Hypothese zu 'Oumuamua folgte, war ich einmal mit einem Raum voller Reporter und einem Wald ausgestreckter Mikrofone konfrontiert. Ich hatte gerade erst drei einstündige Interviews gegeben. Es war Mittagessenszeit; ich hatte Hunger. Anstatt also eine ins Einzelne gehende Verteidigung meiner Hypothese über 'Oumuamua aufzubieten, verwies ich die Journalisten an einen meiner Vorgänger auf dem Gebiet der Astronomie in der Hoffnung, dass das jedermann dazu anhalten würde, sich eine gewisse Aufgeschlossenheit zu bewahren.

Ich erinnerte meine Zuhörerschaft an Galileis Erklärung im 17. Jahrhundert, dass die empirischen Beweise, die durch sein Teleskop sichtbar waren, nahelegten, dass sich die Erde um die Sonne bewegte. Das ist eine der bekanntesten und am häufigsten erzählten Geschichten in den Annalen der Naturwissenschaft: Mit der Veröffentlichung seiner Abhandlung *Sidereus Nuncius* (was übersetzt *Sternenbote* heißt) im Jahr 1610 beschrieb Galilei seine Beobachtungen der Planeten mit einem neuen Teleskop und erklärte – aufgrund seiner Zeugnisse – seine Übereinstimmung mit der heliozentrischen Theorie des Sonnensystems. Galileis Daten besagten, dass die Erde und alle anderen Planeten sich um die Sonne drehten. Das stand in direktem Gegensatz zu den Lehren der katholischen Kirche, die Galilei der Ketzerei anklagte. Nach einer Gerichtsverhandlung, während der Berichten zufolge seine Ankläger es ablehnten, auch nur einen Blick durch sein Teleskop zu werfen, wurde Galilei der Ketzerei für schuldig befunden und verbrachte den Rest seines Lebens, nahezu ein Jahrzehnt, unter Hausarrest.

Galilei wurde gezwungen, seine Daten und seine Entdeckung zu verwerfen und seine Aussage zu widerrufen, dass die Erde um die Sonne kreist, aber der Legende zufolge flüsterte Galilei leise vor sich hin: »Und sie bewegt sich doch.« Die Geschichte ist wahrscheinlich unecht, und selbst wenn sie wahr sein sollte, ist ihre Wahrheit irrelevant – zumindest für den armen Galilei. Letztlich siegte der Konsens über das Beweismaterial.

Auf der Pressekonferenz erwähnte ich alle diese Dinge natürlich nicht; ich spielte einfach nur auf die Geschichte des berühmten Astronomen an. Aber wie vorherzusehen war, stürzte sich ein Reporter darauf: Sagen sie etwa, dass Sie Galilei sind? Nein. Überhaupt nicht. Was ich vermitteln wollte, war, dass die Geschichte uns gelehrt hat, ständig zu den Belegen mit Bezug auf 'Oumuamua zurückzukehren und unsere Hypothesen gegen sie zu testen, und, wenn andere versuchen, uns zum Schweigen zu bringen, vor uns hinzuflüstern: »Und es wich doch ab.«

• • •

Um zu ermessen, warum 'Oumuamuas Abweichung eine solche Anomalie war und warum sie mich zu einer Hypothese führte, die eine so heftige Kontroverse und so starken Widerstand erzeugte, müssen wir zum Grundsätzlichen zurückkehren. Erinnern wir uns an eines der grundlegendsten physikalischen Gesetze, die alles regieren. Es handelt sich um Sir Isaac Newtons erstes Bewegungsgesetz: »Ein Gegenstand verharrt im Zustand der Ruhe oder der gleichförmigen geradlinigen Bewegung, solange er nicht durch einwirkende Kräfte zu einer Änderung dieses Zustands gezwungen wird.«

Eine Billardkugel liegt bewegungslos auf einem Billardtisch, auch wenn 14 andere Kugeln um sie herumrasen; sie bleibt unbewegt, bis eine andere Kugel auf sie prallt.

Eine einsame Billardkugel liegt bewegungslos auf einem Billardtisch, bis der Billiardqueue sie anstößt.

Eine Billardkugel liegt unbewegt auf einem Billardtisch, bis jemand das eine Ende des Tischs hochhebt.

Eine Billardkugel liegt bewegungslos auf einem Billardtisch, bis plötzlich eine kegelförmige Vertiefung in der Mitte des Tisches erscheint.

In den beiden letzten Fällen setzt sich die Schwerkraft durch, und die Kugel beginnt sich zu bewegen. Sobald sie sich bewegt, wird sie das auf einer Linie tun, die von der Kraft diktiert wird, die auf sie wirkte, und sie wird sich weiter auf dieser Linie bewegen, bis eine andere Kraft auf sie einwirkt.

'Oumuamua trat in unser Sonnensystem auf einer Flugbahn ein, die in etwa rechtwinklig zu den Umlaufebenen der Erde und der anderen sieben Planeten lag. Ebenso wie die Sonne ihre Gravitationskraft auf diese acht Planeten und alles andere ausübt, was um sie kreist, übte die Sonne ihre Gravitationskraft auch auf 'Oumuamua aus. Am 9. September 2017 raste 'Oumuamua mit fast 320 000 Kilometern pro Stunde um die Sonne, nahm Schwung auf von der Gravitationskraft der Sonne und schoss in eine andere Bewegungsrichtung. Danach setzte es seine Reise durch das Sonnensystem und über seine Grenzen hinaus fort.

Die universellen Gesetze der Physik erlauben uns, mit Sicherheit vorherzusagen, wie die Flugbahn eines bestimmten Objekts aussehen sollte, während es sich um die Sonne herumbewegt. Aber 'Oumuamua verhielt sich nicht so, wie wir erwartet hatten.

Im Juni 2018 berichteten Forscher, dass 'Oumuamuas Flugbahn eine leichte, aber statistisch hochsignifikante Abweichung von einem Pfad aufwies, der von der Gravitationskraft der Sonne allein geformt worden wäre. Diese Abweichung kam dadurch zustande, dass es von der Sonne weg beschleunigte und von einer zusätzlichen Kraft angetrieben wurde, die in etwa mit dem Quadrat der Entfernung von der Sonne abnahm. Was für eine abstoßende Kraft, die der anziehenden Schwerkraft entgegengesetzt ist, kann von der Sonne ausgeübt werden?

Kometen aus dem Sonnensystem zeigen zwar eine Abweichung, die der von 'Oumuamua ähnlich ist, aber sie werden von einem Kometenschweif aus Staub und Wasserdampf begleitet, der aus dem Eis entsteht, das vom Sonnenlicht erwärmt wird.

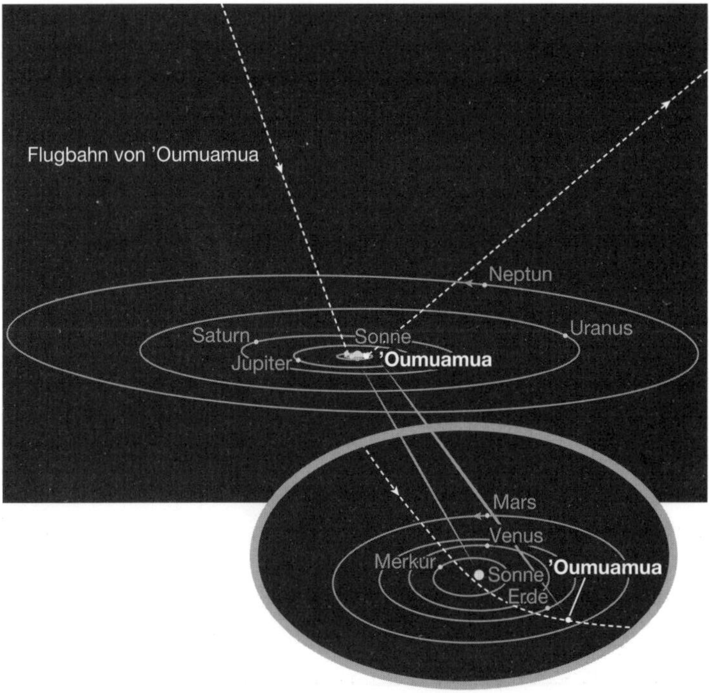

'Oumuamuas Flugbahn durch das Sonnensystem. Abgebildet ist die Lage (siehe Detail) des Objekts und der Planeten am 19. Oktober 2017, dem Tag, an dem das Objekt von Pan-STARRS entdeckt wurde. Im Unterschied zu allen Asteroiden und Kometen, die zuvor beobachtet worden waren, wurde dieses Objekt nicht durch die Schwerkraft der Sonne gebunden. 'Oumuamua kam aus dem interstellaren Raum und kehrte dorthin aufgrund seines Vorbeifluges an der Sonne mit einer Geschwindigkeitserhöhung zurück. Abbildung von Mapping Specialists, Ltd., basierend auf European Southern Observatory / K. Meech et al. (CC By 4.0)

Wenn Sie Glück hatten, haben Sie schon einmal einen Kometen von Ihrem Garten aus gesehen. Gewiss aber haben sie Fotos oder künstlerische Darstellungen von Kometen gesehen, deren Zentren oder Kerne unscharf leuchteten und deren leuchtender Schweif hinter ihnen ausgestreckt war. Das Leuchten und der Schweif gehen auf die Tatsache zurück, dass Kometen vereiste Gesteinsbrocken verschiedener Größen sind. Ihr Eis besteht zum größten Teil aus Wasser, aber da es die zufällige Verteilung von Material im gesamten Universum widerspiegelt, beinhaltet dieses Eis häufig auch andere Substanzen – zum Beispiel Ammoniak, Methan und Kohlenstoff. Wie auch immer die Zusammensetzung des Eises ist, so verdampft es normalerweise zu Gas und Staub, die das Sonnenlicht streuen, während der Komet nahe an der Sonne vorbeifliegt. Daraus ergibt sich die Koma des Kometen, die umhüllende Atmosphäre aus verdampfendem Eis und Trümmern, die einem Kometen seinen Glanz verleiht und seinen charakteristischen Schweif hervorbringt.

Wenn dieser Schweif Sie an Brennstoff erinnert, der aus dem Hinterteil einer Rakete kommt, dann zu Recht. Das verdampfende Eis des Kometen wirkt wie eine Düse, die den Kometen antreibt. Aufgrund dieses Raketeneffekts kann ein ausgasender Komet von einem Pfad abweichen, wie ihn die Gravitationskraft der Sonne allein formen würde. Beobachten Astronomen einen solchen Kometen, können wir durchaus präzise Angaben machen. Wenn wir einen ausgasenden Kometen sehen und das Ausmaß seiner Abweichung messen, können wir berechnen, wie viel von der Masse des Kometen dabei aufgebraucht wurde, als er ihm seinen zusätzlichen Anstoß verlieh.

Wenn der zusätzliche Anstoß, der 'Oumuamua antrieb, vom Raketeneffekt stammte, wie es bei Kometen der Fall ist, dann hätte unser interstellares Objekt ein Zehntel seiner Masse einbüßen müssen, damit es so stark angetrieben werden konnte, wie es der Fall war. Das ist keine vernachlässigbare Menge an Ausgasung, die man mit unseren Teleskopen leicht hätte übersehen können. Doch eingehende Beobachtungen des Raums um 'Oumuamua herum zeigten keine Spur von Wasser, kohlenstoffbasierten Gasen oder Staub und schlossen dadurch die Möglichkeit aus, dass es von Kometendampf oder sichtbaren Staubteilchen angetrieben worden wäre. Darüber hinaus änderte es auch seine Drehgeschwindigkeit nicht, was aber der Fall hätte sein müssen, wenn einseitig gerichtete Düsenstrahlen es nach einer Seite gedrückt hätten, was sie bei Kometen häufig tun. Außerdem hätte eine solche massive Verdampfung die Rotationsperiode von 'Oumuamua geändert,[3] ein Phänomen, das man bei Kometen des Sonnensystems beobachten kann. Keine solche Veränderung der Drehgeschwindigkeit wurde festgestellt.

Letztlich lassen sich all diese Rätsel auf ein einziges zurückführen: 'Oumuamuas Abweichung von seinem erwarteten Pfad. Alle Hypothesen darüber, was 'Oumuamua ist, müssen diese Abweichung erklären, und das bedeutet, die Kraft zu erklären, die auf es einwirkte, und zugleich die Tatsache zu beachten, dass ein eventueller Kometenschweif aus Gas und Staub hinter ihm so dünn war, dass er von unseren Geräten nicht erkannt wurde.

• • •

Während dies geschrieben wird, haben sich die Wissenschaftler auf die Hypothese geeinigt, dass 'Oumuamua ein Komet war, wenn auch ein ganz besonderer. Ein Vorteil dieser Hypothese ist ihre Vertrautheit. Wir haben schon viele Kometen beobachtet, deren Flugbahnen von den Pfaden abwichen, die allein von der Schwerkraft der Sonne geformt wurden. Wir wissen auch, warum das geschieht: In allen Fällen ist es auf die Ausgasung zurückzuführen.

Aber wie ich gerade erklärt habe, zeigte 'Oumuamua keine Ausgasung. Und doch gab es eine Abweichung.

Wir wissen, dass 'Oumuamua keine Ausgasung zeigte, die für die Infrarotkamera an Bord des Spitzer-Weltraumteleskops sichtbar gewesen wäre. Nach seiner Inbetriebnahme im Jahr 2003 verbrachte das Spitzer-Teleskop fast zwei Jahrzehnte damit, 250 Millionen Kilometer über uns zu kreisen und einen außergewöhnlich detaillierten Bestand von Informationen über unser Universum zu sammeln. Und während sein Vorrat an flüssigem Helium, der dazu benutzt wurde, bestimmte Instrumente zu kühlen, um sie funktionsfähig zu machen, im Jahr 2009 zur Neige ging, blieb seine Infrarotspektrum-Kamera (infrared array camera, IRAC) bis zum Januar 2020 funktionsfähig, als ihr Betrieb schließlich eingestellt wurde.

Die Infrarotkamera auf dem Spitzer-Weltraumteleskop war bestens dazu geeignet, zu messen, wie viel Kohlendioxid Kometen erzeugten.

Für eine Infrarotkamera ist hinreichend viel Kohlendioxid deutlich sichtbar. Da Kohlenstoff gewöhnlich zur Eismischung von Kometen gehört und Kohlendioxid in der Regel das Nebenprodukt der Verdampfung dieser Mischung ist, wenn sie Hitze und Druck ausgesetzt ist, nutzten wir das Spitzer-Teleskop häufig, um das Vorbeifliegen von Kometen zu beobachten.

IRAC wurde dreißig Stunden lang auf 'Oumuamua gerichtet, als unser interstellarer Besucher an der Sonne vorbeisauste. Hätte es auch nur eine Spur von Kohlendioxid in 'Oumuamuas Ausgasung gegeben, hätte die Kamera in der Lage sein müssen, diese zu beobachten. IRAC stellte jedoch nichts fest – keine Gasspur hinter dem Objekt und sicher auch nicht das Objekt selbst. (Interessanterweise entdeckte das Spitzer-Weltraumteleskop auch keine Wärme, die von 'Oumuamua abgestrahlt wurde, woraus folgt, dass es heller als ein typischer Komet oder Asteroid gewesen sein muss; das ist die einzige Möglichkeit, wie es so viel Sonnenlicht reflektieren konnte und doch so klein war, dass es nicht besonders viel Wärme produzierte.)

In einem Artikel, der ihre Befunde zusammenfasst, räumten die Forscher, die die IRAC-Daten untersuchten, zwar ein, dass sie »das Objekt nicht wahrgenommen hatten«.[4] Sie fügten jedoch hinzu, dass »'Oumuamuas Flugbahn nicht-gravitative Beschleunigungen aufweist, die leicht auf Größe und Masse reagieren und vermutlich von Gasausstoßungen verursacht wurden«.

Vermutlich. Nachdem sie dieses Fragezeichen in den Satz eingefügt hatten, schlossen die Autoren die Zusammenfassung ihres Artikels korrekterweise mit der Aussage ab: »Unsere Ergebnisse dehnen das Rätsel von 'Oumuamuas Ursprung und Entwicklung weiter aus.«

Andere Forscher, die modernste Geräte verwendeten, verzeichneten Ergebnisse, die denen der IRAC-Daten ähnlich waren. Im Jahr 2019 überprüften Astronomen Bilder, die vom Solar and Heliospheric Observatory (SOHO, Sonnen-und-Heliosphären-Observatorium) und vom Solar Terrestrial Relations Observatory (STEREO, Observatorium für solar-terrestrische Beziehungen) gesammelt und Anfang September 2017 aufgenommen wurden, als 'Oumuamua sich in der

Nähe des Perihels (am Punkt, der am nächsten an die Sonne herankam) befand.[5] Da sie zur Beobachtung der Sonne konstruiert wurden, hatten STEREO und SOHO nicht die Aufgabe, Kometen zu entdecken (obwohl die NASA SOHO zum »größten Kometenentdecker aller Zeiten«[6] erklärte, nachdem es seinen dreitausendsten Kometen identifiziert hatte). Genau wie Spitzer entdeckten SOHO und STEREO in dem Gebiet nichts; für diese Instrumente war 'Oumuamua unsichtbar. Das kann nur bedeuten, dass 'Oumuamua eine »Wasserproduktionsrate« aufwies, die »um wenigstens eine Größenordnung [d.h. das Zehnfache] kleiner war als jede der zuvor angegebenen Grenzen«.

Unsichtbar für Spitzers IRAC, für SOHO und für STEREO – und doch zeigte 'Oumuamua eine Kursabweichung.

• • •

Um 'Oumuamuas Flugbahn zu erklären und die Annahme aufrechtzuerhalten, dass es sich um einen Kometen handelte, haben die Forscher ihre Theorien über seine physische Größe und Zusammensetzung bis zum Zerreißen überdehnt. Beispielsweise haben einige Forscher die Vermutung aufgestellt, dass 'Oumuamuas Eis vollständig aus Wasserstoff bestand, und dass diese außergewöhnliche Zusammensetzung erklärt, warum IRAC es nicht gesehen hat.[7] (Ausgasungen, die Kohlenstoff enthalten, sind für IRACS Infrarotkamera sichtbar, aber Ausgasungen aus reinem Wasserstoff wären es nicht.) In einem ausführlichen Artikel haben mein koreanischer Mitstreiter Thiem Hoang und ich berechnet, dass ein Eisberg aus Wasserstoff während seiner interstellaren Reise schon lange verdampft wäre, bevor er das Sonnensystem erreicht hätte. Als leichtestes Element in der Natur verdampft Wasserstoff leicht von einer Eisoberfläche, die durch interstellare Strahlung, Gas- und Staubteilchen sowie energiereiche kosmische Strahlen erwärmt wird. Tatsächlich ist die Peripherie des Sonnensystems mit zahlreichen vereisten Kometen bevölkert, die derselben unsanften Umgebung ausgesetzt sind (wobei der Sonnenwind nicht in der Lage ist, sie abzuschirmen, da er vom Druck des interstellaren Mediums, das der Sonne viel näher liegt, überboten wird). Aber ein Komet mit Eis aus reinem Wasserstoff – oder überhaupt aus irgendeinem reinen Stoff – wäre überaus exotisch. Etwas Derartiges haben wir noch nie gesehen.

Oder vielmehr kennen wir nichts Derartiges, das auf natürliche Weise vorkäme. Gewiss haben wir solche Dinge hergestellt; beispielsweise Raumfahrtraketen, für die reiner Wasserstoff der bevorzugte Brennstoff ist.

Es gibt noch eine andere Schwierigkeit mit der Hypothese eines ausgasenden Kometen, und zwar unabhängig davon, ob er reinen Wasserstoff ausgegast hat oder nicht. Seine Beschleunigung während der Kursabweichung war gleichmäßig und stetig. Kometen sind plumpe Felsbrocken; an ihren unebenen und unregelmäßigen Oberflächen haftet ungleichmäßig verteiltes Eis. Wenn die Sonne das Eis schmilzt und die Ausgasung den Antrieb produziert, geschieht das über diese unebene und löchrige Oberfläche. Das Ergebnis ist genau das, was man erwarten würde – eine abgehackte Beschleunigung. Aber eine solche haben wir bei 'Oumuamua nicht gesehen. Vielmehr verhielt es sich genau umgekehrt.

Die Wahrscheinlichkeit eines natürlich vorkommenden Kometen mit Eis, das zu hundert Prozent aus Wasserstoff besteht und Ausgasungen an einem einzigen Ort hervorbringt, sodass eine gleichmäßige Beschleunigung erreicht wird? Ungefähr dieselbe wie die, dass natürliche geologische Prozesse eine Raumfähre hervorbringen.

Hinzu kommt, dass bei 'Oumuamuas Grad der Kursabweichung ein statistisch signifikanter Anteil seiner Gesamtmasse hätte ausgegast werden müssen. Der Nicht-Gravitationsschub war so stark – etwa 0,1 Prozent der Gravitationsbeschleunigung der Sonne –, dass die Ausgasung eines Kometen für die Abweichung nur dann verantwortlich sein könnte, wenn der Prozess zumindest zehn Prozent von 'Oumuamuas Masse verbraucht hätte. Das ist viel, und natürlich stellt dieser Prozentsatz einen umso größeren Betrag an Material dar, je größer wir uns 'Oumuamua vorstellen; zehn Prozent einer Masse von tausend Metern ist mehr als zehn Prozent einer Masse von hundert Metern.

Je mehr Material 'Oumuamua unserer Vorstellung zufolge auf unsichtbare Weise ausgegast hätte, desto unwahrscheinlicher wird es zudem, dass wir dies nicht beobachtet hätten. Und je kleiner wir uns 'Oumuamua vorstellen müssen, um zu erklären, warum wir das ausgegaste Material nicht sahen, desto merkwürdiger wird seine Helligkeit und sein Längen-Breiten-Verhältnis – und desto leuchtender hätte es sein müssen.

• • •

Ausgasungen sind nicht die einzige Erklärung dafür, warum ein Objekt von einem Pfad abweichen würde, der allein von der Schwerkraft der Sonne geformt wird. Eine andere Erklärung hat mit der Zersetzung des Objekts zu tun.

Wenn ein Objekt zerbricht und in kleinere Objekte zerfällt, die von Staub und Teilchen umgeben sind, folgen die kleineren Objekte einer neuen Flugbahn. Wenn also 'Oumuamua zu dem Zeitpunkt auseinanderzubrechen begann, als es sein Perihel erreichte, könnte dieser Zerfall dazu geführt haben, dass das Objekt von dem Pfad abwich, der ausschließlich von der Schwerkraft der Sonne diktiert wurde.

Das Problem dieser Erklärung für 'Oumuamua besteht darin, dass unsere Teleskope genau wie bei der Ausgasung hätten in der Lage sein sollen, irgendetwas zu registrieren – in diesem Fall die übrig bleibenden Bruchstücke und den Staub, die aus einem solchen Zerfall hervorgehen. Es ist unwahrscheinlich, dass Eis keinen Kohlenstoff enthält und noch unwahrscheinlicher, dass ein zerfallender Gesteinsbrocken keinen Kohlenstoff enthält. Außerdem muss man sich die Frage stellen, ob eine Ansammlung kleinerer Objekte als ein einzelner Körper erscheinen konnte. Die Befunde zeigen, dass 'Oumuamua sich alle acht Stunden wie ein kompaktes Objekt mit einer beständigen, außergewöhnlichen Form drehte.

Die gleichmäßige Beschleunigung stellt auch die Hypothese infrage, dass 'Oumuamua in der Nähe des Perihels zerbrach und einen hinreichend großen Anteil seiner Masse einbüßte, um den abweichenden

Pfad erklären zu können. Unsere Instrumente beobachteten keine Trümmer, die auf ein solches Zerbrechen und einen solchen Zerfall hindeuten würden; vielmehr haben wir Belege für das Gegenteil: eine gleichmäßige, stetige Beschleunigung. Hätte 'Oumuamua auseinanderzubrechen begonnen, ist die Wahrscheinlichkeit, dass es dies tat und gleichzeitig weiterhin gleichmäßig beschleunigte, abermals unendlich klein. Stellen Sie sich einen Schneeball vor, der in die Luft geworfen wird und plötzlich in Stücke explodiert, aber ohne sofortige Veränderung der Flugbahn der Stücke.

Wollen wir an der Zerfallshypothese festhalten und erklären können, weshalb der Dampf der fragmentierten Trümmer nicht wahrgenommen wurde, müssen wir exotischere Annahmen zu 'Oumuamuas Zusammensetzung machen. Durch die Fragmentierung hätten unsere Instrumente mehr entdeckt haben müssen, als der Fall war. Schließlich würden viele kleine Stücke eines auseinanderbrechenden Gesteinsbrockens die verfügbare Gesamtoberfläche vermehren und noch mehr Kometengas und Wärme produzieren als das ursprüngliche Objekt allein.

Und dann gibt es den Hinweis, dass die zusätzliche Kraft, die auf 'Oumuamua wirkte – die Kraft, die es zur Abweichung veranlasste –, im umgekehrten Verhältnis zum Quadrat von 'Oumuamuas Entfernung von der Sonne abnahm. Wenn die zusätzliche Kraft das Ergebnis einer Ausgasung wäre, würden wir ein schnelleres Abbremsen eines Objekts erwarten, während es sich rasch von der Sonne entfernt. Die Verdampfung von Eis und Wasser kommt zum Stillstand aufgrund unzureichender Erwärmung durch das Sonnenlicht, wodurch der Raketeneffekt beendet wird. Eine Rakete erschöpft sich selbst, und die zusätzliche Kraft, die sie einem Objekt zur Verfügung stellt, versiegt unvermittelt. Auf welchem Pfad das Objekt auch immer war, wenn das geschieht: Das ist der Pfad, dem es danach folgt. Das haben wir bei 'Oumuamua nicht beobachtet. Noch einmal: Die Kraft, die auf 'Oumuamua wirkte, nahm im umgekehrten Verhältnis zum Quadrat von 'Oumuamuas Entfernung von der Sonne ab.

Was könnte 'Oumuamua sonst in Form dieses gleichmäßigen Potenzgesetzes antreiben? Eine Möglichkeit ist der Impuls, der auf

'Oumuamuas Oberfläche durch das reflektierte Sonnenlicht ausgeübt wurde. Aber damit das funktioniert, muss das Verhältnis von Oberfläche zum Volumen ungewöhnlich groß sein. Das folgt aus der Tatsache, dass der Sonnenschub auf die Oberfläche des Objekts wirkt, während die Masse eines Objekts (mit einer bestimmten Materialdichte) mit seinem Volumen zunimmt. Folglich nimmt die Beschleunigung, die das Objekt zeigt, im Verhältnis zu einer zunehmenden Oberflächen-Volumen-Relation zu, die bei einer äußerst dünnen Geometrie maximiert wird.

Als ich Berichte darüber las, dass die zusätzliche Kraft auf 'Oumuamua mit dem umgekehrten Quadrat der Entfernung von der Sonne abnahm, fragte ich mich, was den Schub verursachen könnte, wenn nicht Ausgasungen oder Zerfall. Die einzige Erklärung, die mir einfiel, war, dass das Sonnenlicht von seiner Oberfläche abprallte wie der Wind von einem dünnen Segel.

• • •

Andere Wissenschaftler entwarfen eifrig ihre eigenen Erklärungen. Bei der Suche nach einer Theorie, die allen Belegen einen Sinn abgewann, bot ein Forscher am NASA Jet Propulsion Laboratory (Düsenantriebslabor der NASA) eine neue Hypothese an, die auf Befunden aufbaute, dass winzige Kometen in nahezu parabolischen Umlaufbahnen dazu neigten, unmittelbar vor dem Perihel auseinanderfallen. Vielleicht, so lautete sein Vorschlag, war das auch 'Oumuamuas Schicksal. Zu dem Zeitpunkt, als es von einer Flugbahn abwich, die von der Schwerkraft der Sonne bestimmt wurde, war es zu einer fluffigen Staubwolke geworden. Oder, genauer gesagt, wurde 'Oumuamua zu einem »entgasten Aggregat von lose miteinander verbundenen Staubkörnern, die eine exotische Form, sonderbare Rotationseigenschaften und eine äußerst hohe Porosität haben können, wobei sie all dies im Laufe des Zerfallsereignisses erworben haben«.[8]

Wie lose gebunden auch immer diese Wolke gewesen sein mag, so erfordert diese Hypothese doch, dass ein entgastes 'Oumuamua bis zu einem gewissen Grad zusammenhing. Schließlich hatte das, was übrig blieb, genügend strukturelle Integrität, dass man beobachten konnte, wie es davonsauste. *Entgasung* bedeutet, dass ein Objekt – beispielsweise ein Stück Kohle – Bedingungen ausgesetzt wird, etwa hoher Wärme, unter denen ein Bestandteil entfernt wird. Das Beispiel für Entgasung, mit dem wir alle vertraut sind, ist ein Stück Holz, das so stark erhitzt wird, dass es zu Holzkohle wird.

Diese Hypothese besagt, dass ein Komet, der nicht aus Kohlenstoff besteht, sich zu einer stark porösen, gebundenen exotischen Form entgaste, die in der Lage war, bis zu dem statistisch signifikanten Grad abzuweichen, den wir bei 'Oumuamua beobachtet haben. Und dafür ist ein weiterer Schritt notwendig. Diese strukturell lose gebundene Staubwolke wich ohne sichtbare Ausgasung oder Trümmer aufgrund der »Wirkungen des Strahlungsdrucks der Sonne« ab.

Eine ähnliche Vorstellung eines vereisten porösen Aggregats wurde einige Monate später von einer Forscherin am Space Telescope Science Institute vorgebracht.[9] Ein Jahrzehnt zuvor hatten dieselbe Forscherin und ich zusammengearbeitet, um anhand der Daten die erste Vorhersage über die erwartete Fülle von interstellaren Objekten für unser Sonnensystem zu machen. (Wie sich zeigte, war diese Vorhersage um Größenordnungen kleiner, als notwendig gewesen wäre, um 'Oumuamua zu erklären, eine weitere implizite Anomalie.) Jetzt wollte meine Kollegin die anomale Bewegung des Objekts erklären. Sie rechnete aus, dass die mittlere Dichte eines porösen 'Oumuamua außergewöhnlich niedrig sein musste, hundertmal dünner als Luft, damit das Sonnenlicht den benötigten Schub produzieren konnte.

Stellen sie sich nur einmal eine längliche Zigarre oder einen Pfannkuchen von der Größe eines Footballfelds vor, die so stabil sind, dass sie sich alle acht Stunden um sich selbst drehen können, aber so luftig locker für ihre Größe, dass sie hundertmal leichter als eine Wolke sind. Diese Hypothese strapaziert, gelinde gesagt, die Plausibilität, und zwar nicht zuletzt deshalb, weil wir sie ausschließlich auf unsere Vorstellungskraft gründen und nie etwas Derartiges beobachtet haben. Selbstverständlich gilt dasselbe für ein natürlich vorkommendes zigarrenförmiges Objekt oder ein natürlich vorkommendes pfannkuchenförmiges Objekt. Wir haben Objekte mit derartigen Formen in einer solchen außergewöhnlichen Größe wie der von 'Oumuamua noch nicht gesehen, seien sie nun luftig-leicht oder nicht.

Sehen wir kurz davon ab, woraus das Objekt besteht, und betrachten wir seine Form genauer. Niemand an einem Frühstückstisch würde je eine Zigarre mit einem Pfannkuchen verwechseln. Sie sind völlig verschieden. Müssen wir uns also wirklich zwischen diesen beiden Sonderformen entscheiden, wenn wir uns vorstellen, wie 'Oumuamua rasend schnell durch den Weltraum fliegt?

Ein weiterer Wissenschaftler, ein Astrophysiker von der McMaster University, nahm sich die Belege noch einmal vor, um zu sehen, ob er eine Antwort finden könnte.[10] Er bewertete alle Helligkeitsmodelle, die die Daten erlaubten, und kam zu dem Schluss, dass die Wahrscheinlichkeit dafür, dass 'Oumuamua zigarrenförmig sei, klein war und die Wahrscheinlichkeit dafür, dass es scheibenförmig sei, bei etwa 91 Prozent lag. Diesen Prozentsatz sollte man im Kopf behalten, wenn man den zigsten Künstler sieht, der 'Oumuamua als einen zigarrenförmigen Gesteinsbrocken darstellt. Außerdem sollte man ihn im Kopf behalten, wenn man irgendeine Erklärung für ein natürlich vorkommendes längliches Objekt liest, wie etwa den sehr unwahrscheinlichen Prozess des Schmelzens und der gezeitenartigen Dehnung entlang einer seltenen Flugbahn, die in unmittelbarer Nähe eines Sterns vorbeigeht[11] – eine Erklärung, deren Wert vor dem Hintergrund dieser Analyse strittig ist, wenn es um 'Oumuamua geht.

Gibt es eine einfachere Möglichkeit, das erforderliche Oberflächen-Volumen-Verhältnis für ein pfannkuchenförmiges Objekt zu erreichen? Ja, es gibt sie. Man könnte ein dünnes, stabiles Gerät bauen, das in der Lage ist, aufgrund der Wirkungen des Strahlungsdrucks der Sonne genau mit solchen Vorgaben vom Kurs abzuweichen.

4

STARCHIPS

Jahre vor 'Oumuamuas Entdeckung interessierte ich mich für die Suche nach außerirdischen Zivilisationen und die Möglichkeit, dass die Erde nicht der einzige Planet ist, auf dem es Leben gibt. Das ist ein Interesse, das sich aus den Naturwissenschaften und wissenschaftlichen Beweisen ableitet und nicht aus der Science-Fiction. Ich liebe es, Geschichten zu erzählen, und ich liebe die Naturwissenschaften, aber wie ich bereits eingeräumt habe, mache ich mir Sorgen darüber, dass Geschichten, die die Gesetze der Physik verletzen und eine Faszination für »Unwahrscheinliches« fördern, nicht nur der Wissenschaft, sondern auch unserem eigenen Fortschritt im Weg stehen.

Wer braucht schon Unwahrscheinliches, wenn wir etwas so überaus Wahrscheinliches haben? Die Existenz von intelligentem Leben auf der Erde ist eine mehr als ausreichende Rechtfertigung dafür, die *wissenschaftliche*, im Unterschied zur fiktionalen, Suche nach Leben im Universum ernsthaft anzugehen.

Davon bin ich seit dem Beginn meiner Laufbahn in der Astrophysik überzeugt. Doch dieses besondere Interesse von mir wurde erst 2007 publik, als der Kosmologe Matias Zaldarriaga und ich vorschlugen, außerirdische Radiosignale zu belauschen.

Das war gewissermaßen ein Anfang – und er sollte sich als umwälzend erweisen.

• • •

Mein ungewöhnliches Beobachtungsprojekt mit Matias erwuchs aus meiner Arbeit über das frühe Universum, die kosmische Dämmerung, die meine Aufmerksamkeit schon erregt hatte, als ich vom Institute for Advanced Study in Princeton 1993 nach Harvard umzog. Eine Frage, die mich damals beschäftigte, lautete: Wann wurden die Sterne erstmals »angeknipst« – das heißt, wann war der Augenblick, an dem die Naturgesetze erklärten: »Es werde Licht«? Die Betrachtung der Geburt von Sternen sollte mich Jahre später dazu führen, darüber nachzudenken, wie Zivilisationen sich gegenseitig belauschen könnten. Aber zu jener Zeit war das einfach eine Frage, zu deren Beantwortung mir die Mittel fehlten.

Kurz gesagt, will man in der Zeit weit zurückblicken, bis zu den Anfängen des Universums, muss man der schwachen Radiostrahlung des urzeitlichen Wasserstoffs lauschen, des am häufigsten vorkommenden Elements im Universum. Das macht man am besten mit Teleskopen, die in der Lage sind, nach dieser Signatur des frühen Wasserstoffs zu suchen, einer intrinsischen Wellenlänge von 21 Zentimetern, die durch die Ausdehnung des Universums seit der kosmischen Dämmerung bis zur Größenordnung von Metern gedehnt wurde (verschoben in Richtung auf rotere – längere – Wellenlängen, was als »rotverschoben« bezeichnet wird).

Um die Mitte der 2000er Jahre wurde dieses theoretisch mögliche Gebiet experimenteller Forschung Wirklichkeit. Endlich wurden Radioteleskope für Langwellen gebaut; eines von ihnen, das Murchison Widefield Array (MWA) in der Wüste von Westaustralien, war ein internationales Unternehmen, an dem Wissenschaftler und Institutionen aus Australien, Neuseeland, Japan, China, Indien, Kanada und den Vereinigten Staaten beteiligt waren.

Wie bei so vielen Observatorien auf der Welt wurde der abgelegene Standort dieses kilometerlangen Netzwerks aus Antennen aufgrund der Abwesenheit von Schadstoffbelastung gewählt – in diesem Fall nicht die Abwesenheit von Lichtverschmutzung, sondern das Fehlen von Rundfunkübertragungen durch Menschen. Unsere Fernsehgeräte, Handys, Computer und Radios senden alle Strahlung mit genau denselben Frequenzen aus, auf die das MWA-Teleskop eingestellt war, als es Radiostrahlung von urzeitlichem Wasserstoff im frühen Universum auffangen sollte – ein weiteres Beispiel dafür, wie der technische Fortschritt Astronomen behindern kann, statt sie zu unterstützen.

Diese ganze Verschmutzung durch Radiowellen brachte mich eines Tages auf einen Gedanken, während ich mit Matias und anderen beim Mittagessen saß. Wenn unsere Zivilisation so viele Geräusche mit dieser Frequenz abstrahlte, dann taten das vielleicht andere Zivilisationen auch – außerirdische, fremde Zivilisationen, die dort draußen zwischen genau den Sternen existieren könnten, die Matias und ich untersuchten.

Es war ein intuitiver, spontaner Gedanke, der bei Matias anfänglich ein Lachen auslöste. Er wurde jedoch für uns beide zu etwas Ernsthafterem, als ich von der ersten Anfrage des Foundational Questions Institute (FQXi) nach unkonventionellen Projekten erfuhr. Da wir nicht mit früheren Arbeiten zu verwandten Themen belastet waren und uns auf unsere Reputation als etablierte Wissenschaftler stützen konnten, schlug ich Matias vor, diese faszinierende Anekdote in ein eigenständiges Forschungsprojekt zu verwandeln. Die Tatsache, dass wir Kosmologen ohne Verbindung zum Search for Extraterrestrial Intelligence (SETI, Suche nach außerirdischer Intelligenz) Institute waren, das schon immer außerhalb des Kreises angesagterer wissenschaftlicher Organisationen stand und über weniger entwickelte Radiodetektoren und Analysemöglichkeiten verfügt, verhalf dem Projekt zu mehr Glaubwürdigkeit und finanzieller Unterstützung.

• • •

Mir ist schon lange bewusst, dass SETI innerhalb der Astronomie auf Feindschaft stößt. Und seit Langem fand ich diese Feindschaft sonderbar. Etablierte theoretische Physiker akzeptieren jetzt weithin die Untersuchung von zusätzlichen räumlichen Dimensionen über die drei hinaus, mit denen wir alle vertraut sind – Höhe, Breite und Tiefe – und über die vierte Dimension hinaus, die Zeit. Und zwar obwohl es keine Beweise für irgendwelche Extradimensionen gibt. Ebenso beschäftigt ein hypothetisches Multiversum – eine unendliche Anzahl von Universen, die alle gleichzeitig existieren und in denen alles, was möglicherweise geschehen könnte, auch tatsächlich geschieht – viele der am meisten bewunderten Köpfe unserer Erde, und zwar wiederum ohne Belege dafür, dass so etwas möglich ist.

Ich beklage mich nicht über solche Bemühungen; man sollte auf jeden Fall die Theorien mehren (und vielleicht replizierbare Experimente präsentieren, die stützende Befunde liefern). Vielmehr erhebe ich Widerspruch gegen das Misstrauen, mit dem man SETI häufig begegnet. Im Vergleich zu manchen Höhenflügen der theoretischen Physik ist es ein konservativer Forschungsansatz, wenn man an anderen Stellen im Universum nach etwas sucht, das auf der Erde existiert, nämlich dem Phänomen des Lebens. Die Milchstraße beherbergt zig Milliarden Planeten von der Größe der Erde mit ähnlichen Oberflächentemperaturen wie die unseres eigenen Planeten. Insgesamt wird etwa ein Viertel der zweihundert Milliarden Sterne unserer Galaxie von Planeten umkreist, die ähnlich wie die Erde bewohnbar sind und Oberflächenbedingungen aufweisen, die flüssiges Wasser und die Chemie des uns bekannten Lebens ermöglichen. Angesichts so vieler Welten – fünfzig Milliarden in unserer eigenen Galaxie! – mit ähnlichen, lebensfreundlichen Bedingungen, ist es sehr wahrscheinlich, dass intelligente Organismen sich auch anderswo entwickelt haben.

Und dabei zählen wir nur die bewohnbaren Planeten innerhalb der Milchstraße. Wenn wir alle anderen Galaxien in der sichtbaren Ausdehnung des Universums hinzufügen, dann steigt die Zahl bewohnbarer Planeten auf eine Trilliarde oder 10^{21} an – eine Zahl, die größer ist als die Anzahl aller Sandkörner an allen Stränden der Erde.

Ein Teil des Widerstands gegen die Suche nach außerirdischer Intelligenz geht auf den Konservatismus zurück, den viele Naturwissenschaftler an den Tag legen, weil sie die Zahl der Fehler minimieren wollen, die sie während ihrer Laufbahn machen. Das ist der Weg des geringsten Widerstands, und es funktioniert; Naturwissenschaftler, die ihr Image auf diese Weise bewahren, erhalten mehr Ehrungen, mehr Auszeichnungen und mehr finanzielle Mittel. Bedauerlicherweise stärkt dies auch ihren Widerhalleffekt, denn die finanzielle Unterstützung schafft immer größere Forschungsgruppen, die dieselben Ideen nachbeten. Das kann lawinenartig anwachsen. Echokammern verstärken den Konservatismus des Denkens, treiben den jungen Forschern, von denen die meisten den Eindruck haben, sich anpassen zu müssen, um sich eine Stelle zu sichern, die angeborene Neugier aus. Ohne Gegengewicht könnte dieser Trend den wissenschaftlichen Konsens zu einer sich selbst erfüllenden Prophezeiung machen.

Indem wir die möglichen Interpretationen begrenzen oder unseren Teleskopen Scheuklappen auferlegen, laufen wir Gefahr, Entdeckungen zu verpassen. Erinnern wir uns an die Kleriker, die es ablehnten, durch Galileis Teleskop zu schauen. Besonders weit verbreitet und mächtig ist die Voreingenommenheit oder Engstirnigkeit – wie man es auch immer nennen mag –, wenn es um die Suche nach außerirdischem, insbesondere intelligentem Leben geht. Viele Forscher wollen noch nicht einmal die Möglichkeit in Betracht ziehen, dass ein sonderbares Objekt oder Phänomen ein Beleg für eine hoch entwickelte Zivilisation sein könnte.

Manche dieser Naturwissenschaftler behaupten, sie wollten solche Spekulationen nicht durch ihre Aufmerksamkeit ehren. Aber wie schon erwähnt, sind andere Formen der Spekulation im naturwissenschaftlichen Mainstream verankert – zum Beispiel die Existenz multipler Universen und die Extradimensionen, die von der Stringtheorie vorhergesagt werden, und zwar trotz der Tatsache, dass es für keine der beide Ideen empirische Nachweise gibt und vielleicht auch nie geben wird.

Ich werde auf das Thema von SETI und den Widerstand der akademischen Gemeinschaft dagegen an späterer Stelle in diesem Buch zurückkommen, da es sich um ein Thema handelt, das sich als umso wichtiger erweist, sobald man das volle Ausmaß seiner Bedeutung versteht. Im Augenblick soll die Bemerkung genügen, dass die Suche nach außerirdischem Leben – auch die nach intelligentem – im

Vergleich zu vielen etablierten Ideen kein so spekulatives Unternehmen ist. Schließlich entstand eine technische Zivilisation hier auf der Erde, und wir wissen, dass es eine Menge anderer Planeten da draußen gibt, die unserem eigenen ähnlich sind.

• • •

Als Matias und ich unseren Fragen zum Belauschen außerirdischer Zivilisationen nachgingen, taten wir das weniger deshalb, weil wir unverzüglich auf die Mitteilungen anderer Zivilisationen hofften, sondern vielmehr, weil wir die Aufmerksamkeit und die Anstrengungen auf eine andere Frage lenken wollten: Sind wir allein?

In den Jahren, die meinem Bemühen mit Matias folgten, fühlte ich mich immer mehr zu Themen hingezogen, die mit SETI zu tun hatten. Was wäre ein evidenzgesicherter Ansatz für eine Antwort auf die Leitfrage des Instituts? Und weil sich diese Frage mit einer Reihe anderer Themen verband, die meine Neugier weckten – die Natur Schwarzer Löcher, die Anfänge des Universums, die Möglichkeit von Reisen mit nahezu Lichtgeschwindigkeit –, fand ich mich in der Situation wieder, Umgang mit allen Wissenschaftlern zu pflegen, deren Interessen sich mit meinen eigenen überschnitten. Einige davon gehören zur Gemeinschaft von Naturwissenschaftlern, die sich ausschließlich der Suche nach außerirdischer Intelligenz widmen.

In der Folge stellten sich Ed Turner, ein Astrophysiker an der Princeton University, und ich als Erste die Frage, wie man es anstellen könnte, nach Belegen für künstlich hervorgebrachtes Licht zu suchen. Wir vermuteten, dass wir den Schimmer von beispielsweise einem Raumschiff oder einer weit entfernten Stadt mit unseren Teleskopen entdecken könnten. Ermuntert durch Freeman Dyson, stellten wir anschließend die Frage auf den Kopf und fragten uns, ob man eine Stadt von der Größe und Helligkeit Tokios auf Pluto sehen könnte, der zu jener Zeit der am weitesten entfernte Planet in unserem Sonnensystem war (inzwischen wurde er als ein Zwergplanet neu klassifiziert). Unser Vorschlag war eher theoretisch als praktisch; wir hatten nie ernsthaft in Erwägung gezogen, unsere Teleskope auf die Eiskugel Pluto zu richten. Vielmehr hatte unser Gedankenexperiment den Zweck, herauszubekommen, was wir (oder auch jede andere Zivilisation) tun könnten, um die verräterische Lichtsignatur einer Stadt unter den funkelnden Sternen ausfindig zu machen.

Es stellt sich heraus, dass man Tokio tatsächlich vom Rand unseres Sonnensystems aus sehen könnte, wenn man ein Instrument von der technologischen Raffinesse des Hubble-Weltraumteleskops verwenden und lange genug nach der Signatur von künstlichem Licht suchen würde. Und man könnte auch entscheiden, dass das Licht intrinsisch ist und nicht reflektiertes Sonnenlicht, und zwar anhand des Ausmaßes, in dem die Lichtquelle mit zunehmendem Abstand von der Sonne gedämpft wird.

Bis zum Jahr 2014 hatte ich mir den Ruf erworben, die Frage ernst zu nehmen, ob wir im Universum allein sind. Deshalb nahm *Sports Illustrated* mit mir Kontakt auf und diskutierte eine fantasievolle Idee mit mir, die der Präsident der FIFA ins Spiel gebracht hatte: die Möglichkeit einer interplanetarischen Weltmeisterschaft. Wie ironisch die ursprüngliche Bemerkung auch gemeint gewesen sein mochte, die Zeitschrift wollte, dass jemand seine Meinung zur Realisierbarkeit einer solchen Idee äußerte. Spielerisch ging ich die Hindernisse durch, von der Technologie, die die Mannschaften zu den Spielfeldern transportieren müsste, bis zur Notwendigkeit, sich über die atmosphärischen Spielbedingungen zu einigen, während ich gleichzeitig auf das Offenkundigste verwies: Zuerst müssten wir das intelligente Leben finden, mit dem wir uns messen wollen.

Wir waren diesem Ziel bereits näher, als mir bewusst war, denn um dieselbe Zeit herum suchte mich Juri Milner auf, und zwar mit einem weitaus seriöseren Anliegen.

• • •

Als Unternehmermilliardär aus dem Silicon Valley strahlt Juri Milner große Zielstrebigkeit aus. Er wurde in der Sowjetunion geboren, studierte theoretische Physik an der Lomonossow-Universität, erhielt seinen MBA von der Wharton School der University of Pennsylvania und wurde zu einem erstaunlich erfolgreichen Investor. Zu den Unternehmen, die er unterstützt hat, gehören Facebook, Twitter, WhatsApp, Airbnb und Alibaba.

Im Mai 2015 kamen Juri und Pete Worden, der ehemalige Leiter des Ames Research Center der NASA, in mein Büro am Harvard-Smithsonian Center for Astrophysics, um mich dazu zu animieren, an einem neuen Programm teilzunehmen, das sie starteten und fortan Starshot Initiative nennen sollten. Sie wollten ein Team unterstützen, das Raumschiffe konstruieren und in Bewegung setzen sollte, die in der Lage wären, das Sternensystem zu erreichen, das sich dem unseren am nächsten befindet: Alpha Centauri, eine Gruppe von drei Sternen, die einander etwa 4,27 Lichtjahre von der Erde entfernt umkreisen.

Dass Juri ein solches Unternehmen förderte, war nicht überraschend. Im Jahr 2012 hatten er und seine Frau Julia den Breakthrough Prize begründet, durch den jedes Jahr Preisgeld an internationale Wissenschaftler ausgehändigt wurde, die auf drei Gebieten arbeiteten: Grundlagenphysik, Biowissenschaften und Mathematik. Jeder Preis war drei Millionen Dollar wert. Innerhalb eines Jahres schlossen sich Leute wie Mark Zuckerberg, Mitgründer von Facebook, Sergej Brin, Mitgründer von Google, und Anne Wojcicki, Mitgründerin von 23andMe, Juri und Julia an, indem sie diese Preise finanziell unterstützten.

Im Jahr 2015 dachte Juri an andere, direktere und ehrgeizigere Möglichkeiten zur Förderung wissenschaftlicher Projekte, die ihn begeisterten, und so startete er die Breakthrough-Initiativen. Der Schwerpunkt war eindeutig. Das Projekt bestand darin, Antworten auf zwei der grundlegendsten Fragen zu suchen, die die Menschheit betreffen: Sind wir allein? Und können wir, indem wir gemeinsam denken und handeln, den großen Sprung zu den Sternen machen?

Juri war von diesen Fragen fasziniert, seitdem er in jungen Jahren das Buch *Universe, Life, Intelligence* gelesen hatte, das 1962 von dem sowjetischen Astronomen Iossif Schklowski veröffentlicht wurde

(Schklowski brachte später in einer englischen Ausgabe *Intelligent Life in the Universe* heraus, dessen Koautor er neben dem amerikanischen Astronomen Carl Sagan war.) Es mag auch von Nutzen gewesen sein, dass Juris Eltern ihn nach dem berühmten sowjetischen Kosmonauten Juri Gagarin nannten, der 1961 – dem Geburtsjahr des jüngeren Juri – der erste Mensch war, der in den Weltraum geschossen wurde.

In Wahrheit war ich schon bereit, Juri meine Hilfe anzubieten, bevor er sein Anliegen vollständig dargestellt hatte. Sein kühnes und aufrichtiges Interesse an der Erforschung der Frage, ob es jenseits der Erde Leben gibt, stimmte mit meiner eigenen Perspektive völlig überein. Dennoch waren seine Erwartungen erschreckend. Juri erklärte, dass er mich als Leiter eines Projekts haben wollte, bei dem eine Sonde zu dem Drei-Sterne-System Alpha Centauri geschickt werden würde, um zu bestimmen, ob es dort Leben gäbe. Der Haken war, dass es zu Juris Lebzeiten abgeschlossen werden sollte. Ich bat um sechs Monate Zeit zur Entwicklung eines angemessenen technischen Konzepts.

Bei der Arbeit mit meinen Studenten und Postdoktoranden überprüfte ich kritisch die Möglichkeiten, das Ziel der Starshot-Initiative zu erfüllen. Ein attraktives Ziel innerhalb von Alpha Centauri war Proxima Centauri, der Stern, der sich der Erde am nächsten befindet. Zu unserer Freude und nur wenige Monate nach der Ankündigung von Starshot wurde entdeckt, dass dieser Zwergstern einen Planeten, Proxima b, in seiner habitablen Zone beherbergt.

Eine Rakete mit chemischem Antrieb, womit alle unsere von der Erde aus gestarteten Raumschiffe in den Weltraum geschickt wurden, würde etwa hunderttausend Jahre brauchen, um Proxima b zu erreichen. Juri war sechsundfünfzig, und vor dem Hintergrund von Juris festgesetztem Zeitrahmen – zu seinen Lebzeiten – war eine Antriebsrakete ein Blindgänger.

Um innerhalb von wenigen Jahrzehnten zu Proxima b zu gelangen, brauchten wir ein Raumschiff, das in der Lage wäre, mit einem Fünftel der Lichtgeschwindigkeit zu fliegen. Selbst wenn wir nuklearen Treibstoff verwendeten, der die höchste Energiedichte aller Treibstoffe besitzt (außer Antimaterie, die jedoch nicht zur Verfügung

Künstlerische Darstellung von Proxima b, dem nächsten habitablen Planeten außerhalb unseres Sonnensystems. Dieser Planet, der im August 2016 entdeckt wurde, besitzt eine Masse von etwa einer bis zwei Erdmassen und dreht sich um Proxima Centauri, einen Zwergstern mit zwölf Prozent der Sonnenmasse in einer Entfernung von 4,24 Lichtjahren von der Erde. Proxima b hat eine Oberflächentemperatur, die zwar mit der der Erde vergleichbar ist, aber aufgrund seiner Nähe zu seinem blassen Zentralstern nimmt man an, dass seine Rotation mit der des Zentralsterns synchronisiert ist, sodass auf der einen Seite ständig Tag und auf der anderen ständig Nacht herrscht. ESO

steht), wäre es für eine chemisch angetriebene Rakete unmöglich, solche Geschwindigkeiten zu erreichen. Und Newtons zweites Bewegungsgesetz – das besagt, dass die Beschleunigung eines Gegenstands von seiner Masse und der auf ihn wirkenden Kraft abhängt – diktiert, dass unsere Raumschiffe auch so wenig wie möglich wiegen müssten.

Damit ein Objekt auf die erwünschte Geschwindigkeit beschleunigt, bräuchte man eine ungeheure Energie; je leichter das Objekt, desto weniger Energie wäre erforderlich. Dementsprechend dürfte die Nutzlast unseres Raumschiffs nicht mehr als ein paar Gramm betragen. Das führte zu einer weiteren Schwierigkeit. Unser Raumschiff würde die gewaltige Entfernung nicht nur in viel weniger als einhunderttausend Jahren zurücklegen müssen, sondern es müsste, wenn es Proxima Centauri erreicht hätte, auch in der Lage sein, Fotos zu

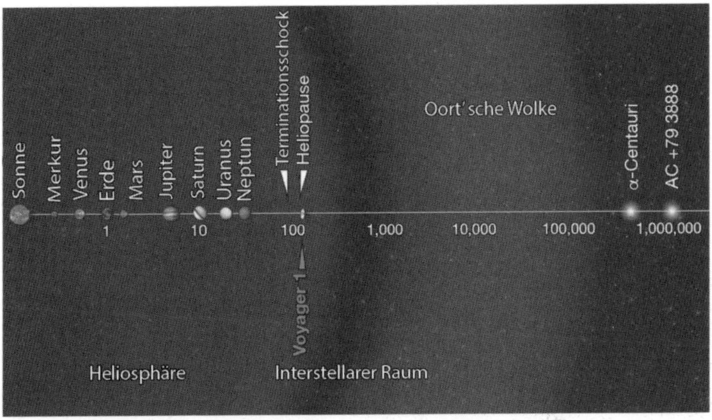

Die Reise zum nächsten Sternensystem, Alpha Centauri, das etwa vier Lichtjahre entfernt ist, wird mit konventionellen, chemisch angetriebenen Raketen Zehntausende Jahre dauern (wenn sie begonnen hätte, als die ersten Menschen Afrika verließen, würde sie jetzt abgeschlossen sein). Der Rand des Sonnensystems wird von der Oort'schen Wolke markiert, die sich auf halbem Weg in Richtung Alpha Centauri ausdehnt. Entfernungen werden in Einheiten des Abstands zwischen Sonne und Erde angegeben (1 astronomische Einheit). Im Jahr 2012 überquerte Voyager 1 die Heliopause, den Bereich, in dem der Sonnenwind mit interstellarem Gas zusammenstößt. Abbildung von Mapping Specialists, Ltd., basierend auf NASA/JPL-Caltech

machen und sie zur Erde zurückzuschicken, und zwar so, dass wir sie empfangen könnten. Es müsste leicht und klein sein und keine hohen Herstellungskosten erfordern. Demnach würden die Kamera und das Übertragungsgerät dem ähnlich sein, was in den heutigen Mobiltelefonen gebräuchlich ist. Unseren Berechnungen zufolge würde diese Technik, mit einigen Modifikationen, genügen.

Wir schlossen manche Ideen aus und verfeinerten die übrig gebliebenen, und schließlich gelangten wir zu dem Plan, ein leichtes Raumschiff zu starten, das an ein reflektierendes Segel – im Grunde an einen Spiegel – gekoppelt wäre. Die Idee eines Sonnensegels – ein hergestelltes Objekt, das von dem Druck angetrieben würde, den das Sonnenlicht auf es ausübt – war bereits Jahrhunderte alt. Schon 1610 schrieb Kepler an Galilei über »Schiffe oder Segel, die an die himmlischen Winde angepasst sind«. Ein solches Objekt zu konstruieren,

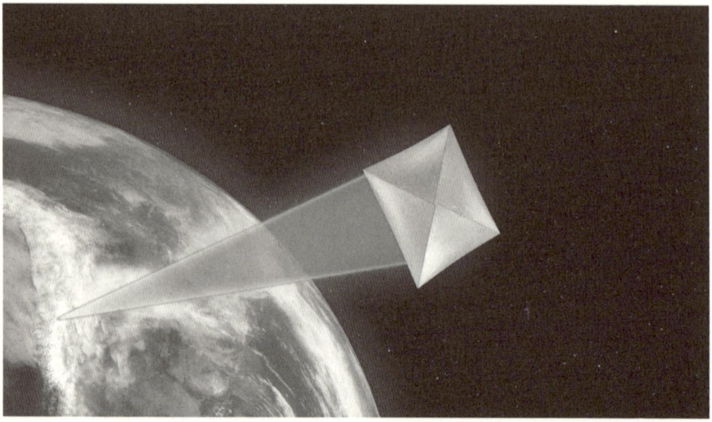

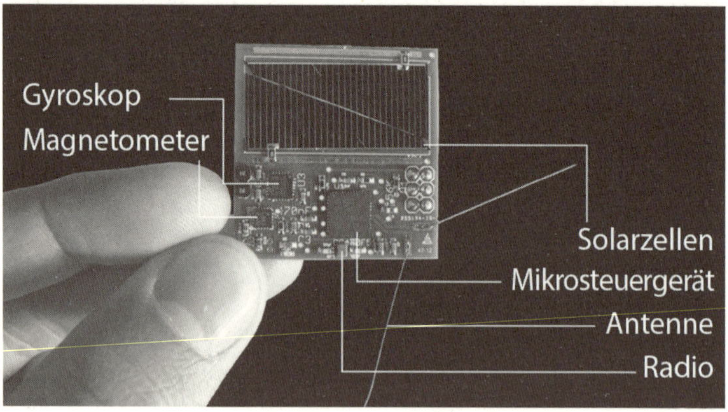

war bis in die 1970er Jahre jedoch nicht einmal entfernt möglich. Zum einen verwandelt sich Licht in Wärme, wenn es absorbiert wird, wie jeder Hund oder jede Katze weiß, die ein sonniges Fleckchen findet, um ein Nickerchen zu machen. Unser Spiegel konnte daher nicht einfach irgendein beliebiger Spiegel sein; er musste weniger als ein Hunderttausendstel des auf ihn fallenden Lichts absorbieren, sodass er durch die übermäßige Wärme nicht verbrennen würde. Und außerdem müssten wir dieses Lichtsegel mit einem äußerst genauen Laserstrahl beschießen.

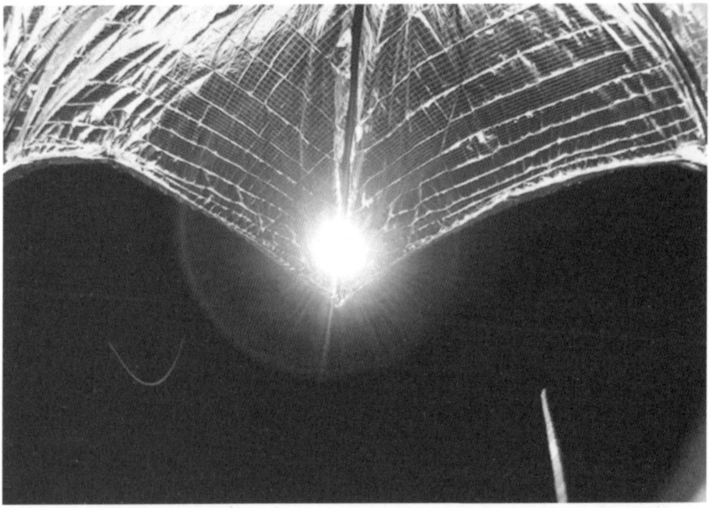

Linke Seite oben: Künstlerische Darstellung von Starshot, einem Projekt, bei dem ein Lichtsegel von einem starken Laserstrahl von der Erde aus angetrieben wird. Linke Seite Mitte: Ein Beispiel für das leichte elektronische Gerät (StarChip), das zusammen mit einer Kamera an dem Segel befestigt werden könnte. Oben: Foto des von Sonnenlicht angetriebenen LightSail 2, bereitgestellt von der Planetary Society am 23. Juli 2019, wobei die Sonne durch das 32 Quadratmeter große Segel hindurchscheint. Breakthrough Starshot/A. Loeb (Abbildungen linke Seite) und Planetary Society (Abbildung oben)

Auch das war kein völlig origineller Gedanke. Das Konzept eines laserbetriebenen Segels wurde in dem Jahr, in dem ich geboren wurde (1962), von dem Visionär Robert Forward erfunden und anschließend von anderen Wissenschaftlern, wie zum Beispiel Phil Lubin, weiterentwickelt, und zwar so, dass eine miniaturisierte Elektronik und ein modernes Optikdesign darin enthalten sind. Doch niemals zuvor war es so nahe daran, Wirklichkeit zu werden.

Wir berechneten, dass ein Laserstrahl mit hundert Gigawatt Leistung, der in der Lage wäre, einige Minuten lang auf ein Segel zu zielen, das in etwa so groß wie ein Mensch ist, das Segel zusammen mit der Kamera und dem Kommunikationsgerät auf ein Fünftel der Lichtgeschwindigkeit zu dem Zeitpunkt beschleunigen würde, da das Raumschiff fünfmal so weit entfernt wäre wie der Mond. Das wäre sozusagen die offene Startbahn des Raumschiffs. Über diese Entfernung hinweg könnte der Laserstrahl das Raumschiff auf eine ausreichend hohe Geschwindigkeit bringen, damit es zu unseren Lebzeiten den nächsten Stern erreicht.

Alles, was wir vorschlugen, lag innerhalb bestehender technischer Grenzen. Schwierig, ja. Teuer, einigermaßen; es lag in der Größenordnung der größten naturwissenschaftlichen Projekte, wie dem Large Hadron Collider am CERN oder dem James Webb Space Telescope, war aber billiger als der Apolloflug zum Mond. (Viele Leute, die von der Starshot-Initiative hörten, gestanden, dass sie seit der Apollomission vor fünfzig Jahren nicht mehr so begeistert von der Weltraumforschung gewesen waren.) Zudem wäre unsere Konstruktion effizient. Nachdem es einmal gebaut wäre, könnte das Abschusssystem dafür verwendet werden, eine Menge solcher Raumschiffe abzuschicken – die man sich vielleicht besser als Sonden vorstellt, obwohl wir in die Gewohnheit verfielen, sie als StarChips zu bezeichnen.

Nur wenige Monate nach Beginn dieses Unterfangens schrieb ich zusammen mit meinem Postdoktoranden James Guillochon einen Aufsatz über Lichtsegel. Wenn Menschen sich diese Technik ausdenken konnten, mutmaßten wir darin, könnte anderes intelligentes Leben ebenfalls dazu in der Lage sein. Auf der Grundlage dieser Hypothese argumentierten wir, dass die Wissenschaftler die Art von Mikrowellenstrahlen ausfindig machen sollten, die das außerirdische Leben verwenden könnte, um seine eigenen derartigen Raumschiffe durch die Sterne hindurchzuschicken.

Als unser Aufsatz im Oktober 2015 im *Astrophysical Journal* veröffentlicht wurde, war die Starshot-Initiative noch nicht offiziell angekündigt worden, und James und ich hatten bislang nur ein Ergebnis unserer Erforschung der möglichen Lösungen für die Starshot-Herausforderung angesprochen. Es war jedoch befriedigend, dass aus unserer ersten Einschätzung von Juris Vorschlag ein veröffentlichter Aufsatz hervorging.

Die Veröffentlichung des Artikels hatte außerdem eine unbeabsichtigte Folge: Die Medien schenkten uns Beachtung. Das Interesse der

Medien war kein Ziel meiner Forschung gewesen, die denselben Prinzipien folgte, die meine früheren Hypothesen über das Wesen dunkler Materie, die ersten Sterne und Schwarze Löcher geleitet hatten. Im Rückblick wurde mir klar, dass diese unerwartete Medienaufmerksamkeit ein Vorzeichen für die Dinge war, die kommen sollten.

• • •

Wieder zurück in Harvard setzten wir unsere Arbeit fort, und sechs Monate nachdem ich Juri und Pete Worden getroffen hatte, erhielt ich den erwarteten Anruf von Pete. Er und Juri wollten, dass ich über die Ergebnisse meines Teams berichtete. Ich sollte das in Milners Domizil in Kalifornien tun. Und sie wollten, dass ich den Bericht in zwei Wochen vorlegte.

Ich war bereits ehrgeizig gewesen, als ich um bloße sechs Monate zum Erarbeiten eines plausiblen Plans gebeten hatte, wie der nächste Stern in etwa zwanzig Jahren erreicht werden könnte. Jetzt musste ich rasch alles so zusammenfassen, dass es ein kleines Gremium davon überzeugen würde, das Projekt finanziell zu unterstützen. Dem Ausschuss sollte Stephen Hawking angehören, der zu diesem Zeitpunkt der renommierteste lebende theoretische Astrophysiker war. Er war nicht die einzige naturwissenschaftliche Koryphäe, die begutachten würde, was ich einreichte. Freeman Dyson korrespondierte mit mir regelmäßig über meine Forschung, und auch er zeigte Interesse an Starshot.

Als Pete mich anrief, war ich in Urlaub und gerade auf dem Weg aus meinem Hotelzimmer, um eine friedliche, abgeschiedene Ziegenfarm im Negevgebiet von Südisrael zu besuchen, wo meine Frau das Wochenende verbringen wollte. Also bereitete ich am nächsten Morgen eine Präsentation vor, während ich auf dem Boden saß, mit dem Rücken an die Wand des Büros der Ziegenfarm gelehnt – dem einzigen Ort mit Internetanschluss.

Für mich war das ideal. Das Wetter war kühl und trocken. Ich blickte zu den Zicklein hinaus, die am Tag zuvor geboren worden waren. Es war alles sehr vertraut und erinnerte mich an die Farm, auf der ich mit meinen beiden Schwestern Reli und Shoshi aufgewachsen war. In dieser vertrauten Umgebung tippte ich meine Pläne für die erste interstellare Raumsonde der Menschheit mit Lichtsegeltechnik.

Zwei Wochen später besuchte ich Milners Wohnsitz in Palo Alto und verkündete, dass wir einen Plan hatten, der die von ihm gestellten Anforderungen erfüllte. Zu unseren Lebzeiten war es technisch durchführbar, ein Raumschiff nach Alpha Centauri zu schicken.

Juri war erfreut und begeistert, genauso wie Pete. Nach mehreren Monaten ausführlicher Erörterungen beschlossen sie, die Starshot-Initiative am 12. April 2016 in dem Observatorium, das sich auf dem One World Trade Center in New York City befindet, öffentlich anzukündigen. Dies war Juris Nacht, eine Veranstaltung zum Gedenken an den Flug des ersten Menschen, Juri Gagarin, in den Weltraum am 12. April 1961. Als ich dort mit Juri Milner auf der Bühne stand, gesellten sich Freeman Dyson und Stephen Hawking zu uns. Die vom Gremium präsentierte historische Vision wurde von Fernsehteams aufgezeichnet und in der ganzen Welt ausgestrahlt. Am nächsten Morgen brachte meine Frau unser Auto zum Ölwechsel, und der Mechaniker, der daran gewohnt war, dass ich diese Aufgabe erledigte, fragte, wo ich sei. Ofrit sagte, ich sei wegen der Ankündigung verhindert, und er antwortete: »Dieses Projekt ist fantastisch; ich habe alle Nachrichtenberichte darüber gelesen.« Die Aussicht darauf, dass ein anderer Stern zu unseren Lebzeiten besucht werden könnte, fesselte die Vorstellung der Öffentlichkeit auf eine Weise, die an die Mondlandung von Apollo 11 erinnerte.

Nur 17 Monate nach dieser Präsentation wurde ʼOumuamua von den Pan-STARRS-Teleskopen entdeckt.

• • •

Halten wir an dieser Stelle kurz inne, um die Befunde zu rekapitulieren, die zu ʼOumuamua in den Wochen unmittelbar nach seiner Entdeckung auftauchten. Es war ein kleines, sonderbar geformtes, glänzendes Objekt, das von der Umlaufbahn abwich, die von der Schwerkraft der Sonne bestimmt wird, ohne irgendeinen erkennbaren Kometenschweif (der durch die Ausgasung des Eises des Kometen verursacht wird, das sich durch die Reibung und die Sonnenwärme in Dampf verwandelt) aufzuweisen, obwohl mit dem Spitzer-Weltraumteleskop und anderen Detektoren sorgfältig danach gesucht wurde.

Das sind Gewissheiten, und sie ermöglichen uns, getrost zu erklären, dass die ersten drei von 'Oumuamuas identifizierten Anomalien – seine ungewöhnliche Umlaufbahn ohne Schweif, seine extreme Form und seine Helligkeit – es von allen anderen Objekten, die von der Menschheit katalogisiert wurden, in statistischer Hinsicht erheblich unterscheiden. Wollen wir diese Einzigartigkeit in statistischen Begriffen ausdrücken, können wir konservativ feststellen, dass 'Oumuamua aufgrund seines zusätzlichen Schubs und des Fehlens eines Kometenschweifs ein Objekt ist, das eine Wahrscheinlichkeit von eins zu ein paar Hundert hätte. Aufgrund seiner Form ist es ebenfalls, und auch wieder konservativ geschätzt, eines, das eine Wahrscheinlichkeit von eins zu ein paar Hundert hätte. Und aufgrund seines Reflexionsvermögens ist es (wieder konservativ geschätzt) zumindest ein Objekt, das mit einer Wahrscheinlichkeit von eins zu zehn vorkommt. Wenn wir diese drei anomalen Qualitäten miteinander multiplizieren, können wir ermessen, wie sehr 'Oumuamua ein Sonderfall ist. Es ist jetzt ein Objekt, das mit einer Wahrscheinlichkeit von eins zu einer Million vorkommt.

Diese drei Eigenschaften – Umlaufbahn, Form und Reflexionsvermögen – erschöpfen die Skurrilität von 'Oumuamua nicht, wie wir wissen. Für sich genommen, stellen diese drei Eigenschaften jedoch die verständliche, aber naive Erwartung eindeutig infrage, dass unser erster interstellarer Besucher den steinernen Asteroiden und vereisten Kometen ähnelte, von denen wir wissen, dass sie durch unser Sonnensystem hindurchgegangen sind.

Doch selbst als diese Anomalien zunahmen, hielten die meisten Naturwissenschaftler an der vertrautesten Erklärung fest, nämlich dass 'Oumuamua ein natürlich vorkommendes Objekt sein musste, ein Asteroid oder Komet. Die meisten Naturwissenschaftler – aber nicht alle. Wie man sieht, hat selbst unsere Gemeinschaft ihre Anomalien.

Da meine Arbeit an der Starshot-Initiative noch frisch in Erinnerung war, fühlte ich mich jedenfalls zu einer anderen Hypothese hingezogen.

5

DIE LICHTSEGEL-HYPOTHESE

Anfang September 2018, etwa genau ein Jahr nachdem ’Oumuamua über uns hinwegflog, schrieb ich einen Aufsatz für *Scientific American* darüber, was die Suche nach den Überbleibseln außerirdischer Zivilisationen – insbesondere erloschener Zivilisationen – zur Folge haben könnte. Anhand von Daten des Keplersatelliten, so argumentierte ich, wüssten wir, dass etwa ein Viertel aller Sterne bewohnbare Planeten im Größenmaßstab der Erde beherbergen. Wenn auch nur ein kleiner Bruchteil aller bewohnbaren Erden während der Lebensdauer ihrer Sterne zu technischen Zivilisationen wie unserer eigenen führten, könnte es für uns eine Menge von Überbleibseln dort draußen in der Milchstraße zu erforschen geben.

Einige dieser bewohnbaren Welten, so überlegte ich, könnten Hinweise auf vergangene Zivilisationen enthalten, von atmosphärischen oder geologischen Spuren bis zu verlassenen Megastrukturen. Aber noch faszinierender war die Möglichkeit, dass wir durch unser Sonnensystem fliegende technische Überbleibsel finden würden, die keine erkennbare Funktion aufwiesen, zum Beispiel Ausrüstungsbestandteile, die ihre Leistungsfähigkeit im Laufe der Millionen Jahre ihrer Reise eingebüßt hatten und zu Weltraummüll geworden waren.

Anschließend merkte ich an, es sei durchaus möglich, dass wir bereits ein solches technisches Überbleibsel gefunden hätten. Angesichts der Entdeckung von ’Oumuamua im vergangenen Herbst fasste ich die anomalen Belege zusammen, die wir dazu gesammelt hatten, und stellte dann eine rhetorische Frage: Vor dem Hintergrund seiner Abweichung von seiner erwarteten Umlaufbahn und seiner anderen Sonderbarkeiten, »könnte 'Oumuamua eine künstliche Maschine gewesen sein?«

Wie meine Idee der Belauschung außerirdischer Zivilisationen war das nur ein flüchtiger Gedanke. Und damit hätte ich zufrieden sein können, wenn ich es nur geschafft hätte, die StarChips aus meinem Kopf zu verbannen.

• • •

Ungefähr zu dieser Zeit traf ein neuer Postdoktorand, Shmuel Bialy, am Harvard Institute for Theory and Computation ein, dessen Leiter ich bin. Ich schlug ihm vor, gemeinsam an einem Aufsatz zur Erklärung der überschüssigen Beschleunigung von 'Oumuamua durch Sonnenstrahlung zu arbeiten. Aufgrund meiner vorherigen Arbeit über Lichtsegel bei der Ausarbeitung der Starshot-Initiative war ich mit den wissenschaftlichen Beschränkungen und Möglichkeiten vertraut, die interstellare Reisen anhand von Lichtsegeltechnik aufwiesen. Die entsprechenden Formeln waren mir alle noch frisch in Erinnerung und standen bereit, angewendet zu werden, um möglicherweise die sonderbare Kraft zu erklären, die das Sonnenlicht auf 'Oumuamua ausübte. Um es deutlich zu sagen, war meine Einstellung zu jener Zeit einfach *Das könnte funktionieren*. Der astronomischen Welt war eine aufregende Entdeckung präsentiert worden, ein interstellares Objekt, zu dem wir einen Fundus verwirrender Daten gesammelt hatten. Wir standen Tatsachen gegenüber, die nur schwer mit einer Hypothese in Einklang gebracht werden konnten, die alle diese Tatsachen erklärte. Als ich vorschlug, dass Bialy und ich 'Oumuamuas Abweichung durch das Sonnenlicht erklärten, folgte ich demselben naturwissenschaftlichen Grundsatz, dem ich stets gefolgt war – eine Hypothese, die allen Daten gerecht wurde, sollte in Erwägung gezogen werden.

Bialy überprüfte die Zahlen, und seine Begeisterung wuchs; was ich vorgeschlagen hatte, sah tatsächlich nach einer tragfähigen Mög-

Künstlerische Darstellung von 'Oumuamua als Lichtsegel (links) neben einer konventionellen Darstellung des Objekts als länglichem, zigarrenförmigem Gesteinsbrocken (rechts). Mark Garlick für Tähdet ja avaruus/Science Photo Library

lichkeit aus. Das führte zu einer neuen Frage: Was würden wir über 'Oumuamuas Größe und Zusammensetzung annehmen müssen, damit seine Abweichung erklärbar wäre? Die entscheidende Frage war, wie dünn 'Oumuamua sein musste, um das extreme Fläche-Volumen-Verhältnis zu besitzen, das für seine überschüssige Beschleunigung verantwortlich war. Wir stellten fest, dass 'Oumuamua weniger als einen Millimeter dick sein musste, damit die Kraft des Sonnenlichts wirksam sein könnte.

Die Schlussfolgerung daraus war offensichtlich. Die Natur hat keinerlei Fähigkeit gezeigt, irgendetwas von der Größe und Zusammensetzung hervorzubringen, die unsere Annahmen nahelegten. Daher muss etwas oder jemand ein solches Lichtsegel gebaut haben. 'Oumuamua musste von einer außerirdischen Intelligenz entworfen, gebaut und abgeschickt worden sein.

Das ist fraglos eine exotische Hypothese. Aber sie ist nicht exotischer als andere Hypothesen, die zur Erklärung der extremen Eigenschaften von 'Oumuamua vorgeschlagen wurden. Die Natur neigt nicht dazu, Kometen aus reinem Wasserstoff oder fluffige Wolken aus

Material hervorzubringen, die sowohl dünner als Luft sind als auch strukturell zusammenhängen. Das außergewöhnliche Wesen unseres Fazits beruhte fast gänzlich auf der Annahme, dass es sich nicht um ein natürlich vorkommendes Objekt handelte.

Der Schluss auf ein Lichtsegel mag zwar abwegig erscheinen, doch der Weg zu diesem Schluss erforderte keinerlei verrückten Sprünge. Shmuel und ich beschritten einen logischen Weg. Wir folgten den Belegen, und entsprechend der bedeutenden Tradition naturwissenschaftlicher Detektivarbeit hielten wir uns eng an eine Maxime von Sherlock Holmes: »Wenn man das Unmögliche ausgeschlossen hat, muss das, was übrig bleibt, *wie unwahrscheinlich es auch sein mag*, die Wahrheit sein.« Daher unsere Hypothese: 'Oumuamua war ein künstliches Produkt.

Wir legten diese Ideen in einem Aufsatz mit dem Titel »Could Solar Radiation Pressure Explain 'Oumuamua's Peculiar Accelaration?« (Könnte der Strahlungsdruck der Sonne 'Oumuamuas sonderbare Beschleunigung erklären?) dar. In diesem Aufsatz setzten wir uns mit einer ganzen Reihe weiterer Fragen zu 'Oumuamua auseinander. Wir beschrieben die wahrscheinliche Beschädigung, die es bei seinem Flug durchs Universum erleiden würde, beispielsweise durch die Kollision mit Weltraumstaub oder durch die ständige Belastung mit der Zentrifugalkraft, die von seiner Rotation verursacht wird. Wir erörterten den Einfluss, die eine solche Beschädigung auf die Masse und die Geschwindigkeit des Objekts haben könnte, und stellten fest, dass er minimal wäre. Indem wir eine Gleichung nach der anderen darlegten, zogen wir Schlüsse aus den verfügbaren Daten über die Dicke und Masse des Objekts, die sein Oberflächen-Volumen-Verhältnis vorschrieben. Und dann, am Ende des Aufsatzes, stellten wir unsere Hypothese auf: »Wenn der Strahlungsdruck die beschleunigende Kraft ist«, so schrieben wir, »dann stellt 'Oumuamua eine neue Kategorie von dünnem interstellarem Material dar, das entweder von der Natur hervorgebracht wird … oder einen künstlichen Ursprung hat«.

»Wenn man einen künstlichen Ursprung annimmt«, so argumentierten wir weiter, »besteht eine Möglichkeit darin, dass 'Oumuamua ein Lichtsegel ist, das im interstellaren Raum als Trümmerteil einer hoch entwickelten technischen Ausrüstung schwebt.«

Wir reichten den Aufsatz Ende Oktober 2018 bei der angesehenen naturwissenschaftlichen Zeitschrift *Astrophysical Journal Letters* ein, die sich auf aktuelle Aufsätze mit hohem Impact-Faktor spezialisiert hat. Unsere Absicht war, die Aufmerksamkeit unserer Wissenschaftlerkollegen zu erregen, von denen wir wussten, dass sie Hypothesen gegen die Belege abwogen. Auch das sollte berücksichtigt werden. In diesem Sinne stellten wir das Manuskript außerdem auf die online zugängliche Vorabdruck-Website arXiv.org, bevor es von Kollegen begutachtet wurde. Wissenschaftsjournalisten durchkämmen arXiv regelmäßig auf Stories, und nach kurzer Zeit fanden zwei von ihnen unsere Studie und beeilten sich, über unsere Hypothese zu berichten. Ihre Beiträge verbreiteten sich viral, und am 6. November 2018, etwa ein Jahr nachdem 'Oumuamua entdeckt worden war, explodierte alles.

• • •

Innerhalb von Stunden nach dem Erscheinen der ersten Medienberichte wurde meine Tür von Kameras belagert. Während der größte Teil Amerikas damit beschäftigt war, Stimmen bei den heiß umkämpften Zwischenwahlen abzugeben, drängten sich vier Fernsehteams in meinem Büro an der Garden Street in Cambridge, Massachusetts. Ich beantwortete ihre Fragen, während ich gleichzeitig auf einen stetigen Strom von Telefonanrufen und E-Mails von Zeitungsreportern reagierte.

Aufgrund von früheren Artikeln, die ich über eine Reihe von Themen geschrieben hatte, hatte ich zwar eine gewisse Erfahrung mit der Boulevardpresse, aber dieser Grad von Aufmerksamkeit war neu für mich und auch ein wenig überwältigend. Hinzu kam, dass ich mich geistig auf eine Reise nach Berlin vorbereitete, um einen lange geplanten öffentlichen Vortrag auf der Falling Walls Conference zu halten – eine passende Bezeichnung für eine Zusammenkunft, die der Ehrung von Durchbrüchen gewidmet ist, die das Interesse der Gesellschaft an den jüngsten Fortschritten in Wissenschaft und Technik erhöhen.

Ich fuhr schnell nach Hause und schnappte meinen Koffer, aber schaffte es nicht nach draußen zurück zum Auto, bevor ein anderes Filmteam eintraf, das meine Privatadresse ausfindig gemacht hatte. Als ich an meiner Haustür stand, fragte der Reporter: »Glauben Sie, dass es da draußen außerirdische Zivilisationen gibt?«

»Ein Viertel aller Sterne beherbergt einen Planeten von der Größe und Oberflächentemperatur der Erde«, sagte ich in die Kamera. »Es wäre anmaßend zu meinen, dass wir allein seien.«

Als ich in Berlin aus dem Flugzeug stieg, reagierten die Mitarbeiter der internationalen Medien im Grunde ebenso wie die amerikanischen Medien. All dies geschah, bevor unser Aufsatz überhaupt veröffentlicht wurde.

In Anbetracht der medialen Aufmerksamkeit und weil wir einen größeren Teil der Tatsachenbasis für die Hypothese präsentieren mussten, veröffentlichte *Astrophysical Journal Letters* unseren Aufsatz am 12. November. Nur drei Tage nachdem ich ihn eingereicht hatte, nahmen sie ihn zur Veröffentlichung an, das war die schnellste Umschlagszeit in meiner gesamten wissenschaftlichen Laufbahn.

Ich war dankbar für die Veröffentlichung des Aufsatzes; das bedeutete, dass ein immer größer werdender Kreis von Naturwissenschaftlern unsere Hypothese zur Erklärung der empirischen Befunde in Erwägung zog, die 'Oumuamua hinterlassen hatte. Doch ich gab mich nicht der Illusion hin, dass irgendein nennenswerter Teil des akademischen Fachgebiets die Theorie, dass 'Oumuamua aus einer außerirdischen Zivilisation hervorgegangen war, als lediglich eine von vielen exotischen Hypothesen betrachten würde. Ich vermutete, dass eine Mehrheit sich dagegen sträuben würde, diese Idee zu erwägen, und dass manche gar feindselig gesonnen sein würden. Ich war mir des vorherrschenden Misstrauens gegenüber jedem Argument, das dem Denken der SETI-Wissenschaftler Gesellschaft leistete, wohl bewusst.

Die Welle des öffentlichen Interesses – die mit dem Erscheinen unseres Aufsatzes nur noch größer wurde – schien irgendwie auch paradox zu sein, wenn ich in Betracht zog, dass die Hypothese relativ zahm war. Erst ein Jahr zuvor hatte ich im Gefolge von Berichten über eine Anomalie, die mit Wasserstoffatomen zu tun hatte (die sich als kälter erwiesen, als im frühen Universum erwartet), einen Aufsatz mit einem anderen Postdoktoranden aus Harvard, Julian Munoz, veröffentlicht. Wenn die dunkle Materie aus Teilchen bestünde, die eine winzige elektrische Ladung besäßen, so zeigten wir in dem Aufsatz, würde sie den kosmischen Wasserstoff abkühlen und die berichtete Anomalie erklären. Obwohl diese Hypothese in *Nature* veröffentlicht wurde und obwohl sie viel spekulativer als meine und Bialys Hypothese darüber war, dass 'Oumuamua ein Stück außerirdischer Technik sei, gewann sie weit weniger Aufmerksamkeit.

Um es klar zu sagen: Ich habe das Rampenlicht weder gesucht, noch sonderlich genossen, obwohl ich mich so weit zur Verfügung stellte, wie meine Verpflichtungen es gestatteten. Als ich in der Vergangenheit daranging, die Aufmerksamkeit auf meine Arbeit zu lenken, wie beispielsweise bei der Starshot-Initiative, war ich dankbar, wenn auch nur ein paar Pressemitglieder reagierten. Und obwohl ich in meinem Leben eine umfangreiche Berufsausbildung auf verschiedenen Gebieten durchlaufen hatte, hatte niemand, und insbesondere ich nicht, daran gedacht, eine Medienausbildung miteinzubeziehen. Im Rückblick hätte das vielleicht jemand tun sollen. Die Astronomie und Astrophysik sind Gebiete, die häufig beträchtliche Verpflichtungen im Hinblick auf Zeit und Geld verlangen, und es darf kein Nebengedanke sein, das öffentliche Bewusstsein für das, was möglich und was vielleicht notwendig ist, zu nutzen.

• • •

Zu sagen, dass meine Erwägung, dass 'Oumuamua ein künstliches Produkt sein könnte, auf Missfallen stieß, ist gelinde ausgedrückt. Zwar war die Boulevardpresse entzückt, und die breitere Öffentlichkeit war fasziniert. Aber meine Wissenschaftlerkollegen waren, sagen wir, zurückhaltender.

Im Juli 2019 veröffentlichte das 'Oumuamua-Team des International Space Science Institute (ISSI) seine unzweideutige Schlussfolgerung in *Nature Astronomy*: »Wir finden keine zwingenden Belege dafür, eine Erklärung für 'Oumuamua zu bevorzugen, die mit Außerirdischen operiert.«[12] Die unmittelbar vorangehenden Absätze erklärten, dass die Theorie außerirdischer Technik, die Bialy und ich vorgeschlagen hatten, zwar provokant, aber haltlos sei. Doch der Aufsatz endete außerdem mit einer Liste von unbeantworteten 'Oumuamua-Anomalien, die die Autoren als »offene Fragen« bezeichneten. Außerdem räumten sie ein, dass wir erst 2022, wenn das moderne Teleskop am Vera C. Rubin Observatory in Chile voll funktionsfähig sein würde, ausreichend Daten zur Verfügung hätten, um zu bestimmen, »wie häufig – oder selten – die Eigenschaften von 'Oumuamua sind«.

Es war nie meine Absicht, zu dem zu werden, als was mich die Wissenschaftsjournalistin Michelle Starr bezeichnete: »das *Enfant terrible* der Astrophysik von Harvard«. Meine Einstellung gegenüber Anomalien ist dieselbe geblieben wie an meinem ersten Grundschultag – sie ist zweifelnd und fragend; ich halte lange genug inne, um mich zu fragen, welche Konsequenz es haben könnte, wenn ich eine Vorgehensweise statt einer anderen verfolge. Als Starr Matthew Knight, Astronom an der University of Maryland und einer der Wissenschaftler des 'Oumuamua-Teams des ISSI, darum bat, die Ergebnisse des Teams zusammenzufassen, erklärte er: »Wir haben in unserem Sonnensystem noch nie so etwas wie 'Oumuamua gesehen. Es ist wirklich immer noch ein Rätsel« und fügte dann hinzu, »aber wir ziehen es vor, uns an Analogien zu halten, die wir kennen.«[13]

Schön und gut. Doch was geschieht, wenn wir vom rätselhaften Ende des Grabens aus starten, anstatt vom Ende vertrauter Analogien? Welche Fragen ergeben sich, und welche neuen Wege zur Verfolgung von Antworten bieten sich an, wenn wir Möglichkeiten in Betracht ziehen, die zwar konträr zu unseren herrschenden Annahmen sind, aber mit den Daten übereinstimmen, die wir haben?

Das ist keine müßige Frage; die Daten, die wir haben, zwingen uns dazu, außergewöhnlich seltene Erklärungen für sie in Betracht zu ziehen. Mehrere andere Mainstream-Astronomen, die nicht dem oben beschriebenen Gruppendenken verhaftet sind, analysierten 'Oumuamuas Daten sorgfältig und stellten fest, dass nur äußerst exotische Erklärungen für das anomale Verhalten des Objekts verantwortlich sein könnten. Um alle bekannten Tatsachen zu erklären, waren sie gezwungen, sich vorzustellen, dass 'Oumuamua ein luftig-leichtes Objekt war, das sich aus einem Material zusammensetzt, dessen Dichte hundertmal geringer ist als die von Luft, oder dass es ein Komet aus festem Wasserstoffeis war.

Die Naturwissenschaftler mussten »noch nie gesehene« Erklärungsmöglichkeiten für 'Oumuamuas nachgewiesene Sonderbarkeiten anbieten. Von all den Asteroiden und Kometen, die wir katalogisiert haben, hat kein einziger solche Sonderbarkeiten aufgewiesen. Wenn diese Erklärungen des wissenschaftlichen Mainstreams für 'Oumuamua der sorgfältigen Erwägung wert erachtet wurden, dann verdient das die Hypothese, dass es sich um eine außerirdische Technik handelte, was ebenfalls eine »noch nie gesehene« Möglichkeit ist, um nichts weniger.

Die Fragen, die die Lichtsegel-Hypothese aufwirft, sind überdies faszinierend. Wenn wir annehmen, dass 'Oumuamua ein äußerst seltener Komet war, der aus gefrorenem reinen Wasserstoff besteht, laufen die meisten unserer Fragen in eine Sackgasse. Dasselbe gilt, wenn wir es uns als eine fluffige Staubwolke mit genügend innerer Integrität vorstellen, dass sie zusammenhält, aber leicht genug ist, dass sie vom Sonnenlicht angetrieben werden kann. In beiden Fällen können wir uns zwar wundern, aber nicht viel mehr tun. Statistische Seltenheiten gehören in die Regale eines Kuriositätenkabinetts; sie sollten keine neuen Zweige wissenschaftlicher Forschung hervorbringen. Wenn wir jedoch zugestehen, dass 'Oumuamua plausiblerweise aus außerirdischer Technik hervorgegangen ist, und uns dieser Hypothese mit wissenschaftlicher Neugier nähern, tun sich uns ganze neue Aussichten für die Suche nach Belegen und Entdeckungen auf.

Nachdem die Medien den anfänglichen Schock überwunden hatten, dass der Lehrstuhlinhaber von Harvards Institut für Astronomie und sein Postdoktorand postulierten, 'Oumuamua sei ein Überbleibsel außerirdischer Technik, warf man mir vor, ich sähe überall, wo ich hinblickte, Lichtsegel. Schließlich war meine Beteiligung an der Starshot-Initiative gerade erst zwei Jahre zuvor angekündigt worden, und unser erklärtes Ziel bestand darin, elektronische Chips zum nächsten Stern zu schicken, indem wir uns die Leistungsfähigkeit der Lichtsegeltechnik zunutze machten.

Der Interviewer der deutschen Zeitschrift *Der Spiegel* formulierte es mit bewundernswerter Direktheit: »Einem Sprichwort zufolge sieht jemand, der einen Hammer hat, nichts als Nägel.«

Ich antwortete, dass meine Vorstellung wie die von allen anderen auch von dem geleitet wurde, was ich wusste, und dass meine Ideen ebenso wie die aller anderen von dem beeinflusst wurden, worüber ich arbeitete. Aber ich hätte hinzufügen sollen, dass das Problem mit dem Sprichwort darin bestand, dass es die Aufmerksamkeit auf den Hammer konzentrierte, und nicht auf die Person, die ihn schwingt. Es ist nicht nur so, dass erfahrene Schreiner ganz gewiss *nicht* überall Nägel sehen, sondern sie werden dazu ausgebildet, zwischen denen, die sie entdecken, zu unterscheiden.

6

MUSCHELSCHALEN UND BOJEN

Eine meiner Lieblingstätigkeiten ist es, am Strand spazieren zu gehen und nach Muschelschalen zu suchen, die zu sammeln sich lohnt. Das ist ein Zeitvertreib, dem ich mich hingebe, wenn ich Urlaub habe, wenn ich mir einen Lieblingsstrandabschnitt zum Spazierengehen und Forschen aussuchen kann und ich die freie Zeit dazu habe. Häufig schließen sich meine Töchter mir an, und wir untersuchen gemeinsam, was an Land gespült wurde. Im Laufe der Jahre haben wir eine hübsche Sammlung filigran miteinander verbundener zweischaliger Muscheln, rundlicher Kaurischnecken, gewundener Tritons und der Schalen von Murexschnecken angehäuft. Einige unserer Schalen sind makellos, aber weitaus mehr sind recht mitgenommen und teilweise auseinandergebrochen, wobei ihre winzigen Teile jetzt den weißen Sand bilden, auf dem wir spazieren gingen.

Während wir nach Muschelschalen suchen, finden wir manchmal ein Stück Glas aus dem Meer – eine Scherbe einer weggeworfenen Flasche, die, nachdem sie Jahre im Ozean herumgeschleudert und -gestoßen wurde, glatt geworden ist. Unter diesen Bedingungen können sogar Industrieprodukte schön sein.

Gelegentlich finden wir auf unseren Muscheljagdausflügen andere, weniger schöne, von Menschen gemachte Objekte, zum Beispiel eine Plastikflasche oder eine alte Einkaufstüte. Aber solche Entdeckungen sind relativ selten, und ihre Seltenheit lässt sich auch leicht erklären: Wir verbringen unsere Ferien dort, wo wir nicht so häufig auf Müll stoßen.

Wenn unsere Familie es wünschte, könnten wir an Strände reisen, an denen wir mit Sicherheit auf Müll stoßen. Traurigerweise gibt es auf der Erde eine wachsende Anzahl davon. Zum Beispiel Kamilo Beach auf Hawaii: Einst schön, wird er jetzt als »Plastikstrand« bezeichnet wegen der Menge von Müll, die sich dort ansammelt. Sein Zustand ist zwar traurig, aber nicht besonders überraschend, denn der Great Pacific Garbage Patch (pazifischer Müllstrudel) – manchen Schätzungen zufolge die größte der fünf »Plastikansammlungszonen« im offenen Meer – befindet sich zwischen Kalifornien und Hawaii. Und es ist auch nicht überraschend, dass fünf solche Gebiete existieren, denn die Menschheit entsorgt jedes Jahr acht Millionen Tonnen Plastik in die Weltmeere.

Je mehr es von etwas gibt, desto wahrscheinlicher ist es, dass man darauf stößt. Diese Binsenweisheit gilt gleichermaßen für Muschelschalen und Plastikflaschen – und für die beiden potenziellen Erklärungen für 'Oumuamua, die ich bisher beschrieben habe. Entweder es ist eine natürlich vorkommende Muschelschale, oder es ist ein Stück hergestelltes Material, Müll oder etwas anderes.

Wenn wir beide Möglichkeiten durch eine Lupe aus Strandglas betrachten, können wir sehen, warum es so wichtig ist, die zutreffende zu bestimmen – und welche Auswirkungen das sowohl für die Wissenschaft als auch für unsere eigene Zivilisation haben wird.

• • •

Angenommen, statt einer Plastikflasche war 'Oumuamua eine Muschelschale. Zwar eine exotische Muschelschale, aber immer noch eine natürlich vorkommende Muschelschale.

Diese Argumentation hat die überwältigende Mehrheit von Naturwissenschaftlern angezogen, die 'Oumuamuas Anomalien geprüft haben. Sie fällt jedoch fast unmittelbar in sich zusammen, wenn wir fragen, wie viele interstellare Muschelschalen es geben muss, damit unser Sonnensystem zufällig auf eine davon stößt.

Niemand ist überrascht, auf einem Spaziergang am Strand eine intakte Muschelschale zu finden. Es gibt eine Unmenge an Meerestieren, die Schalen produzieren, und selbst vor dem Hintergrund der Größe der Weltmeere gibt es mehr als genug von ihnen, um es zu etwas Alltäglichem zu machen, Schalen zu finden, die es wert sind, gesammelt zu werden. Wenn wir wollten, könnten wir sogar die Wahrscheinlichkeit schätzen, nicht nur auf *eine* Muschelschale zu stoßen, sondern auf eine ganz bestimmten *Art* von Schale auf einem bestimmten Strandabschnitt. Wenn wir ein wenig über die Anzahl von Venusmuscheln in den Gewässern um Cape Cod herum wissen, dann wären wir in der Lage vorherzusagen, mit welcher Häufigkeit wir erwarten könnten, eine solche Muschel an den Stränden um Provincetown herum zu entdecken. Dasselbe gälte für ein Muschelhorn an einem Strand Floridas.

Wenn ’Oumuamua ein natürlich vorkommender Asteroid oder Komet ist, können wir folgende Frage stellen: Wie viele interstellare Gesteinsbrocken muss es im Universum geben, damit Menschen diese regelmäßig in unserem Sonnensystem antreffen? Wenn der interstellare Raum eine große Population von Asteroiden und Kometen aufweist, wie es bei der bekannten Familie derjenigen der Fall ist, die im Umkreis der Sonne entstehen, dann wäre es nicht überraschend, sie zu sehen. Schließlich ist es, wie gesagt, umso wahrscheinlicher, etwas anzutreffen, je mehr es davon gibt. Wenn der interstellare Raum jedoch nur eine *kleine* Population solcher Gesteinsbrocken aufweist, dann wäre es überraschender, ihnen in unserem Sonnensystem zu begegnen.

Der interstellare Raum ist natürlich um viele Größenordnungen größer als die Ozeane der Erde. Das bedeutet, dass es eine sehr, sehr große Population solcher interstellaren Objekte geben müsste, die da draußen herumschweben, damit wir in unserem Sonnensystem regelmäßig auf sie stoßen. Wir wissen, dass solche Gesteinsbrocken die Bausteine von Planetensystemen sind, die sich um Sterne herum anordnen.

Eigentlich wird der Ausdruck *sehr, sehr* dieser Population auch nicht einmal annähernd gerecht. Eine Population von Gesteinsbrocken, die so groß ist, wie sie von der Entdeckung 'Oumuamuas impliziert wird, kann nur erklärt werden, wenn jeder Stern der Milchstraße während seiner Existenz 10^{15} solche Objekte aus dem ihn umgebenden Gesteinsmaterial ausstößt. Damit Sie ein Gefühl für die Größe dieser Zahl bekommen – eine Billiarde –, nehmen Sie sich ein Blatt Papier und schreiben eine 1 mit 15 Nullen darauf. Das ist zwar nicht ganz die Größe der Zahl bewohnbarer Planeten im beobachtbaren Universum (10^{21}), aber sie steht für eine Menge Objekte, die von jedem einzelnen Stern in unserer Galaxie stammen. Planetensysteme, die sich um Sterne herum anordnen, sind die Regionen, in denen sich wahrscheinlich große Festkörper bilden.

Unsere eigene Sonne war nicht annähernd so verschwenderisch mit ihren Planetenbausteinen. Im Jahr 2009, fast ein Jahrzehnt vor 'Oumuamuas Entdeckung, veröffentlichte ich gemeinsam mit Amaya Moro-Martin und Ed Turner einen Aufsatz, in dem wir eine dynamische Geschichte unseres Sonnensystems nutzten, um eine Population zufällig verteilter interstellarer Objekte vorherzusagen; diese Population ist um zwei bis acht Größenordnungen kleiner als die Menge, die nötig wäre, damit sich die Entdeckung von 'Oumuamua erklären ließe. Mit anderen Worten, die Zahl vorhergesagter interstellarer Objekte, die unsere Hochrechnung ermittelte, war mindestens einhundertmal geringer als diejenige, die für die Hypothese notwendig ist, dass 'Oumuamua ein zufällig vorbeifliegender interstellarer Gesteinsbrocken war. Das schließt zwar an sich nicht aus, dass 'Oumuamua ein unspektakulärer Gesteinsbrocken war, aber seine Entdeckung in unserem Sonnensystem wird dadurch aus statistischen Gründen überraschend.

Anders ausgedrückt, die Idee, dass 'Oumuamua ein natürlich vorkommender Gesteinsbrocken war, impliziert, dass die Population zufällig verteilter interstellarer Objekte weitaus größer als das ist, was wir erwarten und was unser eigenes Sonnensystem vorhersagt. Daher sind entweder sehr viele andere Sterne da draußen ganz anders als der, der uns nährt, oder es geht etwas anderes vor sich.

• • •

Im Jahr 2018 überprüfte eine kleine Gruppe von Wissenschaftlern erneut die Frage nach der Häufigkeit von ’Oumuamua-artigen Gesteinsbrocken im interstellaren Raum. Während sie die Fähigkeit von Pan-STARRS untersuchten, Objekte zu entdecken, die ’Oumuamua ähnlich sind, gelangten sie zu einigen allgemeinen Schlussfolgerungen.[14] Darunter befand sich die allgemein anerkannte Erkenntnis, dass »viele Aspekte ’Oumuamuas sowohl faszinierend als auch beunruhigend sind«. Außerdem fanden sie aber heraus, dass die Anzahl an interstellarem Material pro Volumeneinheit, die notwendig wäre, damit ’Oumuamua ein zufällig vorbeifliegender Gesteinsbrocken sein konnte, »Massenausstoßraten« erfordert, die die Erwartungen weit übertreffen – bis zu einer Billiarde (10^{15}) Objekte von der Größe ’Oumuamuas pro Stern, was etwa ein Objekt für jedes interstellare Raumvolumen ergibt, dessen Umfang von der Umlaufbahn der Erde um die Sonne markiert wird. In zwei Folgeaufsätzen[15] zeigte meine frühere Mitautorin Amaya Moro-Martin, dass die natürliche Häufigkeit von ’Oumuamua-artigen Objekten auf zufälligen Umlaufbahnen um mehrere Größenordnungen niedriger als der erforderliche Wert ist, selbst wenn jedes Planetensystem alles Festkörpermaterial ausstieße, das sich erwartungsgemäß in ihm befinden sollte.

Diese Schlussfolgerungen verkomplizieren auf interessante Weise dieses wiederkehrende Echo unseres Ergebnisses von 2009. Eine Komplikation hat mit den Ursprüngen des interstellaren Materials zu tun, das zwei umfassenden Kategorien angehört: trockenes steinernes Material (mit wenig oder gar keinem Eis) und vereistes Gesteinsmaterial.

Trockene Gesteinsbrocken entstehen in erster Linie während der Bildung von Planeten. Das geschieht als Ergebnis von Staubteilchen, die sich zusammenballen und in ihrer Größe zu Planetesimalen anwachsen, die sich schließlich zu Planeten vereinigen. Aber die erste der oben genannten Untersuchungen kam zu dem Schluss, dass die Zahlendichte, die dafür notwendig wäre, dass die Hypothese eines zufällig vorbeifliegenden Gesteinsbrockens ein natürlich vorkommendes ’Oumuamua erklärt, »nicht aus dem Ausstoß von Material innerhalb des Sonnensystems während der Planetenbildung entstehen kann«. Bei der Planetenbildung wird nicht genügend Material ausgestoßen, damit die notwendige Dichte zustandekommt.

Um zu der notwendigen Dichte natürlich vorkommender Objekte zu gelangen, mussten diese Wissenschaftler eine zusätzliche Quelle interstellarer Objekte wie 'Oumuamua postulieren. Und zu diesem Zweck wandten sie sich dem Material zu, das von den Oort'schen Wolken der Sterne ausgestoßen wird – den Hüllen vereister Objekte an den äußersten Rändern dieser Systeme. Wenn ein Stern das Ende seines Lebens erreicht, schwächt sich der Einfluss seiner Schwerkraft auf seine Oort'sche Wolke ab, und diese Objekte werden freigesetzt. Aber selbst wenn alle sterbenden Sterne ihre Trümmer aus der Oort'schen Wolke in den interstellaren Raum entließen, stellte Amaya Moro-Martin in ihrem zweiten Aufsatz fest, lieferten sie nicht genug Material, um die notwendige Dichte zu erreichen.

Die Herausforderung, mit der die Erklärung konfrontiert ist, die mit einem »natürlichen Ursprung« von 'Oumuamua operiert, besteht darin, dass eine ausreichende Menge interstellaren Materials nötig ist. Die grobe Analogie zu Muschelschalen ist hilfreich; man braucht eine große Menge Muscheln im Meer, damit die Entdeckung einer intakten Muschelschale an einem Strand wahrscheinlich wird. Dasselbe gilt für ein natürlich vorkommendes 'Oumuamua, das unser Sonnensystem erreicht. Damit es ein Objekt ist, dem wir zufällig begegnen, brauchen wir eine Menge solcher Objekte im Universum, und um zu dieser Dichte zu gelangen, brauchen wir Objekte, die sowohl bei der Planetenbildung als auch aus Oort'schen Wolken freigesetzt werden.

Natürlich haben wir schon bewiesen, dass 'Oumuamua nicht vereist war (keine Ausgasung, kein Eis). Daher ist es sehr unwahrscheinlich, dass ein natürlich vorkommendes 'Oumuamua von einer Oort'schen Wolke stammte.

Kurz gesagt, wenn 'Oumuamua ein natürliches Objekt wäre, müsste es durch Planetenbildung entstanden sein. Außerdem muss es zu einer unbekannten Klasse von Objekten gehören, die durch Planetenbildung entstehen und deren Größe, Form und Zusammensetzung sie von einem Pfad abweichen lassen, der ohne sichtbare Ausgasung ausschließlich von der Schwerkraft der Sonne bestimmt wird.

Während dies geschrieben wird, kennen wir kein anderes Objekt, das die zweite Menge von Kriterien erfüllt. Aber wir kennen zumindest eines, das die erste erfüllt.

• • •

Kurze Zeit nach 'Oumuamuas Entdeckung stießen wir auf unser zweites interstellares Objekt. In dem Augenblick, in dem Sie dieses Buch lesen, könnten wir durchaus noch weitere gefunden haben.

Dieses zweite interstellare Objekt wird als 2I/Borisov bezeichnet, nach Gennadi Borissow, einem russischen Ingenieur und Amateurastronomen, der am 30. August 2019 unter Verwendung eines 65-cm-Teleskops eigener Herstellung das Objekt am Himmel über der Krim identifizierte. Und Borissow war es auch, der feststellte, dass seine Flugbahn hyperbolisch war. Genau wie 'Oumuamua bewegte sich auch 2I/Borisov zu schnell, als dass es an das Gravitationsfeld der Sonne gefesselt sein könnte. Und daher war 2I/Borisov genau wie 'Oumuamua von außerhalb unseres Sonnensystems gekommen und befand sich auf einem Pfad, der es durch unser Sonnensystem hindurch- und dann darüber hinausschicken sollte.

Ansonsten war 2I/Borisov jedoch unauffällig. Es handelte sich ohne Frage um einen interstellaren Kometen, und aus diesem Grund war er besonders; jedes interstellare Objekt ist eine Seltenheit. Aber seine Besonderheit endete auch schon dort. Seine Koma und seine Ausgasung ähnelten denen der Kometen unseres Sonnensystems in allen Hinsichten. 2I/Borisov war vereist und eindeutig nicht exotisch.

Der entscheidende Punkt ist, dass die Entdeckung von 2I/Borisov nicht dazu beitrug, uns auf eine naturalistische Erklärung für das exotische 'Oumuamua hinzubewegen. Wenn überhaupt, so hatte es den gegenteiligen Effekt, indem es hervorhob, wie besonders 'Oumuamua wirklich war. Als ich meiner Frau begegnete und mir klar wurde, wie besonders sie war, heiratete ich sie. Die vielen Menschen, denen ich seither begegnet bin, minderten die einzigartigen Qualitäten meiner Frau nicht, sie verstärken nur meine Verwunderung darüber, wie außergewöhnlich sie ist.

'Oumuamua und 2I/Borisov waren beide interstellare Eindringlinge in unserem Sonnensystem, doch abgesehen davon waren sie eindeutig voneinander verschieden, denn zu den gewöhnlichen Eigenschaften von 2I/Borisov gehörte auch die eines alltäglichen Ursprungs in der Raumzeit.

'Oumuamua hatte keinen solchen. Tatsächlich ist sein Ursprung im Geschwindigkeits-Positionsraum eine weitere seiner markanten Besonderheiten – und ein weiterer Befund, der für einen ungewöhnlichen Ursprung spricht. Er ist auch ein weiterer Hinweis, der uns dabei helfen kann, das Rätsel zu lösen, was 'Oumuamua ist und was es da draußen im interstellaren Raum treibt.

Um das zu verstehen, müssen wir verstehen, was ein Geschwindigkeits-Positionsraum ist. Es kann zwar etwas knifflig sein, diese Idee vollständig zu erfassen, aber es läuft auf die Einsicht hinaus, dass die Position, die ein Objekt im Raum einnimmt, nicht nur dadurch bestimmt ist, wo es sich im Verhältnis zu allem anderen um es herum befindet, sondern auch dadurch, wie sich seine Geschwindigkeit zur Geschwindigkeit von allem anderen um es herum verhält. Stellen Sie sich eine sehr verkehrsreiche, sehr breite, mehrspurige Autobahn vor, auf der Tausende von Autos unterwegs sind. Alle bewegen sich mit leicht unterschiedlichen Geschwindigkeiten; einige überholen, andere fallen zurück, manche fahren weit unter der zulässigen Höchstgeschwindigkeit und andere überschreiten sie deutlich.

Wenn Sie einen Durchschnitt aus den Bewegungen dieser Autos bilden würden, fänden Sie ein paar Autos, die relativ zu den anderen »ruhen«. Diese Autos würden relativ zu den anderen nicht schneller fahren oder zurückfallen. Inmitten all dieser Bewegung würden diese Autos verhältnismäßig stillstehen.

Dasselbe gilt für die Sterne. Alle Sterne in der Nachbarschaft der Sonne bewegen sich relativ zueinander. Der Durchschnitt ihrer

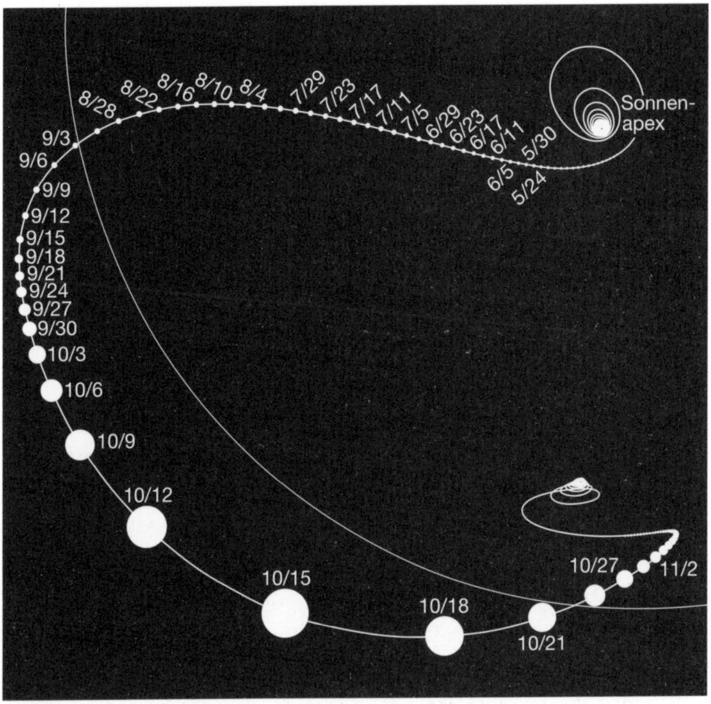

'Oumuamuas Pfad am Himmel von der Erde aus gesehen, wobei die Bewegungsstadien des Objekts durch Kalenderdaten angegeben werden (Monat/Tag). Die relative Größe jedes Kreises gibt einen schematischen Eindruck von der sich verändernden Entfernung 'Oumuamuas entlang seiner sichtbaren Flugbahn. Außerdem wird die Bewegungsrichtung der Sonne im lokalen Ruhesystem oder LSR gezeigt (der Punkt, der mit »Sonnenapex« gekennzeichnet ist). Die Tatsache, dass das Objekt aus dieser Richtung startet, impliziert, dass es ursprünglich im LSR war. Zwischen dem 2. September und dem 22. Oktober 2017 bewegte sich 'Oumuamuas Flugbahn vom lokalen Ruhesystem in den Süden der Ekliptikebene des Sonnensystems (durch die dünne Linie markiert). Abbildung von Mapping Specialists, Ltd., basierend auf Tom Ruen (CC By 4.0)

Geschwindigkeiten wird als lokales Ruhesystem bezeichnet. Inmitten der Bewegung all dieser Sterne steht ein Objekt, das sich im lokalen Ruhesystem oder LSR (local standard of rest) befindet, verhältnismäßig still. Und das ist ein verhältnismäßig seltenes Vorkommnis.

'Oumuamua befand sich im LSR.

Oder zumindest befand es sich dort, bevor es beschleunigte. Zu ungefähr der Zeit, als es unserer Sonne begegnete, ging es vom Stillstand – relativ zur durchschnittlichen Bewegung der Sterne in unserer Nachbarschaft, einschließlich unserer eigenen – dazu über, sich von uns wegzubewegen. Dank des Schubses, den es von der Schwerkraft der Sonne empfing, wurde es aus dem LSR herausgeschleudert, so als ob eines von den »ruhenden« Autos auf der mehrspurigen Autobahn heftig seitlich gestreift worden wäre. Infolgedessen brach 'Oumuamua aus dem LSR aus und wurde auf einen Pfad geschickt, auf dem es wie ein Tennisball, der von einem Schläger getroffen wurde, schleunigst unser Sonnensystem verlassen würde.

Die Tatsache, dass sich 'Oumuamua im LSR befand, war eigenartig. Man beachte, dass nur einer von je fünfhundert Sternen innerhalb des LSR-Rahmens so stillsteht wie 'Oumuamua, bevor es seitlich gestreift wurde.[16] Unsere eigene Sonne bewegt sich beispielsweise mit etwa 72 000 Kilometer pro Stunde relativ zu diesem Rahmen, etwa zehnmal schneller als 'Oumuamua sich bewegte, bevor die Sonne es aus dem LSR herauskatapultierte.

Was erklärt, warum ein Objekt sich im LSR befindet? Was hatte geschehen müssen, um ein Objekt mit einer so besonderen Geschwindigkeit in unserer Nachbarschaft zu platzieren? Wie bei allen Sonderbarkeiten 'Oumuamuas hängen unsere Antworten von den Annahmen ab, die wir im Hinblick auf seine Ursprünge machen.

Fangen wir mit einer Hypothese an, die den meisten Wissenschaftlern besser gefallen wird als meine Lichtsegel-Hypothese: Wenn wir annehmen, dass 'Oumuamua ein trockener Gesteinsbrocken war, dann war vielleicht der Elternstern, von dem es ausgestoßen wurde, einer von jenen fünfhundert Sternen, der sich im LSR-Rahmen befand.

Könnte das die Tatsache erklären, dass 'Oumuamua sich ebenfalls im LSR befand? Ja, vielleicht – wenn seine Abreise von seinem Heimatsystem äußerst behutsam vonstattenging. Den Grund dafür zu erkennen, erfordert nur gesunden Menschenverstand: Ein Objekt, das mit Wucht von einem Sternensystem ausgestoßen wird, das sich im

LSR befindet, würde in einen anderen Bezugsrahmen hineingeschleudert werden. Nur ein Objekt, das aus einem solchen Heimatsystem sanft herausgestoßen werden würde, würde den Bezugsrahmen seines Elternsterns beibehalten.

Auf die große Gefahr hin, die Analogie zu überdehnen, kehren wir zu der mehrspurigen Autobahn zurück. Stellen Sie sich ein Motorrad vor, das sich unter den wenigen Fahrzeugen befindet, die im Vergleich zu den Autos und Lastwagen, die sich um sie herum bewegen, »in Ruhe« sind. Stellen Sie sich nun vor, dass dieses Motorrad nur durch einen gut geschmierten Bolzen mit einem Seitenwagen verbunden ist. Unmittelbar nachdem dieser Bolzen behutsam entfernt wird, würde der Seitenwagen wie das Motorrad in relativer Ruhe bleiben. Und wenn – und an diesem Punkt strapazieren wir die Analogie wirklich – die Autobahn ohne Reibung wäre, würden das Motorrad und der Seitenwagen ihre Position und Geschwindigkeit im Vergleich mit dem gesamten Verkehr um sie herum beibehalten. Wenn ein Planet, der sich im LSR befindet, behutsam ein Stück von sich ablöste, würde das abgelöste Stück in ähnlicher Weise die Position des Planeten im LSR beibehalten.

Eine behutsame Ablösung von einem Elternstern ist zwar möglich, aber statistisch unwahrscheinlich. Stücke von Planeten lösen sich nicht leicht ab, und die Art von Ereignis, das ein Stück von einem Planeten ablösen würde, ist selten so, dass man es als behutsam beschreiben könnte. Ein Stoß auf einen Planeten im LSR, der zum Ergebnis hätte, dass dieser Planet ein Objekt ausstoßen würde, das im LSR bliebe, wäre vergleichbar mit einem äußerst schonenden Schlag, der mit der planetaren Präzision einer Feder durchgeführt werden würde. Die Wahrscheinlichkeit, dass das geschieht, wird auf 0,2 Prozent geschätzt.

Es ist auch möglich, dass 'Oumuamua von einem der 99,8 Prozent der Sterne herkam, die sich in einer signifikanten Bewegung relativ zum LSR befinden. Aber dafür hätte das Ausstoßungsmanöver ein Schwinger anstatt ein kleiner Schubs sein müssen, und zwar ein präziser. Der Stoß, der ein Objekt aus einem Sonnensystem herausschleudern würde, das sich *nicht* im LSR befindet, und zwar so, dass das ausgestoßene Objekt im LSR *ist*, bedeutet einen Schlag in genau der gleichen und entgegengesetzten Geschwindigkeit des Elternsterns. Der Schlag müsste die Bewegung des Heimatsystems vollkommen aufheben, um ein Objekt hervorzubringen, das sich im LSR befindet. Stellen Sie sich die Herausforderung eines Chirurgen vor, der eine heikle Operation mit einem groben Instrument wie einem Hammer vorzunehmen versucht.

Jede der beiden Möglichkeiten, Feder oder Hammer, macht diese Hypothese eines natürlich vorkommenden 'Oumuamuas, das von einem Heimatsystem ausgestoßen wird, das sich im LSR befindet, äußerst unwahrscheinlich.

Damit bleibt uns eine dritte und nur wenig plausiblere Hypothese übrig.

Ein Objekt, das von einem Heimatsystem ausgestoßen wird, das sich im LSR befindet, könnte selbst im LSR bleiben, wenn sich seine Ausstoßung an den äußersten Rändern des Heimatsystems vollzöge. Dort ist natürlich die Gravitationsanziehung des Elternsterns weitaus schwächer. Tatsächlich sind äußere Schalen, die Ähnlichkeit mit Oort'schen Wolken haben, die Orte, woher die meisten interstellaren Asteroiden und Kometen kommen, denen es gelingt, sich von ihren Geburtssystemen loszureißen. Je schwächer die Gravitationsanziehung des Geburtssterns ist, und zwar unabhängig davon, ob er sich im LSR befindet oder nicht, desto leichter ist es für einen Teil der Trümmer in seiner äußersten Schale, von einer anderen Gravitationsquelle weggezogen zu werden.

Die Billionen Kometen umfassende Oort'sche Wolke unseres Sonnensystems ist ein typisches Beispiel. Ihre Eishülle ist hunderttausend astronomische Einheiten (AE) von der Sonne entfernt (jede AE entspricht der Entfernung der Erde von der Sonne oder etwa 150 Millionen Kilometer). Die Gravitationswirkung der Sonne auf das Material, aus dem die Oort'sche Wolke besteht, ist weitaus schwächer als ihre Wirkung auf beispielsweise die Erde. Ganz weit da draußen könnte ein sanfter Schubs von weniger als 3500 Stundenkilometern – wofür zum Beispiel eine Begegnung mit einem vorbeifliegenden Stern genügen würde – ausreichen, um ein Objekt auf seinen interstellaren Weg zu schicken.

Wenn 'Oumuamua also seinen Ursprung in einer vereisten Hülle einer Art Oort'schen Wolke hätte, die ein beherbergendes System umgibt, das sich im LSR befindet, dann könnte das die Geschwindigkeit des Objekts erklären. Aber es erklärt nicht, dass 'Oumuamua ein trockener Gesteinsbrocken ist.

Egal wie man die Sache betrachtet, ist der dynamische Ursprung 'Oumuamuas – dass es sich im LSR befand, bevor es auf unser Sonnensystem stieß – extrem selten, und er ist umso seltener, weil wir dafür ein natürlich vorkommendes Objekt bräuchten, das so trocken ist, dass es keine sichtbare Ausgasung produziert, wenn es von einer Flugbahn abweicht, die allein durch die Gravitationskraft der Sonne erklärbar ist.

Das bringt uns zu unserer zweiten Hypothese, nämlich dass 'Oumuamua ein hergestelltes Objekt war, das eigens dazu entworfen wurde, sich im lokalen Ruhesystem zu befinden. Vielleicht war 'Oumuamua vor langer, langer Zeit kein Weltraumschrott, sondern eine außerirdische technische Ausrüstung, die zu einem ganz bestimmten Zweck konstruiert wurde.

Vielleicht war es etwas, das dem Zweck einer Boje näher kommt.

• • •

Wir stellen uns 'Oumuamua so vor, dass es auf uns zurast, aber vielleicht ist es aufschlussreicher, die Dinge aus 'Oumuamuas Blickwinkel zu sehen. Aus der Perspektive dieses Objekts befand es sich in Ruhe, und unser Sonnensystem knallte auf es drauf. Oder vielleicht war 'Oumuamua in einem sowohl metaphorischen als auch eventuell buchstäblichen Sinne wie eine Boje, die in der Weite des Universums ruhte, und unser Sonnensystem war wie ein Schiff, das mit hoher Geschwindigkeit mit ihr kollidierte.

Die Hypothese, dass intelligente Außerirdische 'Oumuamua so entwarfen, dass es sich im LSR befand, wirft die naheliegende Frage auf: Warum würden sie sich die Mühe machen? Ich kann mir etliche Gründe vorstellen. Vielleicht wollten sie das interstellare Äquivalent eines Stoppschilds aufstellen. Oder vielleicht war es eher wie ein Leuchtturm – oder noch einfacher ein Wegweiser oder eine Navigationsmarkierung. Ein großes Netzwerk solcher Bojen könnte als Kommunikationsnetz fungieren. Oder es könnte als Stolperdraht benutzt werden, als ein Alarmsystem, das ausgelöst werden würde, wenn eine der Bojen aus dem LSR herausgeschlagen wird. In diesem Geist wollten seine Schöpfer vielleicht seinen – und ihren eigenen – räumlichen Ursprung verbergen. Wenn man ein Objekt in das LSR bringt, dann wird dadurch verschleiert, wer es in diesen Zustand gebracht hat. Warum? Weil Mathematik und ein wenig Wissen über die Flugbahn eines Objekts ausreichen, um den Ursprung dieses Objekts bis zu seiner Startrampe zurückzuverfolgen; diese Aufgabe ist ein Hauptzweck des North American Aerospace Defense Command (NORAD, nordamerikanisches Luftraumüberwachungskommando). Man sollte auch bedenken, dass jede Intelligenz mit einem Verständnis für Mathematik und einer guten Karte des Universums jedes der interstellaren Raumschiffe, die wir von der Oberfläche unseres Planeten losgeschickt haben, zur Erde zurückverfolgen könnte.

Dass alle diese Analogien irdische sind, spiegelt nicht nur die Tatsache wider, dass dasselbe für den Autor dieses Buches gilt. Dass die menschliche Zivilisation Bojen, Netze aus Kommunikationssatelliten und Frühwarnerkennungssysteme gebaut hat, sagt uns, dass andere Zivilisationen wahrscheinlich dasselbe tun könnten. Außerdem sind diese vermuteten Objekte auch einfach deshalb plausibel, weil die Menschheit jedes davon entwerfen, bauen und losschicken könnte, wenn sie wollte. Unsere Gründe brauchen nicht einmal interstellar zu sein. Nur als Beispiel: Wenn Indien ein solches Objekt in den Weltraum gebracht hätte, könnten sich die Wissenschaftler bei der NASA zwar fragen, warum das Land das wohl getan hat, aber sie würden sich nicht die Frage stellen, wie ein kleines, flaches, leuchtendes Objekt, das mit dem charakteristischen Logo der indischen Weltraumforschungsorganisation beschriftet ist, in den LSR gelangt ist.

Eine solche Antwort auch auf 'Oumuamua zu geben, würde bedeuten, 'Oumuamuas außerirdischen Ursprung zu akzeptieren. Und darin liegt die gedankliche Hürde. Wir müssten dann ernsthaft die Möglichkeit in Erwägung ziehen, dass wir nicht die einzige Intelligenz im Universum sind.

• • •

Eine Boje. Ein Netz aus Aggregaten zur Kommunikation. Wegweiser, mit deren Hilfe eine außerirdische Zivilisation navigieren könnte. Startrampen für Raumsonden. Defekte Technik oder weggeworfener technischer Müll anderer intelligenter lebender Organismen. All das sind plausible Erklärungen für das Rätsel 'Oumuamua – plausibel, weil hier auf der Erde die Menschheit bereits diese Dinge tut, wenn auch in einem weitaus begrenzteren Maßstab, und wir würden sicherlich erwägen, sie zu kopieren, falls wir Erforschungen im interstellaren Raum anstellen sollten.

Was diese Hypothesen unplausibel macht, ist die Unfähigkeit, Vermutungen über eine außerirdische Intelligenz anzustellen. Schließt man diese Möglichkeit aus, stellt man alle diese Erklärungen infrage. Lehnt man es ab, durch das Fernrohr zu blicken, spielt es nur eine geringe Rolle, ob es irgendwelche zwingenden Beweise zeigt oder nicht zeigt. Vielleicht ist es der Schatten von Science-Fiction-Geschichten oder einfach nur die mangelnde Fähigkeit mancher Menschen, den Bereich der von ihnen in Betracht gezogenen Hypothesen zu erweitern. Doch eine Erklärung in Betracht zu ziehen, die eine außerirdische Zivilisation voraussetzt, hat viel Ähnlichkeit damit, dem Skeptiker ein Teleskop zu präsentieren, wobei er es schlichtweg ablehnt, hindurchzuschauen.

Das beste Gegenmittel gegen eine solche Widerspenstigkeit, habe ich festgestellt, besteht darin, selbstständig zu denken. Wenn irgendeine dieser Ideen so scheint, als sei sie einem Fiebertraum entsprungen oder übertrieben oder losgelöst von der Wirklichkeit, erinnern Sie sich einfach an die empirischen Belege, die vor Ihnen liegen.

Die Daten, mit denen wir konfrontiert sind, sagen uns, dass 'Oumuamua eine leuchtende, dünne Scheibe im LSR war, und als es auf das Gravitationsfeld der Sonne stieß, wich es von einer Flugbahn ab, die allein durch Schwerkraft erklärbar wäre, wobei sich diese Abweichung ohne sichtbare Ausgasung oder feststellbaren Zerfall vollzog.

Diese Datenpunkte lassen sich folgendermaßen zusammenfassen: 'Oumuamua war in statistischer Hinsicht ein extremer Ausreißer.

Wenn man sehr konservative Wahrscheinlichkeiten zugrunde legt, wäre ein kometenhaftes 'Oumuamua allein aufgrund seiner Form, Rotation und Leuchtkraft ein natürlich vorkommendes Objekt, das eine Wahrscheinlichkeit von eins zu einer Million hätte. Versucht man, seine Zusammensetzung so zu erklären, dass wir seine Abweichung jenseits der Schwerkraft der Sonne durch eine Ausgasung begründen können, die für unsere Instrumente unsichtbar war, so hat man immer noch ein Objekt, das so selten ist wie eins unter Tausenden.

Aber das ist nicht alles. Erinnern Sie sich daran, dass es auch sehr sonderbar ist, dass 'Oumuamuas Drehgeschwindigkeit [d.h. die Zeit einer ganzen Umdrehung] sich nicht änderte. Möglicherweise erhält nur einer von tausend Kometen eine stetige Drehung aufrecht trotz des bedeutenden Masseverlusts aufgrund von 'Oumuamuas Beschleunigung, die nicht auf die Schwerkraft der Sonne zurückgeht. Wenn 'Oumuamua einer dieser seltenen Kometen war, dann sprechen wir jetzt über ein Objekt, das mit einer Wahrscheinlichkeit von eins zu einer Milliarde vorkommt.

Außerdem gibt es keine ruckhaften Bewegungen bei der Drehung. Wenn es eine natürlich vorkommende Ausgasung und einen Zerfall gegeben hätte, die für unsere Instrumente aus irgendeinem Grund unsichtbar waren, dann hätten diese mutmaßlichen Düsenstrahlen, die 'Oumuamua angetrieben haben sollen, einander vollkommen aufheben müssen. Wenn das eine weitere Koinzidenz mit einer Wahrscheinlichkeit von eins zu tausend ist, dann ist 'Oumuamua jetzt ein Objekt mit einer Wahrscheinlichkeit von eins zu einer Billion.

Und wir müssen auch noch 'Oumuamuas Ursprung im Geschwindigkeits-Positionsraum berücksichtigen, die Tatsache, dass es sich im

LSR befand. Erinnern wir uns daran, dass ein Geburtsstern, der sich im LSR befindet, eine Wahrscheinlichkeit von 0,2 Prozent besitzt. Die Wahrscheinlichkeit, dass 'Oumuamua einfach nur ein zufälliger Komet ist, nähert sich dann eins zu einer Billiarde.

Diese Zahlen strapazieren die Gutgläubigkeit und verlangen nach einer alternativen Erklärung. Sie ließen mich Shmuel Bialy vorschlagen, nach einer anderen, plausibleren Hypothese zu suchen. Und wir konnten uns nur eine einzige ausdenken, die der nicht durch Schwerkraft verursachten Beschleunigung einen Sinn abgewann: 'Oumuamuas sonderbarer stetiger Schub rührte vom Sonnenlicht her.

Das stimmt völlig mit einem wichtigen Hinweis überein. Die überschüssige Kraft, die auf 'Oumuamua wirkte und die es zur Abweichung veranlasste, so stellten Beobachter fest, nahm anscheinend umgekehrt zum Quadrat seiner Entfernung von der Sonne ab, wie man es erwarten würde, wenn diese Kraft auf reflektiertes Sonnenlicht zurückginge.

Der Strahlungsdruck der Sonne ist jedoch nicht sehr stark. Wenn er tatsächlich verantwortlich wäre, so haben wir berechnet, dann müsste 'Oumuamua weniger als einen Millimeter dick und mindestens zwanzig Meter breit sein. (Der Durchmesser hängt vom Reflexionsvermögen des Objekts ab, das unbekannt ist. Wenn 'Oumuamua ein vollkommener Reflektor wäre und hundert Prozent des Sonnenlichts zurückstrahlen würde, das auf ihn trifft, hätte es in diesem Superdünn-Szenario einen Durchmesser von zwanzig Metern.)

In der *Natur* gibt es, soweit wir wissen, nichts mit diesen Abmessungen, und kein natürlicher Prozess kann sie zustande bringen. Aber natürlich hat die Menschheit etwas konstruiert, das diesen Anforderungen gerecht wird, und wir haben es sogar in den Weltraum geschickt: ein Lichtsegel.

Zu dieser Hypothese gelangten wir durch Logik und Belege – kurz, dadurch, dass wir uns an die Tatsachen hielten. Doch wenn wir die Hypothese ernst nehmen, gestattet sie uns, über neue, unglaubliche Fragen nachzudenken, die sich darauf beziehen, wie 'Oumuamua in unserem Universum in Erscheinung trat und woher es kam. Sie gibt uns, wie ich noch erklären werde, die Gelegenheit zu fragen, ob wir eines Tages den Schöpfern dieses rätselhaften Besuchers begegnen könnten.

Die Lichtsegel-Hypothese eröffnet eine Welt von Möglichkeiten – im Unterschied zu der Kometen-Hypothese, die sie ausschließt. Die Tatsache, dass der naturwissenschaftliche Konsens die konservativere und restriktivere dieser beiden Möglichkeiten stark favorisiert, besagt weniger über die Belege als über die Praktiker und die Kultur der Naturwissenschaft selbst.

7

VON KINDERN LERNEN

Sind wir allein? Diese Frage gehört zu den fundamentalsten, mit denen die Menschheit konfrontiert ist. In dem Moment, in dem wir eine schlüssige, negative oder positive, Antwort haben, stehen wir tiefgründigen Erkenntnissen gegenüber. Gewiss gibt es nur wenige kosmologische Fragen von gleicher Bedeutung.

Es wäre zwar revolutionär, wenn wir wüssten, was dem Urknall vorherging, wohin die Materie geht, die in ein Schwarzes Loch gesaugt wird, oder welche theoretischen Einsichten schließlich die Relativitätstheorie mit der Quantenphysik in Übereinstimmung bringen. Tatsächlich habe ich einen bedeutenden Teil meines Lebens und Berufs der Beantwortung der ersten beiden dieser Fragen gewidmet. Aber würden die Antworten auf diese Fragen unser Gefühl der eigenen Identität ebenso stark verändern, wie wenn wir erfahren, dass wir einfach nur eine intelligente Spezies unter vielen sind – oder umgekehrt, dass wir die einzige bewusste Intelligenz im Universum sind? Das bezweifle ich.

Da ich glaube, dass diese Frage so folgenschwer ist, finde ich es bemerkenswert, wie selten und wie herablassend Naturwissenschaftler nach einer Antwort gesucht haben. Das hat nicht erst mit dem Widerstand gegen meine Lichtsegel-Theorie angefangen. Der Widerwille der Naturwissenschaftler, die Botschaften von 'Oumuamua zu entziffern, geht dessen Durchquerung unseres Sonnensystems lange voraus.

• • •

Die Suche nach außerirdischem Leben war für die überwältigende Mehrheit der Naturwissenschaftler nie mehr als eine Kuriosität; für sie handelt es sich um ein Thema, das bestenfalls ein flüchtiges Interesse und schlimmstenfalls regelrechten Spott verdient. Wenige Leute von Ansehen haben ihre Karriere der Förderung des Forschungsgebiets gewidmet, selbst auf dem Höhepunkt seiner akademischen Achtbarkeit in den 1970er Jahren waren nur etwa hundert Forscher öffentlich mit dem SETI-Institut verbunden. Wir kennen weitaus spekulativere Gebiete mathematischer Gymnastik, die größere Physikergruppen anziehen.

Der strengere Ansatz der SETI-Forschung begann 1959, als zwei Physiker, die an der Cornell University ansässig waren, Giuseppe Cocconi und Philip Morrison, gemeinsam einen wegweisenden Aufsatz mit dem Titel »Searching for Interstellar Communications« (Die Suche nach interstellaren Botschaften) verfassten. Ihr Aufsatz, der in der renommierten Wissenschaftszeitschrift *Nature* veröffentlicht wurde, stellte zwei einfache Vermutungen an.[17] Erstens, dass außerirdische Zivilisationen, die so fortgeschritten wie wir sind, wenn nicht gar fortgeschrittener, existierten. Zweitens, dass solche Zivilisationen ihre interstellare Botschaft *Wir existieren* sehr wahrscheinlich mit der Radiofrequenz 1,42 GHz senden würden, jenem »einzigartigen, objektiven Frequenzstandard, der jedem Beobachter im Universum bekannt sein muss«. Cocconi und Morrison bezogen sich auf die 21-cm-Wellenlänge des neutralen Wasserstoffs – genau dieselbe Radiostrahlung, die mich und andere Astrophysiker fast ein halbes Jahrhundert später beschäftigen sollte, als wir in der Zeit zurück auf die Dämmerung des Kosmos zu blicken versuchten.

Der Aufsatz war eine augenblickliche Sensation, die die Geburt von SETI einläutete und das Grundprinzip für alle nachfolgenden Suchen nach außerirdischer Intelligenz mit dem Schlusssatz aufstellte: »Die Erfolgswahrscheinlichkeit lässt sich schwer einschätzen; aber wenn wir uns nie auf die Suche begeben, ist die Erfolgswahrscheinlichkeit null.« Für mich spiegelt das einen viel älteren Gedanken wider, der Heraklit von Ephesos zugeschrieben wird: »Wenn du das Unerwartete nicht erwartest, wirst du es nicht finden.«

Cocconis und Morrisons Aufsatz bringt auch das alte Sprichwort über Leute in Erinnerung, die nichts als Hämmer haben und überall, wo sie hinsehen, nur Nägel erblicken. Die beiden Männer schrieben ein Vierteljahrhundert nach der Geburt der Radioastronomie, eine Tatsache, die ihnen bei ihrer Bemühung, »das Unerwartete zu erwarten«, gewiss dienlich war. Wie bei meiner und Bialys Lichtsegel-Hypothese scheinen wir Menschen besser in der Lage zu sein, die technische Signatur außerirdischer Zivilisationen zu erkennen, nachdem wir die Technik selbst entwickelt haben.

Cocconis und Morrisons Aufsatz begeisterte augenblicklich den Astrophysiker Frank Drake, der ebenfalls an der Cornell-Universität lehrte. Im Jahr 1960 beschloss er, genau die Art von Suche durchzuführen, zu der Cocconi und Morrison aufriefen. Unter Verwendung des National Radio Astronomy Observatory von Green Bank in West Virginia führte Drake eine Untersuchung zweier nahe gelegener sonnenähnlicher Sterne durch, Tau Ceti und Epsilon Eridani. Einhundertundfünfzig Stunden lang, die sich über vier Monate erstreckten, suchte Drake mit dem Radioteleskop nach einem erkennbaren Signal, das auf eine Intelligenz hinwies, jedoch ohne Erfolg. Das Gefühl von Wunderlichkeit, mit dem Drake seine Suche nach außerirdischem Leben unternahm, drückt sich in dem Namen aus, den er dem Projekt gab: Ozma. Er leitet sich von einer Figur her, die der Romanautor L. Frank Baum in seinen Büchern über die Welt von Oz erfand.

Drakes Projekt stieß auf breites Interesse, und populäre Medien berichteten darüber. Die Tatsache, dass in etwa zweihundert Beobachtungsstunden nichts entdeckt worden war, dämpfte die Begeisterung der Öffentlichkeit kaum. Und im Aufwind dieses Interesses nahm Drake Anfang November 1961 an einer informellen Konferenz teil, die von der National Academy of Sciences und dem National Radio Observatory finanziell unterstützt wurde. Dort brachte er erstmals die Drake-Gleichung zur Sprache, die er verwendete, um die Anzahl aktiv kommunizierender außerirdischer Zivilisationen zu schätzen.

Die Gleichung ziert jetzt T-Shirts, prägt die Handlungen von Romanen für Heranwachsende, wurde von Gene Roddenberry missbraucht, um der Fernsehserie *Star Trek* (Raumschiff Enterprise) eine Patina von Plausibilität zu verleihen, und wurde seither von Naturwissenschaftlern breit besprochen und optimiert. Verloren gegangen im Staub und Lärm ist die simple Anerkennung, dass die Gleichung nichts weiter als eine Heuristik ist, ein vereinfachtes Werkzeug zum Ausklammern der verschiedenen Terme, die das Gedeihen von SETI beeinflussen. Ihre Standardformulierung ist folgende:

$$N = R^* \times fp \times ne \times fl \times fi \times fc \times L$$

Wobei die Terme folgendermaßen definiert werden:

N: die Anzahl von Spezies in unserer Galaxie, die die notwendige Technologie für interstellare Kommunikation besitzen;

*R**: die Sternbildungsrate in unserer Galaxie;

fp: der Anteil von Sternen mit Planetensystemen;

ne: die Anzahl von Planeten in jedem System mit Umweltbedingungen, die Leben ermöglichen;

fl: der Anteil von Planeten, auf denen Leben entsteht;

fi: der Anteil von Planeten, auf denen intelligentes Leben entsteht;

fc: der Anteil von intelligentem Leben, das eine hinreichend raffinierte Technologie entwickelt, um sich an interstellarer Kommunikation zu beteiligen;

L: die Zeitdauer, während der ein solches intelligentes Leben in der Lage ist, detektierbare Signale zu produzieren.

Im Unterschied zu den meisten Gleichungen war die von Drake nicht dazu bestimmt, gelöst zu werden. Vielmehr war sie als Rahmen zum Nachdenken darüber beabsichtigt, wie viele intelligente Zivilisationen in unserem Universum vorkommen könnten. Es ist unwahrscheinlich, dass wir je in der Lage sein werden, Werte für alle Variablen einzusetzen, geschweige denn, ihr Ergebnis zu bestimmen.

Obwohl Drake nicht der Einzige war, der einen Rahmen für die Suche nach außerirdischer Intelligenz formulierte – Ronald Bracewell legte 1960 einen anderen Ansatz vor, und Sebastian von Hoerner, ein deutscher Astrophysiker, einen weiteren im Jahre 1961 –, war sein Ansatz derjenige, der seither zum Guten oder Schlechten zum Prüfstein der SETI-Forschung geworden ist.

Ich sage »zum Schlechten«, weil Drakes Gleichung sich einzig auf die Übertragung von Kommunikationssignalen konzentrierte; er beschränkte sich auf die Bestimmung von *N* und hieraus auf die Anzahl interstellarer Botschaften, die die Existenz außerirdischer Intelligenz beweisen würden. Dieses ausschließliche Interesse an Kommunikation lässt auch die zweite Begrenzung der Gleichung erahnen, die durch die Variable *L* versinnbildlicht wird. Diese repräsentiert die Länge der Zeit, während der eine intelligente Spezies in der Lage wäre, solche Signale zu produzieren. Man denke beispielsweise daran, dass unsere Spezies Schadstoffe produziert hat, die mit bestimmten Teleskopen seit Jahrhunderten entdeckt werden könnten, aber Radiosignale erst seit einigen Jahrzehnten.

Sowohl *N* als auch *L* weisen auf ein tieferes Problem von Drakes Gleichung hin. Trotz all ihrer Bedeutung als erste systematische Bemühung, die Variablen zu identifizieren, die bei der Einschätzung (der Wahrscheinlichkeit) außerirdischer Intelligenz und dadurch auch für die Steuerung der Suche nach einer solchen eine Rolle spielen, war vielleicht gerade der Formalismus der Gleichung das größte Handicap. Als es den SETI-Forschern nicht gelang, mit Befunden für außerirdische Radiosignale aufzuwarten, erklärten die Kritiker die Gleichung – und das gesamte SETI-Projekt – nur allzu gerne für durch und durch wunderlich.

Im Jahr 1992 stellte die US-Regierung im Einklang mit der Suche nach *N* der NASA 12,25 Millionen US-Dollar für die Initiierung eines Radioastronomie-Programms zur Verfügung. Bereits im nächsten Jahr wurde die Finanzierung von SETI beendet. Zu der Zeit, als der Kongress dem Projekt seine Unterstützung und die finanziellen Mittel entzog, erklärte ein Senator, Richard Bryan aus Nevada: »Millionen sind ausgegeben worden, und wir haben immer noch keinen einzigen kleinen grünen Kerl geschnappt.«[18] Es gibt nur wenige prägnantere Aussagen über die Ignoranz und falschen Annahmen, die die Jagd der Menschheit nach der Antwort auf die Frage »Sind wir allein?« behindert haben. Die ausgegebene Summe war verhältnismäßig gering, und die Messlatte, die für Erfolgsnachweise gesetzt wurde, war absurd.

Abgesehen davon unterstützten die frühen SETI-Forscher auch nur selten ihre eigene Sache. Ihre fast ausschließliche Konzentration auf die Suche nach Radio- und optischen Signalen hat nicht dienliche naturwissenschaftliche und populäre Annahmen darüber festgeschrieben, wie eine solche Forschung aussieht und welche Art von Projekten finanzielle Förderung verdient. Erst vor Kurzem haben wir ein wachsendes Interesse an der Suche nach Biosignaturen, wie beispielsweise Sauerstoff und Methan in der Atmosphäre und das großmaßstäbliche Aufblühen von Algen in fernen Ozeanen, und nach Technosignaturen festgestellt, wie beispielsweise Marker industrieller Schadstoffe in der Atmosphäre von Planeten und Marker eingegrenzter Wärmeinseln, die auf städtische Siedlungen hindeuten.

Bei der Suche nach außerirdischer Intelligenz versuchen die Forscher in dieser Nische immer noch Fuß zu fassen, und die breitere naturwissenschaftliche Gemeinschaft, die sie unterstützen sollte, tut das weitgehend nicht. Die menschlichen Naturwissenschaften müssen immer noch reifer werden – im Hinblick auf SETI sowie auf andere Grenzgebiete unserer beschränkten Vorstellungskraft.

• • •

In meinem Büro habe ich ein Aktenschubfach, das einfach die Aufschrift IDEEN trägt. Es beinhaltet einen einzigen Hängehefter, in dem ich Aktenmappen aufbewahre. Manchmal ist der Hefter überfüllt, manchmal weniger. In jeder Aktenmappe befinden sich ein paar Blätter Papier mit Gleichungen. Diese spiegeln Probleme und Fragen wider, die mir in den Sinn kommen und deren Beantwortung sich lohnt. Sie begleiten mich oft auf meinen Spaziergängen im Garten meines Hauses und den nahe gelegenen Wäldern. Auf die Gefahr hin, klischeehaft zu klingen, stoße ich gewöhnlich beim Duschen auf sie. (Vor Kurzem kaufte meine Frau mir einen wasserfesten Stift und ein Whiteboard, nachdem ein holländisches Filmteam bei dem Versuch, meine Inspiration zu dokumentieren, unserer Dusche einen Besuch abgestattet hatte).

Lange bevor ich ein Schubfach für die Sammlung von Ideen hatte, geschweige denn Studenten, Doktoranden und Postdoktoranden, mit denen ich diese Ideen teilen konnte, sammelte ich sie schon. Sie haben als Saatkörner gedient, aus denen meine eigene Forschung erwuchs. Bis heute haben diese Saatkörner über siebenhundert veröffentlichte Aufsätze, sechs Bücher (einschließlich desjenigen in Ihrer Hand) und eine wachsende Anzahl von inzwischen bestätigten Vorhersagen über die Geburt von Sternen, die Entdeckung von Planeten außerhalb unseres Sonnensystems und die Eigenschaften Schwarzer Löcher ergeben.

Das soll nicht heißen, dass ich allein von meiner Einbildungskraft geleitet werde. Alle meine Untersuchungen zeugen von einem unerschütterlichen Leitprinzip: dem Kontakt mit Daten. Ich vermeide mathematische Spekulationen oder das, was ich als »Theorieblasen« bezeichne. Allzu oft kann sich die Astrophysik in Theorien verlieren, die frei von jeglichen Belegen schweben und Förderungsmittel sowie Talente an sich reißen. Es gibt eine einzige Wirklichkeit da draußen, und wir sind sehr weit davon entfernt, alle ihre Anomalien auszuschöpfen.

Wie ich Generationen von Studenten gesagt habe, ist es gefährlich, sich in Abstraktionen zu verirren, die von Daten kaum oder gar nicht gestützt werden. Ich bin sicher, dass viele von ihnen den Eindruck hatten, dass es ebenso gefährlich ist, Forschungsrichtungen zu verfolgen oder Schlussfolgerungen vorzutragen, die gegen den naturwissenschaftlichen Mainstream gerichtet sind. Ich denke, dass diese Reaktion nicht nur eine Schande ist – sie ist auch gefährlich.

Obwohl die vergangenen Jahrzehnte die Suche nach außerirdischem Leben sehr ermutigten, bin ich immer wieder verblüfft darüber, was alles unversucht, zu wenig theoretisch durchdrungen, zu wenig finanziell gefördert und nach Ansicht eines großen Teils der Naturwissenschaftler am besten unerwähnt bleibt. Wenn ich meinen Kollegen die Reaktionen meiner jungen Studenten auf die beiden Gedankenexperimente schildere, die am Beginn dieses Buchs stehen, müssen viele von ihnen lachen. Ich denke, dass wir aufmerksamer sein und uns fragen sollten, ob es nicht eine Wahrheit gibt, die unseren Beruf betrifft und die sich hinter der Reaktion der Studenten versteckt.

Im Unterschied zu den Dingen, die in den sozialen Medien zu Trends werden, wird der naturwissenschaftliche Fortschritt daran gemessen, wie nahe eine vorgeschlagene Idee an der durch Belege begründeten Wahrheit liegt. Wegen dieser weithin akzeptierten Tatsache sollte man erwarten, dass Physiker ihren Erfolg daran messen, wie gut ihre Ideen mit den Daten übereinstimmen, anstatt daran, wie populär diese Ideen sind. Dies stellen wir jedoch nicht fest, wenn wir die Landschaft der theoretischen Physik mustern. Vielmehr diktieren häufig Modeerscheinungen die finanzielle Förderung, auch wenn die Resultate die Investitionen manchmal in keiner Weise rechtfertigen.

Obwohl es für sie keine experimentellen Beweise gibt, werden die mathematischen Ideen der Supersymmetrie, Extradimensionen des Raumes, Stringtheorie, Hawking-Strahlung und des Multiversums vom Mainstream der theoretischen Physik als unwiderlegbar und offenkundig betrachtet. Mit den Worten eines prominenten Physikers auf einer Konferenz, an der ich teilnahm: »Auch wenn es keine experimentellen Tests gibt, die sie stützen, müssen diese Ideen wahr sein, weil Tausende Physiker an sie glauben und es nur schwer vorstellbar ist, dass eine so große Gemeinschaft mathematisch begabter Naturwissenschaftler sich irren könnte.«

Aber gehen Sie über das Gruppendenken hinaus, und sehen Sie sich diese Ideen genauer an. Zum Beispiel die Supersymmetrie. Diese Theorie, die postuliert, dass alle Teilchen Partner besitzen, ist gar nicht so natürlich, wie prominente Theoretiker vorhersagten. Die jüngsten Daten vom Large Hadron Collider am CERN fanden keinerlei der erwarteten Befunde auf den Energieskalen, die sie erforschten, um die Supersymmetrie zu stützen. Andere spekulative Ideen, die sich auf die Natur der dunklen Materie, auf dunkle Energie, Extradimensionen und die Stringtheorie beziehen, müssen überhaupt erst noch getestet werden.

Stellen Sie sich vor, die Daten, die darauf hindeuten, dass 'Oumuamua ein Produkt außerirdischer Technik ist, wären gewichtiger als die Daten, die darauf hindeuten, dass die Theorie der Supersymmetrie gültig ist. Was könnte daraus folgen? Etwas weniger als fünf Milliarden US-Dollar wurden aufgewendet, um den Large Hadron Collider zu bauen – ein Teilchenbeschleuniger, der in der Hoffnung konstruiert wurde, bestätigende Belege für die Supersymmetrie zu gewinnen –, und sein Betrieb kostet eine weitere Milliarde US-Dollar pro Jahr. Wenn der naturwissenschaftliche Konsens die Theorie schließlich aufgibt, wird das nach einem gewaltigen Aufwand und Generationen von Anstrengungen der Fall sein. Solange wir nicht in ähnlichem Umfang in die Suche nach außerirdischer Intelligenz investiert haben, sollten kategorische Erklärungen darüber, was 'Oumuamua ist oder nicht ist, entsprechend beurteilt werden.

Einer Menge von Theorien, die über die Supersymmetrie hinausgehen – das Multiversum kommt einem in den Sinn –, wird umsichtige, respektvolle Aufmerksamkeit innerhalb und außerhalb der akademischen Welt zuteil, obwohl die Belege für sie fehlen. Das sollte uns zu denken geben, und zwar nicht aufgrund des Fehlens der Belege. Vielmehr sollte es uns aufgrund dessen beunruhigen, was es über das Unternehmen der Naturwissenschaft selbst aussagt.

Was uns dabei im Wege steht, fair darüber zu urteilen, ob es sich bei 'Oumuamua um ein Produkt außerirdischen Designs handelt, sind nicht die empirischen Beweise oder die Methode ihrer Sammlung oder die Überlegungen, die hinter der Hypothese stehen. Was uns am unmittelbarsten im Weg steht, ist der Widerwille, über die Belege und Überlegungen hinauszublicken auf das, was daraus folgen sollte. Manchmal liegt das Problem bei der Botschaft, manchmal beim Boten. Aber wenn beide auf einen Empfänger stoßen, der nur widerwillig zuhört, dann steht ein Problem im Weg, das größer ist als Belege und Überlegungen.

• • •

Es gibt viele Gründe dafür, dass die Suche nach außerirdischem Leben weit weniger Aufmerksamkeit und intellektuelle Feuerkraft angezogen hat als viele der Anomalien, mit denen uns das Universum konfrontiert. Gewiss waren die oft absurden Handlungsverläufe vieler Science-Fiction-Werke nicht gerade hilfreich. Doch das waren auch die Vorurteile von Astronomen und Astrophysikern nicht – Voreingenommenheiten, die kumulativ eine abschreckende Wirkung auf neue Generationen von Naturwissenschaftlern haben.

Heutzutage erhält ein junger theoretischer Astrophysiker eher eine unbefristete Stelle, wenn er über Multiversen nachdenkt, als wenn er nach Beweisen für außerirdische Intelligenz sucht. Das ist eine Schande, insbesondere deshalb, weil angehende Naturwissenschaftler in den Frühphasen ihrer Laufbahn oft am einfallsreichsten sind. Während dieser fruchtbaren Periode begegnen sie einem Berufsstand, der implizit und explizit ihre Interessen zügelt, indem er ihre Angst schürt, außerhalb des Mainstreams der Naturwissenschaft zu stehen.

Eine frühere Generation theoretischer Physiker war offen für die Demut, ihre Theorien durch experimentelle Daten widerlegt zu sehen. Doch eine neue Wissenschaftskultur, die in ihrem eigenen theoretischen Saft gedeiht und Einfluss auf Preiskomitees und Förderungsinstitutionen ausübt, wird von Befürwortern populärer, aber unbewiesener Paradigmen bevölkert. Wenn Naturwissenschaftler den Wetteinsatz auf die Supersymmetrie verdoppeln, obwohl der Large Hadron Collider keine Belege für sie findet, oder wenn sie darauf bestehen, dass das Multiversum existieren muss, obwohl es keine Daten gibt, die die Theorie stützen, verschwenden sie wertvolle Zeit, Geld und Talent. Und uns stehen nicht nur endliche finanzielle Mittel, sondern auch nur eine endliche Zeit zur Verfügung.

Die Ironie besteht darin, dass viele erwachsene Naturwissenschaftler das einst intuitiv verstanden haben. Nachdem junge Kinder ihr erstes Girokonto eröffnet haben, gehen sie häufig der Vorstellung auf den Leim, dass sich dort bestimmte Geldsummen ansammeln. Wenn sie über diesen und jenen Kauf nachdenken und über alles, das sie ihren Wünschen nach besitzen könnten, werden sie ganz aufgeregt. Aber wenn sie zu einem Geldautomaten gehen und erfahren, wie viel Geld tatsächlich auf ihrem Konto ist, brechen ihre Luftschlösser in sich zusammen. Ihre finanziellen Mittel reichen nicht nur nicht dafür aus, all das zu tun, wovon sie träumten, sondern schließlich wird ihnen das langsame Tempo klar, mit dem diese Mittel sich ansammeln. Gewöhnlich überwinden die Kinder diese Enttäuschung, indem sie lernen, ihr Konto mit einer gewissen Häufigkeit zu kontrollieren und ihre Traumkäufe gegen die unbarmherzigen Befunde der nachweislichen Daten abzuwägen.

Eine Wissenschaftskultur, die diese Lektion nicht gelernt hat – die keine äußere Verifizierung anhand beobachtbarer, nachweislicher Daten verlangt und die Ideen befürwortet, die aufgrund ihrer mathematischen Schönheit als grundsätzlich korrekt betrachtet werden –, erscheint mir als eine Kultur, die Gefahr läuft, den Boden unter den Füßen zu verlieren. Daten zu sammeln und sie mit unseren theoretischen Ideen zu vergleichen, stellt eine Realitätsprüfung dar und sagt uns, dass wir nicht halluzinieren. Darüber hinaus bekräftigt diese Aktivität das, was für die Disziplin zentral ist. Die Physik ist keine Freizeitbeschäftigung mit dem Ziel, uns ein gutes Gefühl unserer selbst zu vermitteln. Die Physik ist ein Dialog mit der Natur und kein Monolog. Wir haben durchaus etwas zu verlieren und sollten überprüfbare Vorhersagen machen, und das verlangt, dass Naturwissenschaftler sich dem Risiko des Irrtums aussetzen.

Im Zeitalter sozialer Medien müssen die Naturwissenschaften im Allgemeinen und die Astrophysik im Besonderen ihre traditionelle Demut wiederfinden. Das sollte nicht schwierig sein. Experimentelle Daten zu sammeln und theoretische Ideen auszuschließen, muss höhere Priorität erlangen. Es ist beruhigend, von Daten geleitet zu werden, und es verspricht auch konkretere, maßgeblichere Belohnungen. Anstatt ihre gesamte Laufbahn damit zu verbringen, mathematischen Bahnen zu folgen, die von zukünftigen Generationen von Physikern als irrelevant angesehen werden, sollten junge Naturwissenschaftler sich auf diejenigen Forschungsgebiete konzentrieren, in denen der Wert von Ideen zu ihren Lebzeiten überprüft werden und sich auszahlen kann.

Es gibt kein Forschungsgebiet, in dem das Risiko-Ertrags-Kalkül höher ist als bei der Suche nach außerirdischem Leben. Außerdem haben wir mit Daten aus nur elf Tagen von 'Oumuamuas Durchreise, bereits mehr aufschlussreiche, beobachtbare Belege, als wir für all die modischen Gedankenblasen besitzen, die gegenwärtig auf dem Gebiet der Astrophysik herrschen.

• • •

Es lohnt sich, den intuitiven Sprüngen, die Kinder vollziehen, Aufmerksamkeit zu schenken, denn sie tun das weitaus leichter als viele Erwachsene, die von ihrem Ego beladenes Gepäck oder geistige Vorurteile mit sich tragen. Als meine Töchter Lotem und Klil erfuhren, dass ihr Vater daran arbeitete, einen StarChip in die Nähe von Proxima b zu schicken, der sich in der habitablen Zone von Proxima Centauri befindet, wurden sie neugierig, und zwar umso mehr, als ich ihnen sagte, dass der Planet wahrscheinlich rotationsgekoppelt ist – er zeigt der Sonne immer die eine Seite, während die andere dem dunklen Weltraum zugewandt ist. Nach kurzer Überlegung erklärte meine jüngere Tochter, Lotem, dass sie unter solchen Umständen zwei Häuser bräuchte, eines auf der ständigen Nachtseite, in dem sie schlafen könnte, und das zweite auf dem permanenten Sunset Strip, wo sie arbeiten und Ferien machen könnte.

Es wäre falsch anzunehmen, dass Lotems Vorstellung interstellarer Immobilien nur reine Fantasie war. Gedankenexperimente, die mit den Gesetzen der Physik übereinstimmen, sind der eigentliche Stoff von Entdeckungen, das Mittel, uns zu den Lösungen der vielen Anomalien durchzuarbeiten, denen wir hier auf der Erde und jenseits davon begegnen. Im weniger starren Denken der Kinder könnten wir durchaus die Erkenntnisse finden, die die Naturwissenschaft und die Menschheit vorantreiben. Und einer der schlimmsten Fehler, die wir machen können, besteht darin, den Ideen und dem Spürsinn anderer konservative Annahmen aufzuerlegen oder aus den falschen Gründen intellektuelle Vorsicht zu preisen.

Die Naturwissenschaft ist in erster Linie eine Lernerfahrung, die am besten funktioniert, indem sie uns mit Demut erfüllt, wenn wir Fehler machen – wie Kinder, die sich ein Bild von der Welt durch ihre Zusammenstöße mit ihr machen. Genauso wie die scharfen Kanten von Möbeln sind Anomalien selten schön, wenn wir ihnen erstmals begegnen. Sie verwirren das, was wir zu wissen glauben, stehen im Gegensatz zu Theorien und Überzeugungen, die wir als gegeben annehmen, und widerstehen Bemühungen, sie sauber mit unseren Annahmen in Einklang zu bringen. Das ist genau der Moment, in dem die Naturwissenschaft den empirischen Belegen Priorität gegenüber der Einbildungskraft geben und den Belegen folgen muss, wo sie auch immer hinführen mögen.

Beispielsweise bemerkten die Physiker gegen Ende des 19. Jahrhunderts etwas Sonderbares, das mit der »Schwarzkörperstrahlung« zu tun hatte, dem Licht, das von erhitzten Objekten abgestrahlt wird. Das Spektrum der Schwarzkörperstrahlung weist eine einzige Spitze auf, deren Wellenlänge von der Temperatur abhängt: je heißer das Objekt, desto kürzer die Wellenlänge der Schwarzkörperstrahlung an dieser Spitze. Stellen Sie sich Sterne vor – kleine, kühle Zwerge sind rot, wärmere Sterne wie unsere Sonne scheinen gelb, und die größten, heißesten Sterne erstrahlen in knisterndem Blau. So sehr sie sich auch bemühten, konnten die Physiker die Spektrumsveränderungen bei hohen Temperaturen doch nicht erklären oder genau modellieren – bis zum Jahr 1900, als Max Planck vorschlug, dass Objekte Energie in diskreten Einheiten oder Quanten aufnehmen und abgeben. Diese revolutionäre Erkenntnis führte zur Quantenmechanik und zum Zeitalter der modernen Physik.

Kein geringeres Genie als Albert Einstein war verwundert über die sonderbaren Eigenschaften der Quantenwelt, insbesondere über das Phänomen der Verschränkung und der Quanten-Nichtlokalität – die rätselhafte Fähigkeit zweier Teilchen, sich miteinander auszutauschen, egal wie weit sie voneinander entfernt sind. Er rang mit dieser ungewöhnlichen Idee und bezeichnete sie letztlich als »spukhafte Fernwirkung«. Experimente aus jüngerer Zeit sagen uns, dass er unrecht hatte, dieses Verhalten zu verwerfen. Je mehr wir über Nichtlokalität verstehen, so zeigt sich, desto mehr enthüllt diese Eigenschaft über die Wirklichkeit.

Die Naturwissenschaft verlangt in ihrem Kern Demut, ein Verständnis der Tatsache, dass die Einbildungskraft der Menschheit nicht in der Lage ist, den vollständigen Reichtum und die Mannigfaltigkeit der Natur abzubilden. Aber die angemessene Reaktion auf Demut ist das Staunen und damit der Wunsch, uns für ein größeres Spektrum von Möglichkeiten zu öffnen.

In der Naturwissenschaft bedeutet das häufig, schwierige Entscheidungen zu treffen. Entscheidungen, die oft außerhalb des unmittelbaren Einflusses von Naturwissenschaftlern getroffen werden, kanalisieren Anstrengungen auf bestimmte Möglichkeiten hin und von anderen weg. Obwohl beispielsweise die Anzahl großer Teleskope auf der Erde stetig zunimmt, hält sie nicht mit der Anzahl von Astronomen Schritt, die gerne Zugang zu ihnen hätten. Daher haben Institutionen und Universitäten Komitees und Förderorganisationen gebildet, die über die konkurrierenden Forderungen nach zugestandener Forschungszeit an den Teleskopen entscheiden. Sie genehmigen und priorisieren Anträge auf Grundlage des Fachwissens der Komitees, aber auch unweigerlich auf der ihrer Voreingenommenheiten und Annahmen. Ich habe schon oft gedacht, dass alle diese Entscheidungen treffenden Organisationen automatisch einen bedeutenden Anteil ihrer Ressourcen – zum Beispiel zwanzig Prozent – an Projekte mit hohem Risiko verteilen sollten. Wie ein Finanzportfolio auch, müssen die Investitionen der Menschheit in die Naturwissenschaft diversifiziert werden.

Doch viele Forscher weichen von diesem Ideal weit ab, insbesondere dann, wenn sie ihren jugendlichen Enthusiasmus verloren haben und auf der Karriereleiter bis zu prominenten Festanstellungen aufgestiegen sind. Anstatt ihre Arbeitsplatzsicherheit auszunutzen, schaffen sie Echoräume von Studenten und Postdoktoranden, die ihren wissenschaftlichen Einfluss und Ruf vergrößern. Ehrungen sollten bloß die Schminke auf dem Gesicht der akademischen Welt sein, aber allzu oft werden sie zu einer Obsession. Beliebtheitswettbewerbe liegen außerhalb des Bereichs redlicher naturwissenschaftlicher Forschung – die wissenschaftliche Wahrheit wird nicht von der Anzahl von Likes auf Twitter diktiert, sondern vielmehr durch empirische Evidenz.

Eine der schwierigsten Lektionen, die man jungen Naturwissenschaftlern vermitteln sollte, besteht darin, dass die Suche nach der Wahrheit der Suche nach Konsens zuwiderlaufen kann. Tatsächlich dürfen Wahrheit und Konsens nie miteinander vermischt werden. Leider ist das eine Lektion, die am leichtesten von einem Studenten verstanden wird, der noch neu auf dem Gebiet ist. Von da an fördern Jahr um Jahr der vereinte Druck von Peers und Arbeitsmarktaussichten die Neigung, auf Nummer sicher zu gehen.

Die Astrophysik ist zwar kaum das einzige akademische Gebiet, das diesen Kräften unterliegt, aber angesichts des Ausmaßes von Anomalien, die das Universum immer noch enthält, ist die explizite und implizite Förderung konservativer Naturwissenschaft sowohl deprimierend als auch beunruhigend. Während es mir nicht einleuchtet, warum außergewöhnliche Behauptungen außergewöhnliche Belege erfordern (Belege sind doch Belege, oder?), glaube ich, dass ein außergewöhnlicher Konservatismus uns außergewöhnlich unwissend bleiben lässt. Anders ausgedrückt, das Gebiet braucht nicht noch mehr vorsichtige Detektive.

Wenn die Flamme der Forschung weiter leuchten soll, obliegt es leitenden Wissenschaftlern, nicht nur vielversprechende Nachwuchswissenschaftler um sich zu scharen, sondern auch eine Umgebung zu kultivieren, in der die nächsten Wissenschaftlergenerationen Entdeckungen ermöglichen können, obwohl diese von Natur aus unvorhersagbar sind. Angehende Naturwissenschaftler sind wie Streichhölzer, und der Kontext, in dem sie arbeiten, ist wie eine Streichholzschachtel – es nützt niemandem, wenn sie in dem Augenblick, wo man sie braucht, damit sie ein neues Feuer entfachen, an der Seite einer weich gewordenen Streichholzschachtel entlangstreifen. Eine seit Langem gelernte berufliche Lektion ist folgende: Wenn man neue Entdeckungen ermöglichen will, ist es hilfreich, neue Streichholzschachteln zu bauen.

• • •

Der naturwissenschaftliche Fortschritt wurde im Laufe der Jahre oftmals unterdrückt, weil die Torwächter, die die Orthodoxie begründeten und durchsetzten, glaubten, alle Antworten schon im Voraus zu kennen. Um das Offensichtliche auszusprechen, die Tatsache, dass Galilei unter Hausarrest gestellt wurde, änderte nichts an der Tatsache, dass sich die Erde um die Sonne bewegte. Aber wenn das die einzige Lektion ist, die wir aus jener Zeit ziehen, werden wir, so fürchte ich, nicht in der Lage sein, eine andere entscheidende Erkenntnis zu gewinnen. Unsere Schuld umfasst sowohl Galilei als auch die Behörden, die ihn mundtot machten. Es genügt nicht, Ersteren zu feiern. Wir müssen auch lernen, uns gegen Letztere zu wappnen.

Umgeben vom technischen Komfort des 21. Jahrhunderts, sehen sich die Naturwissenschaftler als Nachkommen Galileis anstatt als Nachkommen der Männer (es waren ausschließlich Männer), die ihn mundtot machten. Aber das ist ein Irrtum, der einem Naturwissenschaftler gleicht, der sich die Daten nach Belieben herauspickt. Unsere

Zivilisation ist nicht nur das Produkt unserer naturwissenschaftlichen Fortschritte, sondern auch jener Augenblicke, als aus irgendwelchen Gründen der Fortschritt verzögert wurde oder gar völlig zum Stillstand kam. Wir stehen heute dort, wo wir stehen, wegen der Männer und Frauen, die durch das Teleskop schauten, aber auch wegen der Männer und Frauen, die sich dagegen weigerten.

Die Naturwissenschaft ist eine laufende Arbeit, und die Suche nach naturwissenschaftlicher Erkenntnis hört niemals auf. Dieser Fortschritt folgt jedoch keiner geraden Linie, und die Hindernisse, denen man begegnet, sind manchmal von der Menschheit selbst gemacht. Leider wird die Demut, die unsere unaufhörliche Lernerfahrung begleitet, wie im Falle 'Oumuamuas, manchmal aus Überheblichkeit vergessen, ob sie nun von kirchlichen oder weltlichen Behörden oder manchmal von Naturwissenschaftlern geäußert wird, die voreilig einen Sieg erklären und annehmen, dass eine bestimmte Forschungsrichtung ihr Ende erreicht hat. Für Letzteres gibt es unzählige Beispiele. Eine kurze Stichprobe solcher Momente kann uns bei der Entscheidung helfen, ob wir die Tür für eine Hypothese, die von den Belegen im Hinblick auf 'Oumuamua gestützt wird, zu schnell schließen.

Ziehen wir in Betracht, dass 1894 der prominente Physiker Albert Michelson Folgendes behauptete, nachdem er die großen Fortschritte der Physik, die im späten 19. Jahrhundert errungen worden waren, betrachtet hatte: »Es ist wahrscheinlich, dass die meisten der großen zugrunde liegenden Prinzipien fest begründet wurden … Ein berühmter Physiker bemerkte, dass man nach den zukünftigen Wahrheiten der Physik an der sechsten Dezimalstelle suchen müsse.« Im Gegensatz dazu waren die Physiker im Laufe der folgenden Jahrzehnte Zeugen der Entstehung der Speziellen Relativitätstheorie, der Allgemeinen Relativitätstheorie und der Quantenmechanik, Theorien, die unser Verständnis der physikalischen Wirklichkeit revolutionierten und damit Michelsons Vorhersage widerlegten.

Auf ähnliche Weise argumentierte im August 1909 Edward Charles Pickering in einem Aufsatz, der im *Popular Science Monthly* erschien, dass Teleskope ihre optimale Größe erreicht hätten, nämlich 130 bis 180 Zentimeter, und dass es daher wenig Sinn hätte, Instrumente mit größeren Blenden zu bauen. »Viel mehr hängt von anderen Bedingungen ab, insbesondere von denen des Klimas, von der Art der zu leistenden Arbeit und mehr als alles andere von dem Mann hinter der Kanone«, schrieb Pickering. »Der Fall ist dem eines Schlachtschiffs nicht unähnlich. Würde ein 300 Meter langes Schiff immer ein 150 Meter langes Schiff versenken? Es scheint, als ob wir die Grenze für die Größe von Teleskopen fast erreicht hätten und als ob wir in einer anderen Richtung auf die nächste Verbesserung hoffen müssten.«

Pickering täuschte sich natürlich; Teleskope mit größeren Blenden sammeln mehr Photonen und ermöglichen Naturwissenschaftlern, weiter in den Kosmos hinaus- und tiefer in die Vergangenheit hineinzublicken. Pickering leitete das Observatorium des Harvard College von 1877 bis 1919, und seine unglücklichen Worte hatten daher eine Menge Gewicht, besonders an der Ostküste. Infolgedessen wurde die Westküste für die kommenden Jahrzehnte zum Zentrum der Beobachtungsastronomie in den Vereinigten Staaten.

Das geschah allmählich. Im Dezember 1908 erfasste George Ellery Hales 150-cm-Teleskop am Mount-Wilson-Observatorium in Kalifornien *first light*, erstes Licht. Dies lag in Pickerings erklärtem optimalen Spektrum, und selbst als Hales Teleskop mehr Ergebnisse lieferte, blieben Pickering und die Ostküste selbstzufrieden. Für Hale, der seinen eigenen Weg verfolgte, galt das nicht.

Hale baute bald ein 254-cm-Teleskop: Es nahm seinen Betrieb am Mount Wilson im Jahr 1917 auf und wurde von Edwin Hubble und Milton Humason kurz danach für die Bestimmung benutzt, dass das Universum expandiert – eine der bahnbrechenden Entdeckungen des 20. Jahrhunderts. Das 254-cm-Gerät war bis 1948 das größte optische Teleskop der Welt, als eines in Kalifornien am Mount Palomar Observatory in Betrieb genommen wurde, das eine doppelt so große Blende hatte. Während seiner langen Betriebszeit half das 508-cm-Palomarteleskop Astronomen dabei, Radiogalaxien und die aktiven galaktischen Kerne zu entdecken, die als Quasare bezeichnet und von Gas angetrieben werden, das in supermassive Schwarze Löcher fällt, neben vielen zusätzlichen neuen Lichtquellen.

Und Teleskope sind bis zum heutigen Tag immer größer geworden. Gegenwärtig sind etliche Instrumente mit einem Durchmesser von zehn Metern in Betrieb, und drei äußerst große Teleskope mit Blenden von 24,5 Metern (in Partnerschaft mit dem Observatorium des Harvard Colleges, was etwas von dem Boden wettmacht, den Pickering verloren hatte), 30 und 39 Metern sollen im nächsten Jahrzehnt in Betrieb gehen. Ihre großen Durchmesser werden eine noch nie erreichte Winkelauflösung bieten, und ihre großen Sammeloberflächen werden sie für schwache, zuvor unentdeckbare Quellen empfänglich machen. Pickering hatte sich aufgrund seiner Arroganz geirrt. Keine persönliche, sondern berufliche Arroganz. Er dachte, das, was seine Generation von Naturwissenschaftlern beobachtete, verstand und für interessant hielt, sei der Gipfel der Erkenntnis; es kam ihm nicht in den Sinn, dass der Aufstieg der Naturwissenschaft ein falscher Gipfel nach dem anderen ist.

Leider stand Pickering mit diesem besonderen Irrtum nicht allein. Tatsächlich handelt es sich um einen wiederkehrenden Fehler in der gesamten Wissenschaftsgeschichte. Im Jahr 1925 erwarb Cecilia Payne (die spätere Cecilia Payne-Gaposchkin) als erste Harvard-Studentin einen Doktorgrad in Astronomie (obwohl der Grad offiziell vom Radcliffe College verliehen wurde, da Harvard Frauen damals keine Doktortitel gewährte). Sie gelangte zu dem Schluss, dass die Atmosphäre der Sonne zum größten Teil aus Wasserstoff besteht. Als er ihre Dissertation begutachtete, hielt der hoch angesehene Leiter des Observatoriums in Princeton, Henry Norris Russell, dagegen, dass sich die Zusammensetzung der Sonne nicht von der der Erde unterscheiden könne, und brachte Cecilia davon ab, ihre Schlussfolgerung in die endgültige Version ihrer Doktorarbeit aufzunehmen. Während er sie in den folgenden Jahren anhand der Analyse neuer Beobachtungsdaten zu widerlegen suchte, wurde ihm klar, dass sie recht hatte.

Ein anderes Gebiet wurde ebenfalls durch Überheblichkeit am Fortschritt gehindert, als Mitte der 1950er Jahre Charles Townes starken Widerstand erfuhr. Er versuchte, die praktische Möglichkeit des Masers (Abkürzung für »microwave amplification by stimulated emission of radiation«, Mikrowellenverstärkung durch angeregte Abgabe von Strahlung) zu beweisen, der, nachdem er einmal gebaut war, Strahlung mit einer Frequenz, die für ein gegebenes Element typisch war, verstärken würde. Zwei Nobelpreisträger, Isidor Isaac Rabi und Polykarp Kusch, besuchten 1954 sein Labor an der Columbia University und flehten ihn an, seine Experimente mit Ammoniak zu beenden, wobei sie überzeugt waren, dass das Gerät nie funktionieren würde. Glücklicherweise blieb Townes standhaft, und Maser wurden zu zeitmessenden Vorrichtungen in Atomuhren und wurden häufig in Radioteleskopen und für die Kommunikation mit Weltraumfahrzeugen genutzt. In Zusammenarbeit mit einer Reihe von Naturwissenschaftlern leistete Townes mit Masern Pionierarbeit, die unmittelbar zur Entwicklung von Lasern führte.

Folgendes ist ein Beispiel aus jüngerer Vergangenheit. Ich fragte einmal einen prominenten Astronomen, der Objekte im Kuipergürtel untersucht – dem Ring, der aus vereisten Körpern jenseits der Umlaufbahn von Neptun besteht –, ob er nach Helligkeitsänderungen da draußen suche, die auf künstliches Licht hindeuten könnten. Er spottete allein schon über die Vermutung: »Wieso? Da gibt es nichts zu suchen.«

Das Establishment betrachtete Objekte aus dem Kuipergürtel (KBOs, Kuiper Belt objects) ursprünglich als imaginäre Konstrukte. Pluto war natürlich eine Ausnahme; als größtes KBO wurde er 1930 von Clyde Tombaugh entdeckt und für einen Planeten gehalten. Doch über ein halbes Jahrhundert später konnte der Astronom David Jewitt von der University of California in Los Angeles weder Teleskopzeit noch finanzielle Mittel bekommen, um nach KBOs zu jagen, weshalb er seine Suche mit anderen Projekten verknüpfte. Im Jahr 1992 entdeckten er und Jane Luu das erste KBO abgesehen von Pluto, indem sie das 223-cm-Teleskop auf dem Gipfel von Mauna Kea auf Hawaii benutzten.

In jedem Fall wurde ein Sprung nach vorn verhindert, und zwar nicht weil es an verfügbarer Technik oder an fantasievoller Neugier gemangelt hatte oder weil keine überprüfbaren Daten vorhanden waren. Die Verzögerung war auf die, häufig gut gemeinte, Überheblichkeit einflussreicher Torwächter zurückzuführen. Und so sehr wir jetzt die Wunder immer größerer, großartigerer Teleskope und die Welt der Möglichkeiten feiern, die durch sie eröffnet werden, was wäre die Folge gewesen, wenn Naturwissenschaftler diese Entdeckungen schon Jahre oder Generationen früher gemacht hätten?

• • •

Viele Naturwissenschaftler betrachten sich als eine ganz besondere Art, als Mitglieder einer Intelligenzelite. Bewusst oder unbewusst wollen sie sich vom Pöbel absondern. Ein solches Denken gibt zumindest teilweise Anlass zu einem Argument, das von vielen Naturwissenschaftlern, die ich kenne, bemüht wird, nämlich dass Naturwissenschaftler erst dann an die Öffentlichkeit herantreten sollten, wenn sie etwas mit Gewissheit herausgefunden haben. Wenn Laien von der chaotischen Wirklichkeit der Naturwissenschaft wüssten – dass sie voller Anfänge und Stillstände und Sackgassen ist –, würden sie jedes Ergebnis als vorläufig oder fragwürdig ansehen, so die Überlegung. Jeder bedeutende naturwissenschaftliche Konsens – wie beispielsweise der Einfluss von Menschen auf das Klima der Erde und die potenziell katastrophalen Folgen für uns und alles andere Leben auf der Erde – könnte, so fürchten manche Naturwissenschaftler, in Bausch und Bogen abgelehnt werden. Diese Strategie der Zurückhaltung hat den zusätzlichen Vorteil, dass es uns Naturwissenschaftler klüger erscheinen lässt, als wir tatsächlich sind, und sie begrenzt Kritik von außen, was ihren Reiz zusätzlich verstärkt.

Aber dieser Ansatz ist falsch. Es ist unsere Pflicht, die Öffentlichkeit auf dem Laufenden zu halten, und zwar nicht nur deshalb, weil so viel naturwissenschaftliche Forschung von Steuergeldern finanziert wird. Eine Öffentlichkeit, die nachhaltig informiert ist und sich für wissenschaftliche Fortschritte interessiert und begeistert, ist eine Öffentlichkeit, die nicht nur ihre finanzielle Unterstützung, sondern das Interesse und die Bemühungen ihrer Kinder, ihrer klügsten Köpfe, auf die verwirrendsten Herausforderungen richtet. In diesem Geist wird eine größere Offenheit gegenüber dem, was wir wissen und was nicht, die Glaubwürdigkeit der Naturwissenschaftler langfristig steigern. Die Öffentlichkeit bis zum Ende auszuschließen, kann auch zu Misstrauen führen. Schließlich stellen sich die Anomalien, mit denen wir zu tun haben, nicht allein den Naturwissenschaftlern. Sie stellen sich der ganzen Menschheit, und wenn es Durchbrüche gibt, dann sind sie zum Nutzen von jedermann, ganz so wie Fortschritte in der Medizin. Wir sollten der Welt unsere laufenden Arbeiten zeigen, insbesondere dann, wenn sie voller Ungewissheiten sind und von konkurrierenden Interpretationen aufgrund mangelnder schlüssiger Beweise hin und her geworfen werden; wir sollten jedermann sehen lassen, wie überrascht wir häufig von unseren Befunden sind.

Außerdem hatte die allgemeine Schmähung, mit der die akademische Welt dem Interesse von Undergraduates an SETI begegnete, eine abschreckende Wirkung auf das Interesse von Doktoranden. Einer Schätzung zufolge haben nur acht Forscher auf der ganzen Welt Promotionen über eindeutige SETI-Themen abgeschlossen. Aber das ändert sich wohl etwas. Während dies geschrieben wird, sind sieben Doktoranden auf dem Weg, einen Doktorgrad für Themen zu erlangen, die mit SETI verknüpft sind.[19] Welche Arten von Fragen und folglich welche Arten von Experimenten bei der Suche nach welchen Arten von Daten sollten wir bei der nächsten Generation von Astronomen fördern? Auch hier bekommen wir einen Anstoß durch 'Oumuamua, wenn uns daran liegt, aufmerksam zu sein. Der Verkehr an technischer Ausrüstung durch den interstellaren Raum mag zwar verblüffend sein, aber er ist nicht wahrnehmbar, bis wir Instrumente entwickeln, die empfindlich genug sind, um ihn zu entdecken.

Tatsächlich habe ich manchmal – mit einer Reverenz an Juri Milner – die Suche nach außerirdischem Leben als die ultimative Wagniskapitalinvestition wissenschaftlicher Forschung bezeichnet. Jede Suchmethode ist, ebenso wie Investitionen, riskant. Bei SETI haben wir zwar nur ein paar Hinweise auf die Eigenschaften der Nadel, die wir im Heuhaufen des Universums suchen, aber wenn irgendeine Nadel gefunden wird, wird der Ertrag gewaltig sein. Der Ertrag einer solchen Investition würde andere, enger gefasste wissenschaftliche Interessen bei Weitem in den Schatten stellen. Einfach nur zu wissen, dass wir nicht allein sind, würde die Menschheit verändern, ganz zu schweigen von dem Wissen, das wir aus einer solchen Entdeckung gewinnen würden.

Ich weiß, dass es, insbesondere für junge Naturwissenschaftler, schwer sein kann, für Ideen einzutreten, die vom Establishment als überspannt betrachtet werden. Am gegenwärtigen Punkt meines Lebens habe ich eine beträchtliche berufliche Stabilität sowie eine anlagebedingte Abneigung – die zumindest bis auf meinen ersten Schultag zurückgeht –, die Zustimmung anderer anzustreben. Trotzdem hätte ich vielleicht nicht die Hypothese vorgebracht, dass 'Oumuamua ein außerirdisches Lichtsegel ist – oder die Möglichkeiten dieser Hypothese erforscht –, wenn ich nicht deutlich auf die Zerbrechlichkeit des Lebens und das Zeitfenster, das jeder von uns jeweils dafür hat, um das Gemeinwohl zu fördern, aufmerksam gemacht worden wäre. Dafür war meine wissenschaftliche Arbeit über das Universum nur zum Teil verantwortlich.

8

UNERMESSLICHE WEITE

Mitten in der Lektüre einer Sherlock-Holmes-Geschichte vergisst man leicht den Blickwinkel von Holmes. Für ihn ist jeder einzelne Fall eben nur einer von vielen. Und Holmes' Bemerkung »Man eliminiere alle anderen Faktoren, und derjenige, der übrig bleibt, muss die Wahrheit sein« gilt für seine Deduktionsgewohnheiten, ob er es nun in *Das Zeichen der Vier*, »Die Beryll-Krone«, »Die Internatsschule« oder »Der bleiche Soldat« sagt.

In diesem Sinne sind produktive Astrophysiker fiktionalen Detektiven nicht unähnlich – obwohl nicht alle Anomalien gleich sind, ist es doch der Prozess, sie zu entwirren.

»Man eliminiere alle anderen Faktoren«, befiehlt Holmes. Und zufällig gibt es einen anderen Faktor, der für die Frage nach 'Oumuamuas Ursprüngen und Zweck relevant ist. Er hat nicht mit 'Oumuamua selbst zu tun, sondern mit dem Universum, das es bereist – ein Universum, das älter und umfangreicher ist als alles andere, das wir kennen. Sein hohes Alter und seine unermessliche Weite könnten tatsächlich den Schlüssel zur Lösung eines anderen von 'Oumuamuas Rätseln beinhalten.

• • •

Während eines Familienurlaubs am Cradle Mountain im Hochland von Zentraltasmanien ein Jahrzehnt vor der Entdeckung 'Oumuamuas ging ich nach dem Abendessen nach draußen und blickte nach oben. Da wir von den Knotenpunkten der Zivilisation so weit entfernt waren, gab es die gewöhnliche Lichtverschmutzung nicht, die den Ausblick von so vielen Gartengrundstücken auf der ganzen Welt verdirbt. Ich blickte in einen klaren Nachthimmel.

Es war überwältigend. Dort droben waren die zahllosen Sterne unserer Galaxie, der Milchstraße, aufgereiht und breiteten sich über den Himmel aus. Auf der Seite konnte ich die Großen Magellanschen Wolken und unseren nächsten Milchstraßennachbarn, die Andromeda-Galaxie, sehen, ein funkelnder, schillernder Fleck, der in etwa so groß wie der Mond zu sein scheint. Zum Teil erfreute ich mich an dem Anblick, weil ich mir der Tatsache bewusst war, dass er nicht zeitlos war. Es ist zwar reine Vermutung, ob die Menschheit noch existieren wird, um es zu erleben, aber mit Gewissheit währt das, was wir heute Nacht beim Blick in den Himmel sehen, genauso wenig ewig wie wir selbst.

Zu jener Zeit war ich besonders empfänglich für die Unbeständigkeit des Universums. Nur wenige Jahre zuvor hatte ich die originelle Idee der Simulation eines zukünftigen Zusammenstoßes zwischen der Milchstraße und Andromeda. Anknüpfend an frühere Aufsätze, in denen ich zeigte, dass die beschleunigte Ausdehnung des Universums unsere Heimatgalaxie in der Leere des Weltraums zurücklassen wird, faszinierte mich insbesondere unsere ferne kosmische Zukunft. Sobald das Universum um den Faktor zehn altert, werden alle entfernten Galaxien von uns schneller als mit Lichtgeschwindigkeit weggezogen werden, und die Menschheit wird nur noch in der Lage sein, die Sterne in unserer eigenen Galaxie zu beobachten. Wie würde diese Galaxie aussehen? Abgesehen von der vollkommen veränderten Ansicht des Nachthimmels könnte der gigantische Zusammenstoß mit Andromeda die Sonne an die Ränder der verschmolzenen Galaxie schleudern und unsere neue kosmische Nachbarschaft für die nächsten zehn Billionen Jahre begründen, bis das Licht von allen Sternen, einschließlich der blassesten und am meisten vorhandenen Zwergsterne wie Proxima Centauri, erloschen ist. Ich überzeugte meinen

Postdoktoranden T.J.Cox, diesen zukünftigen Zusammenstoß zu simulieren, und im Jahr 2008 berichteten wir, dass innerhalb weniger Milliarden Jahre, lange vor dem Tod der Sonne, sich unser Nachthimmel verändern wird und dass die Sterne aus den beiden Schwestergalaxien sich miteinander vermischen und dadurch eine neue, footballförmige Galaxie entstehen lassen werden, die wir als Milkomeda bezeichneten.

In jener Nacht in Tasmanien war es bemerkenswert, dass ich die Objekte meiner Untersuchungen identifizieren konnte. Die Milchstraße und Andromeda waren in einer leuchtenden Lichtkaskade über den Himmel gespritzt. Möglicherweise als Folge davon, dass ich sie so deutlich sah, empfand ich meinen Platz unter ihnen weitaus stärker als gewöhnlich. Das ist eine der Freuden der Astronomie. Im Unterschied dazu haben Elementarteilchenphysiker nicht das Privileg, das Higgs-Boson mit bloßem Auge zu sehen.

Aber meine Gedanken an jenem Abend waren nicht nur mit der Verwandlung unserer Galaxie in der fernen Zukunft beschäftigt. An erster Stelle stand für mich die Frage, wie die erste Generation von Sternen und Galaxien ganz zu Beginn unseres Universums aufleuchtete, also die Frage nach den wissenschaftlichen Details der Geschichte der Entstehung des Universums.

Die kosmische Dämmerung war meine erste Faszination als Astrophysiker. Mein Interesse begann während meiner Zeit in Princeton und nahm im Verlauf der Jahre schärfere Konturen an. Schließlich sollte meine Untersuchung dieses Rätsels beeinflussen, wie ich ein anderes Rätsel verfolgte, und nicht nur mein Denken über die Geschichte unseres Universums formen, sondern auch mein Denken über Zivilisationen, mit denen wir es möglicherweise geteilt haben.

Wenn Sie in einer klaren Nacht nach oben blicken, wie ich es vor all diesen Jahren in Tasmanien tat, sehen die zahlreichen sonnenartigen Sterne der Milchstraße wie die Lichter in der Hauptkabine eines riesigen Raumschiffs aus, das mit Passagieren in der Nähe von manchen dieser Lichter durchs Universum schwebt. Was können wir über diese

Passagiere anhand unserer kurzen Begegnung mit 'Oumuamua erfahren? Was können wir außerdem über uns selbst erfahren?

• • •

Wir datieren die Geburt des Universums, den Urknall, auf eine Zeit vor etwa 13,8 Milliarden Jahren. Faszinierende, aufschlussreiche Arbeiten wurden geleistet, die Theorien, Daten und bestätigte Annahmen hinsichtlich der frühesten Ursprünge des Universums hervorgebracht haben, unter anderem das allgemeine Einverständnis darüber, dass nach den ersten hundert Millionen Jahren alles in Dunkelheit gehüllt war. Das heißt, bis der erste Stern geboren wurde.

Wie entstanden die frühesten Sterne? Nach meiner Ankunft in Harvard im Jahr 1993 entwickelte ich mit Zoltan Haiman, meinem Doktoranden, und Anne Thoul, meiner Postdoktorandin, eine Theorie, die ihre Bildung erklären sollte.

Nach dem Urknall war die Materie mehr oder weniger gleichmäßig über das sich rasch ausdehnende Universum verteilt. Die Tatsache, dass sie *nahezu* gleichförmig verteilt war, ist entscheidend, denn an einigen Orten, so nahmen wir an, begann der Kosmos mit einer etwas größeren Dichte als der Durchschnitt. »Etwas« im Sinne von ein Hunderttausendstel dichter. Aber diese kleinen Störungen genügten. Sie reichten dafür aus, dass die Gravitation Materie in diese zunehmend dichteren Regionen ziehen konnte, und dass Gaswolken, die hauptsächlich aus Wasserstoffatomen bestanden, sich zusammenzuziehen begannen.

Mein Forschungsteam modellierte diese Vorstellung mit Papier und Bleistift, bis wir den Punkt erreicht hatten, an dem nur noch hoch entwickelte Computerhardware sie weiterführen konnte. Volker Bromm, damals Doktorand in Yale, nahm sich dieser Aufgabe an, und im Laufe der letzten beiden Jahrzehnte haben er und andere Theoretiker nachgewiesen, dass der Prozess, den wir für die Geburt von Sternen skizziert hatten, auch die frühen Galaxien hervorbringen konnte. Modelle und Theorien sind zwar außerordentlich wertvoll, doch

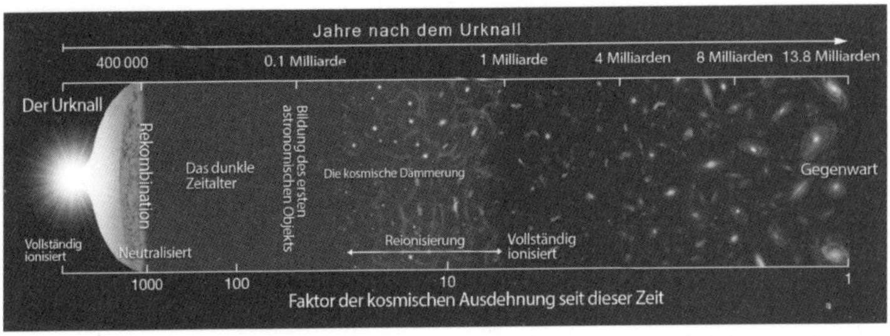

Zeitachse der Geschichte des Universums. Unser Sonnensystem bildete sich relativ spät, erst vor 4,6 Milliarden Jahren. Die moderne Technik erschien auf der Erde erst im Laufe des letzten Jahrhunderts, vor 0,0000001 Milliarden Jahren. Viele Zivilisationen könnten in Erscheinung getreten und wieder verschwunden sein, bevor wir unsere modernen Teleskoptechnologien zu ihrer Entdeckung entwickelten. Abbildung von Mapping Specialists, Ltd.

Daten, die beide beweisen, bleiben entscheidend. Ich wollte die Gaswolken sehen, die unsere Theorie vorhersagte, was bedeutete, nach Belegen zu suchen, die etwa dreizehn Milliarden Jahre alt waren.

Wenn Astrophysikdetektive mit den Herausforderungen des Maßstabs konfrontiert sind, die das Universum aufweist, können sie sich davon überwältigen lassen. Sie besitzen jedoch einen Trumpf, für den es in keiner anderen akademischen Disziplin eine Parallele gibt. Sie haben die Fähigkeit, in der Zeit zurückzublicken.

Da das Licht sich mit endlicher Geschwindigkeit bewegt, blicken wir umso weiter in die Zeit zurück, je weiter wir in den Raum sehen. Und da das Universum überall ähnliche Bedingungen aufwies, können wir durch einen tiefen Blick in den Raum hinein unsere eigene Vergangenheit sehen.

Je tiefer wir in den Raum hineinblicken, desto älter werden außerdem die Artefakte, die wir entdecken. Einen Stern anzusehen, der vier Lichtjahre entfernt ist, wie zum Beispiel Proxima Centauri, bedeutet, einen Stern anzusehen, wie er vor vier Jahren war. Aber wenn wir unsere Teleskope auf eine Galaxie richten, die 13 Milliarden Lichtjahre entfernt war, als ihr Licht abgestrahlt wurde, erlangen wir einen Eindruck vom Universum, wie es vor 13 Milliarden Jahren aussah. So weit in das »dunkle Zeitalter« des Universums zurückzublicken, in die Zeit, als sich die Gaswolken, aus denen die ersten Sterne entstanden, zusammenballten, ist eine gigantische wissenschaftliche Herausforderung. Sie zwingt uns auch, über die unfassbar großen Zeitskalen des Universums nachzudenken. Menschen leben heute im Durchschnitt fast 73 Jahre. Um gesehen zu haben, wie die ersten Lichter im Universum vor 13 Milliarden Jahren angingen, hätten wir fast 180 Millionen Lebensspannen lang leben müssen – eine Vorstellung, die besonders absurd ist, wenn wir in Betracht ziehen, dass die Erde erst 4,5 Milliarden Jahre alt ist und dass wir glauben, dass der Planet erst vor 3,8 Milliarden Jahren Grundlage für das Leben geworden ist.

Wenn sie in das Universum hineinblicken, werden die Astrophysiker auch der physikalischen Unermesslichkeit des Kosmos gewahr. Wir können Licht sehen, das zu einem früheren Zeitpunkt in der Geschichte des Kosmos abgestrahlt wurde. Das Universum ähnelt einer archäologischen Grabungsstätte, die um uns herum zentriert ist. Je tiefer wir schauen, desto älter sind die Schichten, die wir freilegen. Diese Zurschaustellung kosmischer Geschichte setzt sich ununterbrochen bis zum Rand der sichtbaren Sphäre um uns herum fort, bis zum Urknall, 13,8 Milliarden Jahre Reisezeit des Lichts. Licht, das seinen Ursprung jenseits dieses Randes hat, bräuchte länger als das Universum alt ist, um uns zu erreichen, und deshalb sind entferntere Regionen für uns nicht sichtbar.

Es ist sehr anmaßend, wenn wir annehmen, dass wir die einzige Intelligenz in diesem riesigen Kosmos sind. Auch wenn Leben, wie wir es kennen, und Leben, wie wir es nicht kennen, auf zahlreichen anderen Planeten existieren könnte, ist es doch äußerst wahrscheinlich, dass wir Überbleibsel außerirdischer Technologien begegnen werden, bevor wir einen Kontakt mit irgendeiner lebenden Zivilisation herstellen. Das müssen wir im Gedächtnis behalten, wenn wir über Erklärungen für die rätselhaften Eigenschaften interstellarer Objekte wie 'Oumuamua nachdenken.

• • •

Meine Erforschung der kosmischen Dämmerung trug zur Entstehung eines neuen Forschungsgebietes bei, das als »21-Zentimeter-Kosmologie« bezeichnet wurde. Es ist ein Zweig der Radioastronomie, der das Universum in drei Dimensionen kartiert anhand der Strahlung von Wasserstoffatomen, die ursprünglich eine Wellenlänge von 21 Zentimetern hatten, welche in der Folge durch die Ausdehnung des Kosmos gedehnt wurde.

Sie erinnern sich vielleicht, dass die Menschen dasselbe Meterwellen-Radiospektrum mit dem Lärm ihrer Fernsehgeräte, Radios, Handys und Computer füllen – eine Erkenntnis, die Matias Zaldarriaga und mich dazu anregte, die Frage zu stellen, ob andere fortgeschrittene Zivilisationen ebenfalls solche Geräusche aussenden würden. Doch ursprünglich interessierte ich mich für 21-cm-Emissionen als ein Mittel, in die Zeit zurückzublicken, lange bevor irgendeine Zivilisation möglich war. In dieser Phase meiner Laufbahn jagte ich nicht nach Außerirdischen; ich war auf der Jagd nach Wasserstoff.

Nach dem Urknall war Wasserstoff das bei Weitem am häufigsten vorkommende Element im Universum; das frühe Universum bestand zu etwa 92 Prozent aus Wasserstoffatomen und zu acht Prozent aus Heliumatomen. Doch zu diesem Zeitpunkt sandte der Wasserstoff im Universum keine Radiosignale aus, die wir heute entdecken können. Der Grund dafür ist, dass die überwältigende Mehrheit der gewöhnlichen Materie des Universums, der Wasserstoff, in der unmittelbar auf den Urknall folgenden Zeit des Feuers ionisiert war.

Neutrale Wasserstoffatome bestehen aus einem einzelnen Proton und einem einzelnen Elektron. Aber bei hohen Temperaturen und bei intensiver ultravioletter Strahlung werden sie aufgebrochen (ionisiert); das Wasserstoffatom gibt sein Elektron ab und existiert als ein einzelnes, positiv geladenes Proton. Dadurch ändert sich das Verhalten des Wasserstoffs – oder genauer die Art von Radiosignal, die er abgibt. Das Elektron, das an ein neutrales Wasserstoffatom gebunden ist, kann zwischen höheren und niedrigeren Energiezuständen wechseln und dabei ein Photon, oder ein Lichtteilchen, abgeben, und zwar in Form einer Radiowelle, die 21 Zentimeter lang ist. Ionisierter Wasserstoff kann das jedoch nicht.

Etwa 380 000 Jahre nach dem Urknall kühlte sich das Universum genügend ab, damit sich Elektronen und Protonen miteinander verbinden und neutrale Wasserstoffatome bilden konnten, und bis in diese Zeit zurück können wir auf die verräterische Signatur des Elements stoßen, 21 Zentimeter lange Radiowellen. Hunderte Millionen Jahre lang blieben Wasserstoffatome neutral, wechselten zwischen ihren höheren und niedrigeren Energiezuständen hin und her und sandten Wellen aus, bis Sterne und anschließend Galaxien sich zu bilden begannen – und der Wasserstoff im Universum von Neuem ionisiert wurde.

Sterne strahlen noch mehr als sichtbares Licht aus; sie geben auch ultraviolette Strahlung ab, die Wasserstoffatome in ihre Bestandteile, Elektronen und Protonen, aufspalten kann. Als die ersten Sterne leuchteten, reionisierten sie die neutralen Wasserstoffatome des Universums. Dies geschah weniger in einem Augenblick als in einem ganzen Zeitalter, einer langen Zeitdauer, in der ultraviolettes Licht von den frühesten Sternen und Schwarzen Löchern den dunklen Nebel des Universums aus Wasserstoff in Protonen und Elektronen aufspaltete. Doch die sich verändernde Chemie des Universums gab den Astrophysikern Daten, nach denen sie suchen können – nämlich das Fehlen von 21-cm-Emissionen. Ionisierte Wasserstoffatome senden keine solchen Radiosignale aus, aber neutrale Wasserstoffatome tun das.

Daher ist der Augenblick, in dem das 21-cm-Emissionssignal verschwindet, der Moment, in dem Sterne geboren werden. Wie die berühmte Sherlock-Holmes-Geschichte, die sich um den Hund dreht, der nicht bellte, wurde dieses naturwissenschaftliche Rätsel zum Fall des Wasserstoffs, der keine 21-cm-Emissionen mehr produzierte.

Während ich dies schreibe, wird nach Daten geforscht, die uns dabei helfen werden, genau zu bestimmen, wann die Sterne zu leuchten begannen. In Südafrika misst eine aus mehreren Antennen bestehende Anordnung namens Hydrogen Epoch of Reionization Array (HERA) gegenwärtig 21-cm-Emissionen aus dem frühen Universum.

Das Hubble-Weltraumteleskop identifizierte vor Kurzem eine Galaxie, die ihre Lichter genau 380 Millionen Jahre nach dem Urknall einschaltete. Und das James Webb Space Telescope – für dessen erste wissenschaftliche Beratergruppe ich vor Jahrzehnten tätig war – soll 2021 in Betrieb gehen und in der Lage sein, Galaxien aus noch früheren Zeiten zu finden. In Entwicklung sind das 24,5 Meter im Durchmesser große Giant Magellan Telescope, das Thirty Meter Telescope und das European Extremely Large Telescope, das einen Blendendurchmesser von 39 Metern hat.

Unsere Berührung mit den Daten aus diesen Bemühungen hat erst begonnen, und mit ihnen das Aussortieren von Erklärungen dafür, wie die Sterne zum Leuchten kamen. Wenn wir die Antwort entdecken, wird das unmittelbar für die Frage relevant sein, ob es eine andere als unsere Intelligenz da draußen in den Weiten des Weltraums gibt. Wenn 'Oumuamua das Produkt außerirdischer Technik ist, dann ist es so gut wie sicher, dass seine Konstrukteure ebenso in die schummrige Vergangenheit unseres gemeinsamen Universums blickten und dem ionisierten und neutralen Wasserstoff ebenfalls eine Bedeutung abgewannen. Neugierig genug zu sein, um den Weltraum in der Nachbarschaft des eigenen Sonnensystems zu erforschen, bedeutet zwangsläufig, neugierig auf das Universum zu sein – auf seine Eigenschaften, darauf, was seine Vergangenheit erklärt und seine Zukunft vorhersagt. Es ist nicht nur so, dass unsere eigene Neugier und unser Verhalten der beste Anhaltspunkt für die Neugier und das Verhalten von außerirdischem Leben sind. Es ist auch so, dass die Erkenntnisse der Naturwissenschaft uns die gemeinsame Sprache liefern werden, die wir brauchen, wenn wir die außerirdische Intelligenz verstehen und vielleicht sogar mit ihr kommunizieren wollen. Die Naturwissenschaft liefert uns außerdem ein Mittel dafür, dem, was wir entdecken, einen Sinn abzugewinnen, wie flüchtig und partiell es auch sein mag. Denn wenn wir es bauen können, ist die Wahrscheinlichkeit groß, dass eine andere Intelligenz, sofern sie da draußen existiert, dasselbe getan hat.

9

FILTER

Wenn die Lichtsegel-Hypothese zutrifft, gibt es zwei mögliche Erklärungen. Die eine ist, dass 'Oumuamuas Schöpfer absichtlich unser inneres Sonnensystem anpeilten; die andere ist, dass es sich bei 'Oumuamua um ein Stück Weltraumschrott handelt, das uns zufällig begegnete (oder dem wir zufällig begegneten). Jede dieser beiden Interpretationen könnte unabhängig davon zutreffen, ob die Zivilisation, die 'Oumuamua erschuf, heute immer noch existiert. Aber in Anbetracht der Dinge, die wir über das Universum und über Zivilisationen wissen, können wir einige Rückschlüsse darauf ziehen, welche Interpretation wahrscheinlich richtig ist und welche Auswirkungen sie für uns und für wen auch immer (oder was auch immer) bereithält, der (oder das) 'Oumuamua erschuf.

Die Weltraumschrott-Idee ist der Asteroiden/Kometen-Hypothese in einer bedeutenden Hinsicht ähnlich: Sie impliziert, dass 'Oumuamua Teil einer unglaublich zahlreichen Population ähnlicher Objekte ist. Jeder Stern in der Milchstraße würde im Durchschnitt eine Billiarde solcher Dinge in den interstellaren Raum schicken müssen, damit es vorstellbar würde, dass eines davon zufällig an unseren Teleskopen vorbeisauste, als wir sie auf den Himmel richteten. Das bedeutet alle fünf Minuten einen Start von jedem Planetensystem der Galaxie aus, und es setzt voraus, dass alle Zivilisationen ebenso lang wie die 13 Milliarden Jahre alte Milchstraße leben, was gewiss nicht der Fall ist.

Die Vorstellung, Zivilisationen könnten eine solche Dichte von Objekten herstellen, argumentieren Kritiker, scheint noch unvernünftiger zu sein, als alle Vermutungen, die sich auf die Bildung von Planeten und die Freisetzung von Material aus den äußeren Wolken beziehen, wodurch eine hinreichende Population von Gesteinsbrocken hervorgebracht würde. Um das Universum mit Weltraumschrott von einer solchen Dichte anzufüllen, müsste eine riesige Anzahl von Zivilisationen eine riesige Menge Zeit für den Ausstoß einer riesigen Menge von Material aufwenden. Sobald wir eine Intelligenz hinter der Konstruktion eines bestimmten Materials voraussetzen, müssen wir natürlich auch keine zufällige Verteilung von Material mehr annehmen. Schließlich schickten wir unsere fünf interstellaren Raketen auch nicht auf zufälligen Flugbahnen los. Wissenschaftler beschlossen, sie zu bestimmten Sternen zu schicken, und wir können erwarten, dass eine andere Intelligenz dasselbe tun würde.

Ebenso sollten wir die Falle vermeiden, uns interstellare Raumfahrzeuge als selten und kostbar vorzustellen, was unsere dürftigen fünf interstellare Sonden nahelegen könnten. Angesichts der Seltenheit, mit der die Menschheit Material in den interstellaren Raum hinausgeschickt hat, würde der hypothetische Überfluss, den ich angenommen habe, tatsächlich als unsinnig erscheinen.

Dieses Szenario scheint etwas weniger unsinnig, wenn wir es uns vor dem Hintergrund der potenziellen, hochgerechneten Ausstoßrate von StarChips durch die Starshot-Initiative vorstellen, die meine Kollegen und ich Juri Milner vorschlugen. Wir schätzen, dass die relativen Kosten für die Entsendung vieler Tausender, ja Millionen von StarChips in den interstellaren Raum exponentiell fallen, sobald die Investitionen getätigt wurden, mit denen ein hinreichend leistungsfähiger Laser gebaut und in den Weltraum geschickt werden kann.

Doch vielleicht ist der Überfluss interstellarer Raumfahrzeuge in dem Szenario, das ich gerade beschrieben habe, am einleuchtendsten, wenn wir zu unserer Plastikflasche zurückkehren.

• • •

Gegenwärtig verfolgt das Space Surveillance Network der Vereinigten Staaten über 13 000 von Menschen geschaffene Objekte, die die Erde umkreisen. Dazu gehört alles Mögliche, von der Internationalen Raumstation bis zu ausgedienten Satelliten, von Teleskopen, die weit oben die Erde umrunden wie Hubble, bis zu abgeworfenen Raketenstufen und sogar Hinterlassenschaften von Astronauten. Dazu gehören auch etwa 2500 Satelliten, die wir innerhalb von fünfzig Jahren in den Weltraum geschickt haben.

Tatsächlich haben unsere Bemühungen, Material in die Umlaufebene unseres Planeten zu schicken, in diesem kurzen Zeitfenster dazu genügt, Weltraummüll zu einem drohenden Problem werden zu lassen. Beispielsweise stießen im Jahr 2009 zwei Satelliten, Russlands ausrangierter Cosmos 2251 und Amerikas aktiver Iridium 33, mit annähernd 36 000 Stundenkilometern über Sibirien zusammen. Das Ergebnis war eine augenblickliche Trümmerwolke, die die Gefahr weiterer Zusammenstöße erhöhte. Dies war der erste bekannte Zusammenstoß zwischen Satelliten, und er unterstreicht die Gefahr einer zunehmenden Ansammlung von Müll, der um die Erde kreist.

Die Bedrohung durch Zusammenstöße ist jahrelang stetig gestiegen, was teilweise darauf zurückzuführen ist, dass immer mehr Staaten den Weltraum als ein neues Grenzland für Konflikte ansehen. Vor über einem Jahrzehnt demonstrierte China den Erfolg seiner Anti-Satelliten-Raketentechnik, indem es seinen eigenen Fengjun-IC-Wettersatelliten zerstörte. Indien gelang 2019 ein ähnliches Kunststück, indem es mehr oder minder weitere vierhundert Teile von Weltraumtrümmern erzeugte. Die Folge? Die Kollisionsgefahr für die Internationale Raumstation war einer Schätzung zufolge für zehn Tage um 44 Prozent gestiegen. Der Großteil des Mülls drang nach einer Zeit in die Erdatmosphäre ein und verglühte. Kein Wunder, dass die Station so gestaltet wurde, dass sie Gefahren auszuweichen sucht – vorausgesetzt es gibt ausreichende Vorwarnungen.

Die Handlungen von Menschen helfen uns bei der Vorhersage, was andere Zivilisationen wahrscheinlich tun. Wir sind auch weiterhin unsere beste Datenmenge, mit der wir uns das Verhalten anderer

Zivilisationen und die Folgen dieses Verhaltens vorstellen können. Mit dieser Idee im Hinterkopf sollten wir eine Computersimulation berücksichtigen, die beim Ausblick auf die nächsten zweihundert Jahre vorhersagt, dass unsere Handlungen die Menge von Weltraummüllobjekten, die größer als etwa zwanzig Zentimeter sind, um einen Faktor von 1,5 vervielfachen werden. Und kleinerer Müll wird noch stärker anwachsen. Die Simulation sagt vorher, dass die Anzahl von Objekten, die kleiner als zwanzig Zentimeter sind, sich um einen Faktor irgendwo zwischen 13 und 20 vermehren wird.

Diese Vermüllung des Weltraums stimmt bedauerlicherweise damit überein, wie die Menschheit ihren Wohnraum auf der Erde behandelt. Im Jahr 2018 veröffentlichte die Weltbank einen Bericht mit dem Titel »Was für ein Müll 2.0«,[20] in dem sie schätzte, dass die Welt pro Jahr 2,01 Milliarden Tonnen von Festmüll produziert. Außerdem berechnete die Weltbank, dass diese Zahl bis 2050 auf 3,4 Milliarden Tonnen ansteigen könnte. Im Jahr 2017 schätzte die US-amerikanische Umweltschutzbehörde, dass der durchschnittliche Amerikaner 4,51 Pfund Festmüll pro *Tag* erzeugt, und die Vereinigten Staaten sind dabei noch weit vom größten Müllproduzenten entfernt. Während die Vereinigten Staaten und China die meisten Treibhausgasemissionen produzieren, sind es die Länder mit niedrigerem Einkommen, die den meisten Festmüll produzieren, und zwar weil sie aufgrund der ökonomischen Verhältnisse nicht die Kapazitäten haben, ihn angemessen zu entsorgen.

Natürlich spielen vom Gesichtspunkt der Erde aus die *Ursprünge* des Festmülls auf der Welt keine Rolle. Der größte Teil endet ohnehin in den Weltmeeren.

Eine der am schnellsten wachsenden Kategorien von Müll ist das, was als E-Müll bezeichnet wird – ausrangierte Laptops, Handys und Haushaltsgeräte, die durch neuere Modelle ersetzt wurden. Im Jahr 2017 schätzte der Global E-Waste Monitor der Vereinten Nationen, dass die Welt im vorangegangenen Jahr 44,7 Millionen Tonnen Elektroschrott erzeugt hatte. Außerdem schätzte er, dass diese Zahl bis 2021 auf 52,2 Millionen Tonnen steigen wird.

An dieser Stelle bietet das Verhalten unserer Zivilisation abermals eine weitere Reihe von Belegdaten, die wir in Betracht ziehen können, wenn wir Fragen nach den Ursprüngen von ’Oumuamua stellen. Wenn wir annehmen, ’Oumuamua wäre keine funktionsfähige Sonde oder inaktive Boje gewesen, sondern vielmehr die ausrangierte oder gar entsorgte Technik einer anderen Zivilisation, dann deutet dies darauf hin, dass eine andere Zivilisation auf eine Weise handelte, mit der wir uns unmittelbar identifizieren können – dass sie wie wir verschwenderisch in ihrer Produktion von technischen und anderen Materialien waren, und dass sie sie ebenso wie wir einfach über Bord warfen, wenn sie veraltet waren. Nur weil wir noch nicht die Reife erlangt haben, Materialien in den interstellaren Raum zu entsorgen, sollte uns das nicht blind für die Möglichkeit machen, dass unsere interstellaren Nachbarn diese Reife erreicht haben könnten oder wahrscheinlicher noch, sie tatsächlich erreicht haben.

Müll, und zwar sowohl in seiner Feststoffform als auch in Form von Treibhausgasemissionen, ist auch aus einem anderen Grund eine nützliche Analogie: Er ist vielleicht eine Antwort auf die Frage, wie es dazu gekommen sein könnte, dass ’Oumuamua das Universum als Weltraummüll durchstreifte. Denn eine der Erkenntnisse von wegweisenden Physikern auf diesem Gebiet – Männern wie Frank Drake, dessen berühmte Gleichung unsere Chancen quantifiziert, ein Lichtsignal einer fortgeschrittenen Zivilisation aus dem Weltraum zu entdecken – besteht darin, dass der größte Teil technischer Zivilisationen, die je existierten, jetzt tot sein könnte.

• • •

Enrico Fermi war einer der Giganten der Physik des 20. Jahrhunderts. Zu seinen Leistungen gehört die Entwicklung des ersten Kernreaktors, und da er am Manhattan Project und der Herstellung der ersten Atombombe maßgeblich beteiligt war, kann er mit einem gewissen Recht die unverzügliche Beendung der Kriegshandlungen mit Japan am Ende des Zweiten Weltkriegs für sich beanspruchen.

Gegen Ende seiner sagenumwobenen Laufbahn, beim Mittagessen mit seinen Kollegen, stellte Fermi eine einfache, provozierende Frage: Wie erklären wir das Paradoxon, dass angesichts der Unermesslichkeit des Universums die Wahrscheinlichkeit außerirdischen Lebens hoch zu sein scheint, es aber keine sicheren Belege für etwas anderes als das Leben auf der Erde gibt? Wenn das Leben im Universum verbreitet ist, fragte er, »wo sind sie dann alle?«

Im Laufe der Jahre wurden viele Antworten formuliert. Eine ist besonders faszinierend und besonders relevant für das sich entfaltende Rätsel von ʼOumuamua und die Konsequenzen, die es für uns hat.

Im Jahr 1998 veröffentlichte der Ökonom Robin Hanson einen Aufsatz mit dem Titel »The Great Filter – Are We Almost Past It?« (Der große Filter – sind wir schon fast über ihn hinaus?). Vielleicht war die Antwort auf Fermis Paradoxon, so Hanson, dass im gesamten Universum der eigene technische Fortschritt einer Zivilisation auf überwältigende Weise deren Zerstörung vorhersagt. Genau der Moment, in dem eine Zivilisation unsere Stufe des technischen Fortschritts erreicht – das Zeitfenster, in dem sie ihre Existenz dem übrigen Universum signalisieren und Raumfahrzeuge zu anderen Sternen schicken kann –, ist auch der Moment, in dem ihre technologische Reife zu ihrer eigenen Zerstörung ausreicht, ob durch Klimawandel oder nukleare, biologische oder chemische Kriege.

Hansons gedankliche Übung besitzt genügend Plausibilität, dass die Menschheit gut daran täte, die Frage des Titels seines Aufsatzes zu erwägen: Nähert sich die menschliche Zivilisation ihrem eigenen Filter?

Es wäre keine geringe Ironie, wenn Fermi die Lösung für seine eigene Paradoxie wäre, denn mit Fermis Hilfe entwickelten wir vor sieben Jahrzehnten Atomwaffen. Aber auch ohne Atomwaffen bewegen wir uns in Richtung Selbstzerstörung, indem wir das Klima verändern. Der Anstieg von Resistenzen gegen Antibiotika, der auf viele Faktoren zurückgeht, gewiss aber auch auf die weitgehend wahllose Verwendung von Antibiotika in der industriellen Landwirtschaft und beim Viehbestand, stellt ebenfalls eine Bedrohung dar. Dasselbe gilt für Pandemien, die durch den Angriff unserer Industrie auf das Ökosystem unseres Planeten beschleunigt und verschlimmert werden.

Es ist durchaus vorstellbar, dass die nächsten paar Jahrhunderte unserer Zivilisation ihre letzten sein werden, wenn wir nicht vorsichtig sind. Wenn das der Fall ist, könnten die Ausstrahlungen, die wir von unseren Radios und Fernsehgeräten in das Universum abgegeben haben – die sich nach außen ausdehnende Blase von Geräuschen, mit deren Erzeugung die Menschheit erst vor einem Jahrhundert begann –, und die fünf interstellaren Raumfahrzeuge, die wir bereits losgeschickt haben, am Ende durchaus das Gegenstück zu den Knochen von Dinosauriern hier auf der Erde sein – Belege für etwas, das einst gewaltig und außergewöhnlich war und jetzt nur noch Material für die Archäologen anderer Zivilisationen ist.

Wir müssen uns nicht weit umschauen, um zu ermessen, wie der große Filter funktionieren könnte. Der kleine Filter unserer eigenen Sterblichkeit und der Kontext jüngerer Geschichte liefern uns nützliche Daten.

Die Familie meines Vaters hatte ihre Wurzeln sieben Jahrhunderte lang in Deutschland. Mein Großvater Albert Loeb kämpfte tapfer im Ersten Weltkrieg und überlebte die Schlacht um Verdun im Jahr 1916. Diese eine Schlacht, die längste des Krieges, hat schätzungsweise 143 000 deutsche Soldaten bezogen auf eine Gesamtopferzahl von 337 000 getötet. Das tote und verwundete Militärpersonal des gesamten Krieges bewegt sich zwischen 15 und 19 Millionen; wenn man Todesopfer unter den Zivilisten hinzuzählt, steigt diese Zahl auf etwa 40 Millionen.

Mein Großvater zeichnete sich während dieser Auseinandersetzung in der Kavallerie aus und bekam einen Orden verliehen, der ungefähr ein Jahrzehnt später nur noch wenig bedeutete. Bei einer Stadtversammlung, die 1933 im Landkreis Netze-Waldeck abgehalten wurde, wo die Familie meines Großvaters lebte, behauptete ein Mitglied der Nazi-Partei lautstark, die Juden des Landes würden Deutschlands Ressourcen aufbrauchen. Mein Großvater stand auf und stellte sich dem Mann entgegen: »Wie können Sie es wagen, diese Worte zu sagen, wenn Sie persönlich als Kommunist im Krieg den Wehrdienst verweigerten, während ich an der deutschen Front war?« Der Sprecher erwiderte: »Wir alle wissen von Ihrem Einsatz fürs Vaterland, Herr Loeb; ich habe von den anderen Juden gesprochen.« Aber die steigende Flut von bösartigem Antisemitismus in Deutschland und sogar in einem Großteil Europas war erkennbar.

Nach diesem öffentlichen Wortwechsel beschloss mein Großvater, Deutschland zu verlassen. Er warf den Orden weg und emigrierte 1936 in das damals von den Briten kontrollierte Palästina, das heutige Israel. Andere Zweige der Familie blieben in Deutschland, weil sie glaubten, abwarten zu können, was geschehen würde, und sich an die Überzeugung klammerten, dennoch mit den letzten Zügen aus Deutschland ausreisen zu dürfen. Unglücklicherweise führten diese Züge damals schon anderswohin, und meine 65 Familienangehörigen wurden alle im Holocaust getötet.

In Erinnerung an seine Tapferkeit und Lauterkeit bewahre ich noch immer Alberts Taschenuhr von vor einem Jahrhundert auf. Sie trägt dieselben Initialen wie meine eigenen, was ebenfalls eine Art Mahnung ist. Die Ursachenkette, die uns hierherbrachte, ist in der Tat fragil.

• • •

Die geheimnisvolle Geschichte von ’Oumuamua begann kurz nach dem Tod meines Vaters im Januar 2017 und wurde in der Zeit immer größer, als sich die Gesundheit meiner Mutter verschlechterte. Bei ihr wurde im Sommer 2018 Krebs diagnostiziert, und sie verstarb im Januar 2019.

Mein Vater David wurde in derselben roten Erde zur Ruhe gebettet, in der er sein ganzes Leben lang Bäume gepflanzt hatte, in der Nachbarschaft der Plantagen, die er regelmäßig bewässerte, in der Nähe des Hauses, das er mit seinen rauen Händen gebaut hatte und in dem ich aufwuchs, umgeben von den Menschen, die er liebte und die ihn wiederliebten, unter dem blauen Himmel, den ich als Astronom erforsche. Meine Mutter Sara, die mich dazu brachte, wie ein Philosoph zu denken, mit der ich während meines ganzen Erwachsenenalters täglich sprach und die mir insbesondere das Leben des Geistes geschenkt hat, wurde zwei Jahre später neben ihm bestattet.

In der Astronomie stellen wir fest, dass die Materie im Laufe der Zeit neue Formen annimmt. Die Materie, aus der wir bestehen, wurde im Kern eines benachbarten massereichen Sterns produziert, der explodierte. Sie ballte sich zusammen und ließ so die Erde entstehen, die die Pflanzen ernährt, welche unsere Körper mit Nahrung versorgen. Was sind wir also, wenn nicht einfach flüchtige Formen, die für einen kurzen Moment von ein paar Materiekörnchen in der Geschichte des Kosmos auf der Oberfläche eines von so vielen Planeten angenommen werden? Wir sind unbedeutend, nicht nur, weil der Kosmos so unermesslich ist, sondern auch, weil wir selbst so winzig sind. Jeder von uns ist bloß eine vorübergehende Struktur, die kommt und geht und im Geiste anderer vorübergehender Strukturen aufgezeichnet wird. Und das ist alles.

Der Tod meiner Eltern machte mir diese und andere grundlegende Wahrheiten über das Leben deutlich. Wir sind nur für kurze Zeit hier und folglich sollten wir uns und andere besser nicht täuschen. Lassen Sie uns ehrlich, aufrichtig und ehrgeizig bleiben. Auf dass unsere Beschränktheiten – insbesondere die begrenzte Zeit, die jedem von uns gegeben ist – Demut fördern mögen. Auf dass der kleine Filter, der die Dauer unseres eigenen Lebens darstellt, für uns ein zugänglicher und ernüchternder Kontext für Hansons großen Filter sein möge, der das Ende unserer Zivilisation darstellt. Durch mangelnde Achtsamkeit, Sorgfalt und praktische Intelligenz haben sich die Menschen als nur allzu unbekümmert erwiesen, wenn es darum ging, das Leben ihrer Mitmenschen zu beenden.

Von allen Lektionen, die wir von 'Oumuamua lernen, könnte die wichtigste darin bestehen, dass wir es den kleineren Filtern des Krieges und der Umweltzerstörung nicht erlauben dürfen, sich zu einem großen Filter zu entwickeln. Wir müssen größere Achtsamkeit, Sorgfalt und praktische Intelligenz walten lassen, um unsere Zivilisation zu erhalten. Nur so können wir uns selbst retten.

Während meines Militärdienstes gab es eine Formulierung, die man uns bei der Infanterieausbildung lehrte: *den eigenen Körper auf Stacheldraht legen*. Manchmal, wenn er mit außergewöhnlichen Umständen konfrontiert ist, muss ein Soldat sich freiwillig auf Stacheldraht legen und seinen Mitsoldaten damit ermöglichen, seinen Körper zu benutzen, um unbeschadet auf die andere Seite zu gelangen. Ich bin nicht so großspurig, meine Erfahrung für das Gegenstück zum Opfer eines solchen Soldaten zu halten. Doch wenn ich mir das Schreckgespenst des großen Filters vor Augen halte und stets an die Schatten derjenigen denke, die mir vorausgingen und die ihrerseits Opfer gebracht haben, um die gemeinsame Sache der Menschheit voranzubringen, finde ich das Bild inspirierend.

Hiervon bin ich überzeugt: Die dünnen Fäden, die die an die Erde gebundene Zivilisation der Menschheit, wie sie heute existiert, mit dem Versprechen der möglichen interstellaren Zivilisation der Menschheit verbindet, wie sie morgen existieren könnte, wird man nicht zusammenhalten können, indem man konservative Vorsicht walten lässt. Mit den Worten von Rabbi Nachman von Breslow: »Die ganze Welt ist nichts als eine ganz enge Brücke, und das Entscheidende besteht darin, sich überhaupt nicht zu fürchten.«

• • •

Am 1. September 1939, drei Jahre nachdem mein vorausschauender Großvater Nazi-Deutschland verließ, marschierte Deutschland in Polen ein, und ein Großteil unserer Erde befand sich im Krieg. Es sollte weitere acht Monate dauern, bevor Winston Churchill seine Rolle als Kriegs-Premierminister des Vereinigten Königreichs übernahm. In der Zwischenzeit warnte Churchill sein Land und die Welt unaufhörlich vor der Drohung, die Adolf Hitler und ein militaristisches Deutschland darstellten.

Churchill setzte auch einen seiner geschätzten Zeitvertreibe fort: das Schreiben. In jenem Jahrzehnt verfasste er unter anderem eine vierbändige Biografie des ersten Herzogs von Marlborough und zahlreiche Stellungnahmen und Artikel für Zeitungen und Zeitschriften. Ein Thema, für das er sich besonders interessierte, war die Naturwissenschaft (Churchill wurde der erste britische Premierminister, der einen zivilen Wissenschaftsberater für die Regierung ernannte), und seine populärwissenschaftlichen Essays berührten alles Mögliche, von der Evolution über die Fusionskraft bis zu Außerirdischen.

Im Jahr 1939, als die Welt um ihn herum zusammenbrach, schrieb Churchill einen Aufsatz mit dem Titel »Sind wir allein im Weltraum?«. Er veröffentlichte ihn nie; das Zusammentreffen von Ereignissen, das ihn auf den Höhepunkt seines politischen Einflusses brachte, schob auch diesen Essay beiseite und hielt ihn jahrzehntelang unter Verschluss. Ein Krieg wurde ausgefochten und gewonnen, bevor Churchill seinen Aufsatz wieder hervorholte. In den 1950er Jahren gab er ihm den genaueren Titel »Sind wir allein im Universum?«. Als Churchill starb, war er jedoch immer noch unveröffentlicht, und man brachte ihn unrezipiert und unkommentiert ins US-amerikanische National Churchill Museum, bis er 2016 entdeckt wurde.

Es ist zu schade, dass Churchills ungewöhnlicher Essay niemals veröffentlicht wurde, denn er enthält Ideen, die ihrer Zeit weit voraus waren, und ein Gefühl für Perspektive, das damals ebenso wie heute bitter notwendig war. Churchill bekundete die Bescheidenheit eines Generalisten, als er sich fragte, wie einzigartig die Sonne und unser Planetensystem wohl seien, und schrieb: »Ich bin nicht eingebildet genug, um zu meinen, dass meine Sonne die einzige mit einer Familie von Planeten ist.«[21] Er war außerdem scharfsinnig. Jahrzehnte vor der Entdeckung von Exoplaneten gelangte Churchill zu dem Schluss, es sei gerechtfertigt zu glauben, dass eine große Anzahl von Planeten »in passender Entfernung von ihrer Elternsonne [existierten], um eine geeignete Temperatur aufrechterhalten zu können«, sowohl Wasser als auch eine Atmosphäre besaßen und daher möglicherweise die Grundlage für Leben abgeben könnten. Angesichts der Ausdehnung des Weltraums und der Anzahl von Sonnen, die es darin gibt, so Churchill, »ist die Wahrscheinlichkeit riesig, dass es eine äußerst große Anzahl an Sonnen geben muss, die von Planeten umgeben sind, deren Umstände Leben nicht unmöglich machen«. Und obwohl er gegenüber interstellaren Reisen skeptisch eingestellt war, räumte Churchill ein, dass es »in der nicht allzu fernen Zukunft möglich sein könnte, zum Mond zu reisen oder gar zur Venus oder zum Mars«.

Die düstere Note des Artikels ist nicht für die Möglichkeit außerirdischen Lebens im Universum oder gar die Fähigkeit der Menschheit reserviert, andere Planeten zu erreichen, sondern vielmehr für die Menschheit selbst. »Ich jedenfalls bin nicht so ungemein beeindruckt von dem Erfolg, den wir aus unserer Zivilisation hier auf der Erde machen«, schrieb Churchill, »dass ich bereit bin zu denken, dass wir der einzige Fleck in diesem gewaltigen Universum sind, der lebendige, denkende Wesen enthält, oder dass wir der höchste Typ geistiger und körperlicher Entwicklung sind, der jemals in der unermesslichen Spanne von Raum und Zeit erschienen ist.«

Als ich vor einigen Jahren erstmals von Churchills Aufsatz hörte, konnte ich nicht anders, als mich auf ein Gedankenexperiment einzulassen. Der die Erde umspannende Krieg, der kurz nach der Niederschrift von Churchills Essay ausbrach, wird auf Kosten von 1,3 Billionen US-Dollar geschätzt – das Äquivalent von etwa 18 Billionen US-Dollar in heutiger Währung. Es gibt keine zuverlässigen Aufzeichnungen für eine genaue Schätzung der Anzahl von Menschen, die infolge des Krieges starben, und Gelehrte streiten sich darüber, welche Todesfälle eindeutig dem Krieg selbst zugeschrieben werden können, aber der Umfang liegt zwischen vierzig und hundert Millionen Menschen.

Was wäre gewesen, wenn die Menschheit in den 1940er Jahren stattdessen 1,3 Billionen US-Dollar – ganz abgesehen von der Kunstfertigkeit, dem Fachwissen, den Muskeln und dem Geist von vierzig bis hundert Millionen Menschen – auf die Erforschung des Universums verwendet hätte? Was, wenn der Kollektivgeist sich nicht der Zerstörung und den Anstrengungen zugewandt hätte, die in der Entwicklung von Atomwaffen gipfelten, sondern sich stattdessen damit befasst hätte, irdisches Leben in das Sonnensystem zu schicken und dann in die dahinter liegende Weite? Was, wenn die menschliche Zivilisation aus Demut und durch die Anwendung der wissenschaftlichen Methode zu dem Schluss gelangt wäre, dass ihre eigene Existenz die Existenz anderer Zivilisationen im Universum wahrscheinlich macht? Was, wenn 1939 und im Verlauf des nächsten Jahrzehnts die Menschheit sich auf die Erforschung des Weltraums und die Entdeckung außerirdischen Lebens ausgerichtet hätte anstatt auf die gewaltige Auslöschung von Leben hier auf der Erde?

Wenn es ein Multiversum gibt und wenn eine solche Version der menschlichen Zivilisation in ihm existiert, dann sage ich voraus, das es ihr zumindest gelang, 'Oumuamua zu fotografieren und vielleicht sogar zum Zweck der gründlichen Untersuchung einzufangen. Vielleicht waren jene Menschen nicht einmal überrascht von dem, was sie fanden, denn auf ihrer Version der Erde hätte die Breakthrough Initiative schon Jahrzehnte früher begonnen, und folglich wären sie schon im Besitz der Information, die von Lasern angetriebene Lichtsegel-Raumschiffe auf ihrem Vorbeiflug an Proxima Centauri gesammelt hätten. Gewiss wären sie schon länger dabei, über eine Lösung nachzudenken, wie sich der Fortbestand des Lebens nach dem unvermeidlichen Tod unserer Sonne sichern ließe. Ich vermute auch, dass ihre Strände weniger mit Müll übersät wären.

Ich bin sicher, dass es zumindest eine Ähnlichkeit zwischen jener Erde und unserer gibt. Ich wette, dass ihre Historiker die ausschlaggebende Generation – jene, die 1940 das Ganze in Bewegung brachte – als ihre größte bezeichnen.

Leider sind wir Bewohner *unserer* Erde und haben die kollektive Aufgabe, unsere menschliche Zivilisation zu erhalten. Unter allen Gedankenexperimenten, die die Theoretiker des Multiversums uns anbieten, ist das produktivste folgendes: Was werden wir als Bewohner des einen Universums tun, das sich uns unmittelbar darbietet?

Während ich dies schreibe, betrachte ich den Baum, der von meinem Wohnzimmerfenster aus zu sehen ist. Sind wir eine Zivilisation, die den beschädigten Ast verbindet und ihm so ermöglicht, zu genesen und zu wachsen? Oder sind wir eine Zivilisation, die ihn entweder ignoriert oder abbricht und damit diesen Möglichkeitszweig für immer beendet?

Welche Entscheidung wir auch treffen, wir wetten mit dem Einsatz des Lebens unserer Kindeskinder. Wenn die einzigen Hypothesen, die wir für 'Oumuamuas exotische Eigenschaften in Erwägung ziehen können, die natürlichen, aber statistisch unwahrscheinlichen sind – wenn wir nicht wie Sherlock Holmes die einfachste übrig bleibende Erklärung für die gesammelten Daten in Betracht ziehen können –, dann tun wir möglicherweise etwas Schlimmeres, als einfach nur den nächsten Sprung unserer Zivilisation nach vorn zu verzögern. Wir könnten auf den Abgrund zusteuern als eine Zivilisation unter vielen und vielleicht als eine, die nicht einmal so fortgeschritten war, als dass sie Bojen als Visitenkarten im gesamten Universum hinterlassen hätte.

10

ASTROARCHÄOLOGIE

Wenn wir zu dem Schluss gelangen, dass Zivilisationen im Laufe der sehr langen Geschichte des Universums, vielleicht aufeinanderfolgend, in Erscheinung treten und dann wieder verschwinden, dann wäre das eine düstere Warnung für unsere eigene Zivilisation.

Es wäre aber auch eine Chance.

Als Naturwissenschaftler und als Spezies könnten wir unsere Detektivarbeit und Suche nach den Überbleibseln toter Zivilisationen maßschneidern. Selbst eine indirekte Entdeckung solcher Belege könnte eine wichtige Lektion für uns sein – nämlich dass wir die Kurve kriegen müssen, wenn wir ein ähnliches Schicksal vermeiden wollen.

Wie gesagt, könnte sich das als 'Oumuamuas tiefgründige Flaschenpost erweisen, eine Botschaft, die zu lesen wir uns hartnäckig weigern. Eine angemessene Auseinandersetzung mit ihr wird meiner Meinung nach von uns verlangen, dass wir aufhören, uns die Astronomie einfach als Untersuchung von Materie im Raum vorzustellen, und sie als ein detektivisches und interdisziplinäres Unternehmen ansehen.

Wir brauchen dringend einen neuen Zweig der Astronomie, nämlich so etwas wie *Weltraumarchäologie*. Ähnlich wie Archäologen, die die Erde aufgraben, um beispielsweise etwas über die Maya-Gesellschaft zu erfahren, müssen Astronomen nach technischen Zivilisationen suchen, indem sie im Weltraum graben.

Was diese Astroarchäologen finden könnten, ist zwar eine fesselnde Vorstellung, aber das ist nicht der wichtigste Grund, diese Forschung ernst zu nehmen. Sie könnte durchaus Erkenntnisse beinhalten, die uns in neue wissenschaftliche und kulturelle Richtungen bewegen – und vielleicht unsere Zivilisation zu einer der ganz wenigen machen, die den großen Filter überschreiten.

• • •

Erinnern wir uns daran, dass eine der größten Schwächen der Drake-Gleichung – der Formel, die dabei helfen sollte, Diskussionen über intelligentes außerirdisches Leben zu moderieren – ihr kurzsichtiger Fokus auf Kommunikationssignale war, die nur eine der auffindbaren Spuren sind, die andere Zivilisationen hinterlassen könnten. Frank Drake definierte die erste Variable dieser Gleichung, *N*, als die Anzahl von Spezies in unserer Galaxie, die die für interstellare Kommunikation notwendige Technologie besitzt; er definierte die letzte Variable der Gleichung, *L*, als die Zeitdauer, während der solche Spezies in der Lage sind, aufspürbare Signale zu produzieren. Kurz, seine Gleichung wurde eingeklammert von der Annahme, dass absichtliche Kommunikationsbemühungen die einzige Möglichkeit seien, wie außerirdische Zivilisationen aufgespürt werden könnten.

Es gibt jedoch viele Möglichkeiten, wie außerirdische Zivilisationen ihre Existenz auch unabsichtlich ins All hinausposaunen können, und indem wir neue Technologien entwickeln, erhöht sich die Anzahl immer neuer Wege, die für die Suche nach diesen Belegen zur Verfügung stehen. Wie sollten wir unseren Suchbereich neu definieren? Oder anders ausgedrückt: Wonach sollten wir suchen? Und wo sollten wir nachsehen?

Die erste dieser Fragen ist, glaube ich, relativ leicht zu beantworten. Wir wissen, dass Lebensformen aller Art durch sogenannte Biosignaturen identifiziert werden können – zum Beispiel die starke Vermehrung von Algen oder Verschmutzungen, die lebende Organismen in ihrer Umgebung hinterlassen. Daher können wir zusätzlich zur Suche nach Spuren technisch fortgeschrittenen außerirdischen Lebens auch nach empirischen Beweisen für weniger weit entwickeltes außerirdisches Leben suchen, wie beispielsweise Mikroben, entweder lebendige oder solche, die schon lange tot sind.

Die erste Frage führt daher zu einer zweiten, detaillierteren Frage: Nach welcher Art von Leben sollten wir suchen, nach fortgeschrittenem oder primitivem? In einem Aufsatz, den ich mit meinem Postdoktoranden Manasvi Lingam schrieb, schätzten wir die Wahrscheinlichkeit, primitives versus intelligentes außerirdisches Leben unter der bloßen Verwendung von modernen Teleskopen (damals gehörte das James Webb Space Telescope, der Nachfolger des Hubble-Weltraumteleskops, dazu) zu finden. Im Grunde war das ein Versuch zu bestimmen, welcher Teil der Bemühungen von Astroarchäologen auf die Suche nach Biosignaturen und welcher Teil auf die Suche nach Technosignaturen verwendet werden sollte. Diese Übung trug dazu bei, mein Denken über die Frage, die ich oben stellte, zu schärfen: Wonach sollten wir suchen?

Dieses Projekt erforderte, dass wir uns durch eine Anzahl äußerst ungewisser Variablen hindurcharbeiteten, unter denen sich mehrere befanden, die Antworten im Sinne bester Schätzungen verlangten. Beispielsweise mussten wir bestimmen, um wie viel seltener intelligentes Leben als das Leben von Mikroben ist, um wie viel weiter entfernt wir eine Technosignatur gegenüber einer Biosignatur entdecken könnten und wie lange beide Arten von Signaturen entdeckbar wären. Unsere Auswahl von Variablen spiegelte auch unsere Sorge um den großen Filter wider, obwohl wir eine optimistische Vermutung darüber anstellten, wie lange die Art von außerirdischer technischer Intelligenz, nach der wir suchen, überleben würde – wir setzten sie auf ein Jahrtausend fest.

Optimismus ist eine Vorbedingung für naturwissenschaftliche Arbeit, habe ich festgestellt, aber in diesem Fall ging der Optimismus auch in unsere tatsächlichen Berechnungen ein. In mehr als einer Hinsicht gilt Folgendes: Je pessimistischer man ist, desto geringer ist die Aussicht, intelligentes Leben zu finden. Man bedenke auch, dass wir in dem eben beschriebenen Szenario sowohl die Zeitdauer schätzen müssen, in der Intelligenz entdeckt werden könnte, als auch eine andere damit verbundene Variable: die Dauer, in der *unsere* Intelligenz existieren würde und daher nach der anderen suchen könnte.

Abgesehen davon muss man zugeben, dass die Entdeckung von primitivem oder mikrobiellem Leben nicht dasselbe wäre wie die Entdeckung von intelligentem außerirdischen Leben. Beides würde zwar die Auffassung der Menschheit von sich selbst grundlegend verändern, aber Belege für eine technische Intelligenz hätten eine größere Wirkung. Wenn man erfährt, dass andere und möglicherweise sogar weiter entwickelte intelligente Zivilisationen existieren oder uns vorangingen, dann würde uns das dazu zwingen, eine demütigere Einstellung gegenüber dem Universum und unseren Leistungen einzunehmen.

Letztlich gelangten wir zu dem Schluss, dass die Wahrscheinlichkeit der Entdeckung intelligenten Lebens annähernd zwei Größenordnungen kleiner war als die Entdeckung primitiven Lebens. Doch wir schlussfolgerten ebenfalls, dass beide Suchen gleichzeitig unternommen werden sollten, wenn auch mit bedeutend mehr finanzieller Förderung für die Suche nach primitivem Leben, da wir erwarteten, dass es zahlreicher sei. Darüber hinaus würde die Existenz intelligenten Lebens die Aussicht darauf, auch mikrobielles Leben zu finden, enorm steigern.

Wonach sollten wir also suchen? Mit einem Wort: nach *Leben*. Wir sollten uns nur darauf gefasst machen, den einen Typ früher als den anderen zu finden.

Wo sollten wir danach suchen? Die Antwort auf diese Frage ist kniffliger und komplizierter – aber am Ende vielleicht vertrauter. Denn sie erfordert, dass wir mit der irdischen Abiogenese beginnen: dem Ursprung des Lebens auf unserem Planeten.

• • •

Das Gebiet der Erforschung des Ursprungs des Lebens entsteht gerade. Obwohl wir eine Menge über einen bestimmten Aspekt, nämlich die Abiogenese auf der Erde, wissen, ist unser Wissen eine Insel in einem weiten Meer der Unwissenheit. Doch es gibt Gründe dafür, verhalten optimistisch hinsichtlich der Frage zu sein, wohin unser Wissen steuert.

Während ich dies schreibe, nähern wir uns einem Verständnis dessen, wie die ersten Zellen, die Bausteine des Lebens, Replikations- und Stoffwechselfunktionen erwarben, und einer Erklärung dafür, wie die Vorläufer von Biomolekülen, wie Proteine und Kohlenhydrate, von einem gemeinsamen Ausgangspunkt aus synthetisiert und zusammengesetzt wurden. Und obwohl wir nicht wissen, ob das außerirdische Leben auf dieselben Bausteine zurückgreifen würde, die auf der Erde zur Entstehung von Leben führten, stattet uns unser zunehmendes Verständnis davon, wie das Leben auf der Erde entstand, besser dafür aus, über die Häufigkeit der Abiogenese anderswo nachzudenken.

Bei der Suche nach außerirdischem Leben ist keine Frage wichtiger als die, ob das Leben weitgehend deterministisch und ziemlich wahrscheinlich oder eine Folge zufälliger und unwahrscheinlicher Ereignisse ist. Mit anderen Worten, führen dieselben Grundbedingungen immer zur Entstehung von Leben? Oder war das Erscheinen von Leben auf der Erde ein außergewöhnliches Vorkommnis, das sehr unwahrscheinlich noch einmal geschieht?

Zahlreiche Forschungsgebiete machen an allen Fronten bei diesen Fragen Fortschritte. Während dies geschieht, spielt eine einfache Beobachtung eine große Rolle: Die einzige, reichhaltige Datenquelle, die wir besitzen – nämlich die Erde – ist erstaunlich fruchtbar. Die Faktoren, die es dem Leben ermöglichten, auf der Erde zu erscheinen, wobei unter diesen die Entfernung der Erde von der Sonne entscheidend ist, hatten nicht einfach nur ein paar wenige Mikroorganismen zur Folge, die sich um hydrothermale Quellen auf dem Meeresboden drängten. Sie brachten eine Fülle von Leben mit einer so mannigfaltigen Komplexität hervor, dass die heutige Flora und Fauna auf einem ganzen Zeitalter von Reptilien ruhen, die ihnen vorangingen. Es scheint der Gipfel der Überheblichkeit zu sein, wenn wir glaubten, dass dieses wimmelnde Leben auf eine einzige blaue Murmel in der gesamten Weite des Universums beschränkt wäre.

Fast alles Leben auf der Erde hängt von der Sonne ab. Nicht umsonst haben Menschen sie von der Morgenröte unserer Zivilisation an bis zum letzten Mal, als Sie eine Stunde auf einem Strandhandtuch faulenzten, angebetet. Wir sind buchstäblich Stoff der Sterne; die Materie, aus der wir bestehen, wurde im Kern eines explodierenden Sterns hergestellt, aus dem sich dann Planeten wie die Erde bildeten, aus dem dann das Material allen Lebens auf der Erde wurde, einschließlich Ihrer und meiner Person. Und ohne die Wärme und das Licht der Sonne gäbe es keine Pflanzen, keinen reichlich vorhandenen Sauerstoff, kein Leben, wie wir es kennen.

Es ist keine Übertreibung zu behaupten, dass die Mehrheit des komplexen vielzelligen Lebens auf der Erde direkt oder indirekt von der Existenz der Sonne abhängt. Aber was sollte die Suche nach außerirdischem Leben dieser Tatsache entnehmen? Wie können wir die bekannte Gewissheit, dass die Sonne bewusstes, geistiges Leben unterstützt, unsere Suche nach Leben anderswo anleiten lassen?

Wenn wir wüssten, ob die Sonne anomal ist oder nicht, würde uns das eine Menge darüber sagen, wie anomal (oder nicht) das Leben ist, das sie unterstützt. Wenn die Sonne in jeder Hinsicht ein typischer Wirtsstern und das Vorhandensein bewussten Lebens in seiner Nachbarschaft außergewöhnlich selten, wenn nicht gar einzigartig ist, dann ist unsere Existenz höchstwahrscheinlich das Ergebnis von Zufall und tatsächlich ungewöhnlich. Aber wenn die Sonne in bestimmten Hinsichten atypisch ist, dann sind vielleicht diese atypischen Eigenschaften für das Leben notwendig und machen unsere Existenz weniger zufällig und weniger einzigartig. Dadurch hätte wiederum unsere Suche nach außerirdischem Leben weniger Zufallscharakter, denn wir würden Gründe dafür haben, Sterne zu untersuchen, die unserem eigenen ähnlich sind.

Tatsächlich ist das Sonne-Erde-System in zwei eindeutigen Hinsichten anomal. Erstens ist es durch die Masse der Sonne – die 333 000-mal so groß wie die der Erde ist – massiver als 95 Prozent aller bekannten Sterne. Und obwohl dadurch unser Interesse an der Suche nach Leben auf Planeten, die statistisch häufiger vorkommende

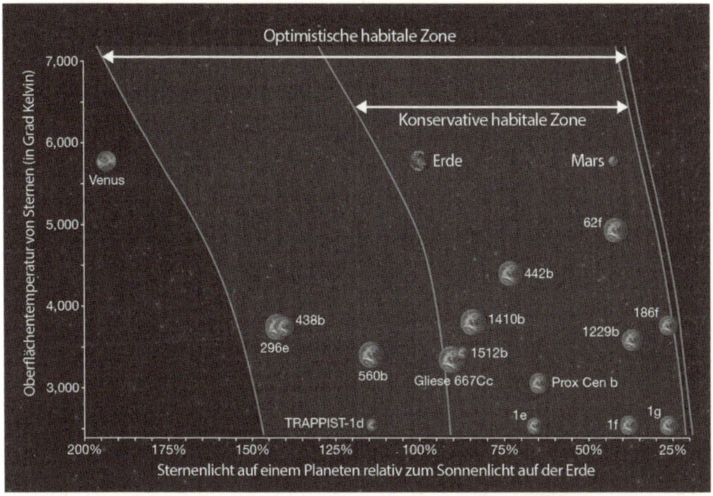

Grenzen der habitablen Zonen in der Umgebung von Sternen mit unterschiedlichen Oberflächentemperaturen (vertikale Achse). Sie reichen von den am häufigsten vorkommenden Zwergsternen, wie Proxima Centauri, bis zu seltenen Riesensternen, wie Eta Carinae. Die horizontale Achse zeigt den Fluss des Lichts, das auf die Oberflächen der Planeten relativ zum Sonnenlicht auf der Erde scheint. In dem Schaubild sind verschiedene bekannte Planeten bezeichnet. Der nächste habitable Planet außerhalb unseres Sonnensystems, Proxima b, erscheint rechts unten. Abbildung von Mapping Specialists, Ltd.

Sonnen umkreisen, nicht ausgeschlossen wird, werden wir angesichts begrenzter Ressourcen von Zeit und Geld dazu ermuntert, nach Sternen zu suchen, die besonders massiv sind, so wie derjenige, der uns erhält.

• • •

Die Eigenschaften der Sonne ermutigen uns, unsere Suche nach außerirdischem Leben – zumindest anfänglich – auf Sterne zu richten, die unserem eigenen ähnlich sind. Die Eigenschaften der Erde leiten unsere Suche ebenfalls, und zwar insbesondere dann, wenn es darum geht, diejenigen Planeten auszuwählen, die zuerst untersucht werden sollen.

Die beobachtbaren Daten von der Erde, dem einen Planeten, von dem wir wissen, dass er eine dichte und komplexe Biosphäre unterstützt, ermöglichen uns, eine Auswahlliste von Merkmalen zusammenzustellen, nach denen wir auf anderen Planeten suchen sollten. Doch von zentraler Bedeutung unter allen Parametern, die für die Bewohnbarkeit der Erde wesentlich sind, ist die Existenz von flüssigem Wasser.

Flüssiges Wasser, das häufig als universelles Lösungsmittel bezeichnet wird, ist ideal dazu geeignet, Energie in die Zellen hinein- und Abfallprodukte aus ihnen herauszutransportieren, und es wurde kein Leben auf der Erde entdeckt, das ohne es existieren könnte. Tatsächlich ist es so wichtig für das Leben, dass Astronomen es dazu benutzen, die habitable Zone um jeden Stern herum zu definieren, die durch die Entfernung der Umlaufbahn des Planeten vom Zentrum des Sonnensystems gemessen wird. Bei der Bestimmung von Planeten, die sich in der genau richtigen Entfernung von einem Stern befinden, ist diejenige Zone, in der das Wasser weder gefriert noch verdampft, der Ausgangspunkt des Astroarchäologen, wenn er nach außerirdischen Zivilisationen jagt.

Wie sich herausstellt, bietet uns das Universum eine Fülle von Orten, an denen man suchen könnte.

Im Laufe der letzten beiden Jahrzehnte haben wir erfahren, dass das Universum zahlreiche Exoplaneten enthält (der technische Begriff für jeden Planeten, der außerhalb des Sonnensystems vorkommt). Diese Flut von Entdeckungen begann 1995, als die Astronomen Michel Mayor und Didier Queloz als Erste maßgebliche Beobachtungsbelege für einen Exoplaneten fanden – ein nahe an seinem Wirtsstern gelegener, jupiterartiger Planet, 51 Pegasi b, der einen sonnenähnlichen Stern umkreist –, nämlich aufgrund der Bewegung dieses Sterns in der Sichtlinie, während der Exoplanet um ihn kreiste. Ihre bahnbrechende Arbeit läutete das neue Zeitalter der Jagd auf Exoplaneten ein und führte dazu, dass ihnen 2019 der Nobelpreis verliehen wurde.

Die grundlegenden Umrisse dieser Forschung waren eigentlich nicht neu; sie wurden vier Jahrzehnte zuvor von dem Astronomen Otto Struve entworfen, der vorschlug, dass die Jagd nach außerirdischen Planeten auf nutzbringende Weise Gasriesen anvisieren könnte, die um ihre Elternsterne in engen Umlaufbahnen sausen, große Welten, die ihre Sterne innerhalb von ein paar Erdentagen umkreisen. Die Existenz solcher Planeten, so argumentierte Struve in einem Aufsatz von 1952, wurde durch Belege dafür nahegelegt, dass manche Doppelsterne (ein Paar aus Sternen, die sich im Zentrum eines einzelnen Sternensystems befinden) um ihr gemeinsames Massezentrum auf ähnliche Weise herumschaukeln. Und diese großen Exoplaneten sollten relativ leicht anhand ihres starken Gravitationszugs auf ihren Wirtsstern oder ihre Abschirmung von Licht während der Transite vor der Oberfläche des Sterns zu entdecken sein.

Doch Struves Aufsatz wurde ignoriert, ebenso wie sein Vorschlag, nach nahe an ihrem Wirtsstern gelegenen jupiterartigen Planeten zu suchen. Die Wissenschaftler, die in den Ausschüssen für die Zuteilung von Beobachtungszeit für bedeutende Teleskope saßen, behaupteten, dass man im Allgemeinen verstehe, warum Jupiter so weit von der Sonne entfernt ist, und sie sahen keinen Grund, Teleskopzeit für die Suche nach Exo-Jupitern zu verschwenden, die ihrem Wirtsstern viel näher wären. Ihr Vorurteil bremste den wissenschaftlichen Fortschritt um Jahrzehnte.

Sobald Exoplaneten als Teil des Mainstreams legitimiert waren, beschleunigte sich ihre Entdeckung rasch. Innerhalb eines Jahrzehnts nach der Entdeckung von 51 Pegasi b wurden Hunderte anderer Exoplaneten identifiziert. Mit dem Start des Kepler-Weltraumteleskops der NASA im Jahr 2000, das für den ausdrücklichen Zweck gebaut worden war, Exoplaneten zu identifizieren, ist diese Zahl beim Schreiben dieses Buches auf 2350 gesprungen, und 2420 weitere Kandidaten warten auf Bestätigung. Darüber hinaus wissen wir jetzt, dass etwa ein Viertel aller Sterne von Planeten umkreist werden, die so groß wie die Erde sind und die gleiche Oberflächentemperatur haben, Planeten, die flüssiges Wasser – und die Bausteine der Chemie des Lebens – auf ihrer Oberfläche aufweisen könnten.

Der Überfluss an Exoplaneten, auf die wir unsere Beobachtungsinstrumente richten könnten, erinnert mich an eine verbreitete jüdische

Tradition am Sederabend: das Verstecken eines Stücks Matze, das als Afikoman bezeichnet wird. Die Aufgabe der Kinder des Haushalts besteht darin, es zu finden, und wer es findet, erhält eine Belohnung.

Als Kind lernte ich – und daran denke ich jetzt als Erwachsener auf dem entstehenden Gebiet der Astroarchäologie –, dass die Frage »Wo soll man suchen?« wichtiger ist als die Frage »Wonach genau suchen wir?«. Zudem lernten meine Schwestern und ich auch rasch, dass die besten Orte, an denen man mit der Suche beginnen sollte, die Orte waren, an denen der Afikoman in der Vergangenheit versteckt worden war.

Heute leitet dieselbe Strategie die Suche nach außerirdischem Leben. Die meisten unserer Teleskope und Beobachtungsinstrumente suchen nach empirischen Beweisen für Leben auf steinernen Planeten mit Merkmalen – von denen das wichtigste flüssiges Wasser ist –, die mit dem Ort übereinstimmen, von dem wir wissen, dass es dort Leben gibt: der Erde.

Aber ist das alles, was wir tun können? Gibt es nicht noch andere Orte, an denen wir suchen könnten, auch wenn wir uns auf die Umlaufbahnen außerirdischer Sterne beschränken?

• • •

Exoplaneten, die der Erde ähnlich zu sein scheinen, sind nicht die einzigen Orte, an denen wir nach Leben suchen könnten. Zusätzliche Forschungen, die ich mit meinem Postdoktoranden Manasvi Lingam durchführte, deuten auf einen anderen äußerst vielversprechenden Ort hin, an dem man nach der Chemie des Lebens suchen könnte: in der Atmosphäre sogenannter Brauner Zwerge.

Braune Zwerge sind klein und haben weniger als sieben Prozent der Masse unserer Sonne. Und da sie nicht genügend Masse haben, als dass sie die Kernreaktionen unterstützen könnten, die dafür verantwortlich sind, dass andere Sterne so hell (und so heiß) brennen, können sie sich auf die Temperatur von Planeten abkühlen. Das könnte dazu führen, dass flüssiges Wasser auf den Oberflächen kleiner Festkörperteilchen in den Wolken existiert, die einen Braunen Zwerg umkreisen.

Wir bräuchten nicht bei Braunen Zwergen stehen zu bleiben. Wir sollten auch die Untersuchung von Grünen Zwergen in Betracht ziehen, Zwergsterne, die den verräterischen »roten Rand« im reflektierten Licht zeigen, der ein Beleg für Photosynthese betreibende Pflanzen ist. Nach unseren Berechnungen könnten Grüne Zwerge, die sonnenartige Sterne umkreisen, unsere beste Wette für die Lokalisierung eines astrobiologischen Afikomans sein.

Grüne Zwerge, Braune Zwerge und Exoplaneten in der habitablen Zone von Sonnen – diese Optionen erschöpfen keineswegs die Möglichkeiten für Astroarchäologen, insbesondere dann, wenn man Zivilisationen voraussetzt, die technisch weitaus fortgeschrittener sind als unsere eigene. Aber in diesem Stadium der Suche nach außerirdischem Leben, in dem unsere Theorienbildung, Beobachtungswerkzeuge und Erkundungsbemühungen noch relativ stark in den Kinderschuhen stecken, sind das die bestmöglichen Ziele für uns. Das heißt, außerhalb unseres Sonnensystems.

• • •

Auch wenn wir darüber nachdenken, im interstellaren Raum nach Leben zu suchen, müssen wir doch zugeben, dass wir die Möglichkeiten innerhalb unseres eigenen Sonnensystems nicht erschöpft haben; Astroarchäologen sollten auch nach Belegen für außerirdisches Leben im Hinterhof unseres Planetensystems suchen.

Wir könnten damit beginnen, nach technischer Ausrüstung zu suchen, die durch unser Sonnensystem schwebt. Ebenso wie wir 'Oumuamua aufgespürt haben, könnten wir andere künstliche Objekte entdecken, die von anderen Sternen stammen – und schlüssige Beweise für sie finden. Im ersten Jahrhundert unserer eigenen technischen Revolution schickten wir Voyager 1 und 2 aus unserem Sonnensystem hinaus. Wer weiß, wie viel mehr solcher Objekte eine fortgeschrittene Zivilisation gestartet haben könnte?

Die einfachste Möglichkeit, außerirdische vorbeifliegende Technik zu entdecken, besteht darin, unter der nächsten, größten, hellsten Laterne – der Sonne – zu suchen. Genau wie bei 'Oumuamua liefert uns das Sonnenlicht wertvolle Informationen über die Form und Bewegung von Objekten, und es macht sie auch besser sichtbar. Bei dieser Suche brauchen wir alle Hilfe, die wir bekommen können, weil unsere Werkzeuge im Augenblick für das Aufspüren von Objekten wie 'Oumuamua relativ primitiv sind.

Wie ich am Anfang dieses Buchs erklärte, haben die Teleskope, die 'Oumuamua entdeckten, diese Entdeckung zufällig gemacht; sie wurden alle entworfen, gebaut und eingesetzt, um andere Dinge zu erreichen. Die ersten Weltraumarchäologen werden ebenfalls vorhandene astronomische Werkzeuge zu anderen Zwecken verwenden müssen, zumindest bis zu dem Zeitpunkt, an dem die Welt sie mit Instrumenten versorgt, die explizit für ihre Zwecke konstruiert werden.

In der Zwischenzeit besteht für uns vielleicht die einfachste Methode, nach außerirdischer Technik in unserem Sonnensystem zu suchen – und gewiss auch die beste Chance dafür, sie in die Finger zu bekommen –, darin, ein Verfahren zu finden, sie bei ihrem Zusammenstoß mit der Erde zu entdecken. Das würde erfordern, dass wir eine Möglichkeit finden, die Atmosphäre der Erde zur Suche nach künstlichen Meteoren zu nutzen. Wenn das Objekt größer als ein paar Meter ist, könnte es einen übrig bleibenden Meteoriten hinterlassen, der – wenn wir ihn entdecken und verfolgen könnten – die ersten greifbaren Belege für außerirdische Technik liefern könnte.

Wir können auch die Oberflächen von Mond und Mars nach Trümmern außerirdischer Technik absuchen. Gleichgültig, ob wir den Mond (der keine Atmosphäre oder geologische Aktivität aufweist) mit einem Museum, einem Briefkasten oder einem Müllcontainer vergleichen, eines können wir mit Sicherheit sagen: Er speichert alle Objekte, die in den letzten Milliarden Jahren in seine Oberfläche eingeschlagen sind. Ohne dass wir uns auf die Suche machen, werden wir jedoch nie wissen, ob er das Äquivalent einer Statue, eines Briefs, von Müll – oder gar nichts beinhaltet.

Wir brauchen uns auch nicht auf die Oberflächen von Planeten zu beschränken. Jupiter könnte zum Beispiel als gravitatives Fischernetz dienen, das interstellare Objekte einfängt, die sich in der Nähe von ihm vorbeibewegen. Angesichts der gegenwärtigen Scheuklappen von Wissenschaftlern im Hinblick auf das, was es da draußen gibt, nehmen sie an, dass sie nur natürliche Gesteinsbrocken oder vereiste Körper wie Asteroiden und Kometen auffinden werden. Und zweifellos ist das auch die Mehrheit von dem, worauf wir stoßen würden. Aber vielleicht ist es nicht alles, worauf wir stoßen würden.

Angesichts der reichlichen Belohnung, die ein solcher Fund darstellen würde, sollten wir die Anstrengung unternehmen. Ja, es wird sehr viel teurer und sehr viel weniger gewiss als gängige Untersuchungen sein, aber ein solches Unternehmen wäre von derselben Art wie ein Strandspaziergang, bei dem meine Familie Muschelschalen untersucht. Vielleicht werden die Weltraumarchäologen von morgen das Gegenstück zu einer Plastikflasche einer außerirdischen Zivilisation finden.

• • •

Je mehr wir die Archäologen von morgen mit Werkzeugen bewaffnen, desto weiter können sie ihre Suche ausdehnen. Wie ich in Zusammenarbeit mit Ed Turner postulierte, kann man vom Rand unseres Sonnensystems aus nach künstlichem Licht suchen, das seinen Ursprung in fernen Städten (oder vielleicht riesigen Raumschiffen) hat. Man kann eine künstliche Lichtquelle von einem Objekt, das Sonnenlicht reflektiert, anhand der Art und Weise unterscheiden, wie es dunkler wird, während es sich von uns wegbewegt. Eine Quelle, die ihr eigenes Licht produziert, wie eine Glühbirne, wird umgekehrt zum Quadrat der Entfernung dunkler, wohingegen ein entferntes Objekt, das Sonnenlicht reflektiert, umgekehrt zur vierten Potenz der Entfernung dunkler wird.

Ein solches Werkzeug, das Weltraumarchäologen mit großer Wirkung nutzen könnten, ist die hoch entwickelte Geräteausstattung am Vera C. Rubin Observatory. Dieses Weitfeld-Spiegelteleskop soll seine Vermessung des Himmels 2022 aufnehmen. Neben der Kartierung der

Milchstraße und der Messung eines schwachen Gravitationslinseneffekts, wodurch mögliche Erkenntnisse über dunkle Energie und dunkle Materie geliefert werden sollen, erwartet man, dass es den Katalog von Objekten im Sonnensystem, den die Menschheit besitzt, um einen Faktor von zehn bis hundert steigert. Das Vera C. Rubin Observatory ist weitaus empfindlicher als jedes andere Vermessungsteleskop einschließlich Pan-STARRS – das natürlich 'Oumuamua entdeckte.

Mit unserer neu erworbenen Fähigkeit, weiter über das Sonnensystem hinauszuschauen als jemals zuvor, könnten wir nach der Umverteilung von künstlichem Licht oder Wärme auf der Oberfläche eines Planeten suchen. Wenn wir die Beschränkungen der Drake-Gleichung durchbrechen, könnten wir nach Technosignaturen schauen, die über bloße Kommunikationssignale hinausgehen. Um zu sehen, wie das funktionieren könnte, betrachten wir einen Exoplaneten, den wir bereits sehen.

Der in seiner Rotation mit der des Zentralsterns synchronisierte Planet Proxima b umkreist die habitable Zone von Proxima Centauri, dem Stern, der am nächsten an unserer Sonne liegt. Als meine Kollegen und ich an der Starshot-Initiative arbeiteten, war es Proxima b, den wir als mögliches Ziel für unsere Lichtsegel identifizierten. Obwohl er von der Größe der Erde ist, zeigt der steinerne Proxima b seinem Stern immer dieselbe Seite. Vielleicht erinnern Sie sich daran, dass meine jüngere Tochter darauf hinwies, dass es sinnvoll wäre, auf einem solchen Planeten zwei Häuser zu besitzen, eines auf der Seite, auf der ständig Tag herrscht und wo es immer heiß und hell ist, und ein anderes auf der Seite, auf der ständig Nacht herrscht und es immer kalt und dunkel ist.

Doch eine fortgeschrittene Zivilisation könnte eine technisch raffiniertere Lösung finden. Wie ich in einem Aufsatz mit Manasvi Lingam erörterte, könnten die Bewohner des Planeten die Oberfläche der Tagseite mit fotovoltaischen Zellen bedecken, die genügend Elektrizität generieren würden, um die Nachtseite zu erhellen und zu erwärmen. Wenn wir unsere Instrumente auf einen solchen Planeten fokussieren würden, könnte uns das variierende Ausmaß des Lichts von seiner Oberfläche, während er sich um seinen Stern herumbewegt, einen Hinweis darauf geben, ob ein globales Ingenieursprojekt von dieser Art stattgefunden hat, und die Solarzellen auf der Tagseite würden ebenfalls einen charakteristischen Reflexionswert und eine bestimmte Farbe hervorbringen. Untersuchungen mit dem Ziel, das eine oder das andere Phänomen ausfindig zu machen, lassen sich einfach dadurch durchführen, dass man das Licht und die Farbe des Planeten beobachtet, während er seinen Wirtsstern umkreist.

Das ist nur ein Beispiel für das Spektrum verräterischer Signale, auf die Weltraumarchäologen ihre Instrumente ausrichten könnten. Wie unser eigener Planet nahelegt, könnten sie nach Anzeichen für industrielle Umweltverschmutzung in fernen Atmosphären suchen. (Tatsächlich schrieb ich mehrere Jahre, bevor 'Oumuamua in unserem Sonnensystem erschien, einen Aufsatz mit meinem Studenten Henry Lin und dem Atmosphärenexperten Gonzalo Gonzales über die Suche nach industrieller Umweltverschmutzung in der Atmosphäre von Exoplaneten als Signatur für fortgeschrittene Zivilisationen.) Und obwohl die Verschmutzung der Atmosphäre durch einen Schadstoffmantel ein Signal für das Scheitern einer Zivilisation sein könnte, dem Filter zu entkommen, könnte es auch die Bemühungen einer anderen Zivilisation signalisieren, einen Planeten absichtlich zu erwärmen, der ansonsten zu kalt wäre, oder einen Planeten abzukühlen, der für zu heiß gälte. Astroarchäologische Ausgrabungen, die Lichtjahre entfernt von ihren Untersuchungsobjekten durchgeführt werden, könnten außerdem die Suche nach künstlichen Molekülen, wie beispielsweise Fluorchlorkohlenwasserstoffe (FCKWs), beinhalten. Lange nachdem eine Zivilisation erloschen ist und daher aufgehört hat, absichtliche Signale zu senden, werden bestimmte Moleküle und Oberflächenwirkungen einer industriellen Zivilisation immer noch da sein.

Der Sandkasten der Weltraumarchäologie reicht natürlich bis zum Rand des Universums. Es gibt keinen Grund, unsere Suche auf Planeten zu beschränken. Vor diesem Hintergrund könnten einige Naturwissenschaftler ihre Bemühungen der Suche nach Lichtblitzen aus

Strahlen widmen, die aus großen Entfernungen über den Himmel streichen. Solche Strahlen könnten auf ein Kommunikationsmittel oder ein Antriebsmittel einer Zivilisation hinweisen. Wenn die Menschheit die notwendigen Schritte dafür getan hat, ein Lichtsegelfahrzeug in das Universum hinauszuschicken, und die Methode benutzt, die mein Team für die Starshot-Initiative entworfen hat, wird eine solche Technologie helle Blitze hervorbringen, die für andere aufgrund der unvermeidlichen Leckagen von Licht, das über die Ränder der Segel hinausschießt, sichtbar sein werden.

Darüber hinaus könnte man nach einem Schwarm von Satelliten oder Megastrukturen suchen, die einen bedeutenden Teil des Lichts von fernen Sternen abschirmen, ein hypothetisches System, das als Dyson-Sphäre bezeichnet wird, nach Freeman Dyson, dem verstorbenen, großen Astrophysiker, der sie sich als Erster vorstellte. Solche gigantischen Megastrukturen wären mit bedeutenden technischen Herausforderungen konfrontiert, und wenn es sie gibt, wären sie Raritäten. Aber sie stellen auch eine mögliche technische Lösung für den großen Filter dar, und mit Voraussicht, den nötigen Mitteln und Gelegenheiten könnte eine Zivilisation, die vor ihrer eigenen Auslöschung steht, diese Herausforderungen vielleicht überwinden. Herauszufinden, ob solche Dinge existieren, beginnt jedoch mit unserer Suche nach Belegen.

Das Nachdenken über solche Megastrukturen wirft eine wiederkehrende Frage auf, die Weltraumarchäologen deshalb lösen müssen, weil ihre Bemühungen notwendigerweise die Existenz von Intelligenzen voraussetzen, die größer als ihre eigenen sind. Die Tatsache, dass ein Projekt wie die Dyson-Sphäre Menschen als überwältigend – ja unmöglich – erscheint, könnte einfach nur die Tatsache widerspiegeln, dass wir noch nicht intelligent genug sind, um es in Angriff zu nehmen. Eine Zivilisation, die viel weiter entwickelt ist als unsere eigene, könnte die Hürden durchaus überwunden haben, die wir aus unserer begrenzten Perspektive als unüberwindlich ansehen.

• • •

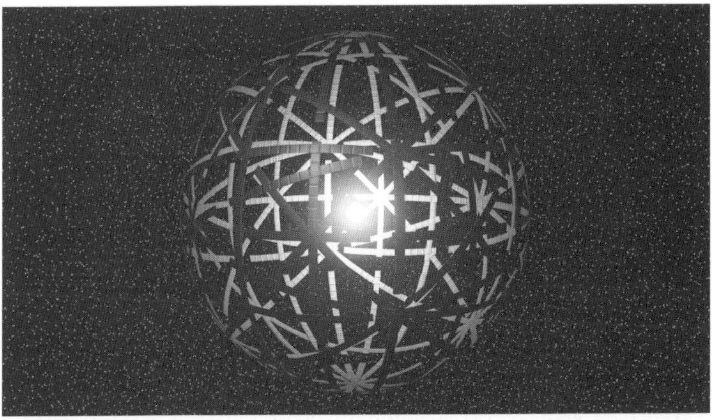

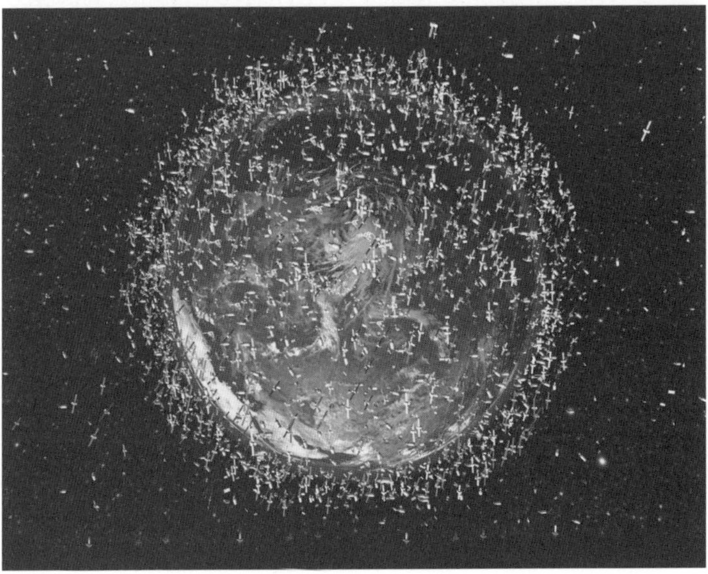

Zwei Beispiele künstlicher Strukturen einer außerirdischen Intelligenz, die Sterne und Planeten umgeben: eine Dyson-Sphäre (eine hypothetische Megastruktur, die um einen Stern herum konstruiert ist, um sein Licht einzufangen) und ein Schwarm von Kommunikationssatelliten um einen erdähnlichen Planeten herum.

Würde sie in vollem Ausmaß verfolgt werden, würde die Astroarchäologie zwangsläufig demütig machen – und genau dies könnte sich als am ertragreichsten erweisen.

Wenn wir akzeptieren können, dass wir sehr wahrscheinlich weniger fortgeschritten sind als Zivilisationen, die uns vorangingen, könnte das durchaus dazu führen, dass wir Möglichkeiten finden, unsere eigene langwierige Evolution zu beschleunigen – es wäre eine psychologische Umwälzung, die der Menschheit gestatten könnte, einen Sprung nach vorn um Tausende, Millionen oder gar Milliarden Jahre zu machen.

Es gibt allgegenwärtige Hinweise für die reelle Wahrscheinlichkeit, dass die Menschheit die Intelligenzlatte nicht besonders hoch gelegt hat und dass andere Zivilisationen wahrscheinlich darüber hinausgegangen sind. Die Hinweise sind so nah wie Ihre Zeitung, Ihr nächster Bildschirm und Ihr endlos sich aktualisierender Newsfeed. Das wahre Kennzeichen von Intelligenz ist die Förderung des eigenen Wohls, doch allzu oft führt unser Verhalten zum Gegenteil. Wenn man den dringlichsten Nachrichten der Welt intensive Aufmerksamkeit schenkt, so habe ich festgestellt, erhält man reichlich Hinweise darauf, dass wir nicht die klügste Spezies im Universum sein können.

Die Menschheit hat sich selten auf ihr kollektives Wohl konzentriert, weder in den vorangegangenen Jahrhunderten noch heute. Zu unseren gegenwärtigen schlechten Gewohnheiten gehört die, dass wir uns wiederholt für kurzfristige Vorteile gegenüber langfristigen bei Dingen entscheiden, die so komplex sind wie kohlenstoffneutrale Energie, so belastet wie Impfstoffe und so offensichtlich wie der Einkauf mit wiederverwendbaren Tragetaschen. Und über ein Jahrhundert lang haben wir unsere Existenz an die gesamte Milchstraße in Form von Radiowellen ausgestrahlt, ohne darüber nachzudenken, ob irgendwelche anderen Zivilisationen da draußen sowohl klüger als wir als auch raubtierhafter sein könnten.

Natürlich setzt die Koordination von Bemühungen, die erforderlich wäre, um dem Universum eine nuanciertere, einheitlichere Botschaft von der menschlichen Zivilisation zu übergeben, eine Zivilisation voraus, die zur Einigkeit fähig ist. Die menschliche Geschichte gibt kaum Grund zur Hoffnung auf so etwas in der Zukunft, zumindest in nächster Zeit.

• • •

Für das aufblühende Gebiet der Weltraumarchäologie wird eine weitere grundlegende Herausforderung – neben dem Erwerb der erforderlichen Werkzeuge und Ressourcen – darin bestehen, Ansätze anzuwenden, die unsere Fähigkeit erhöhen, uns die Produkte anderer, höherentwickelter Zivilisationen vorzustellen. Anders ausgedrückt, wir dürfen nicht zulassen, dass die Begrenzungen unserer eigenen Erfahrung und unserer sich daraus ergebenden Annahmen dazu führen, dass wir geistig nicht darauf vorbereitet sind, irgendeine nicht mehr funktionsfähige, weggeworfene oder absichtlich losgeschickte außerirdische Technik zu interpretieren.

Um meinen Studenten gegenüber hervorzuheben, dass wir es nicht zulassen können, dass das Vertraute unsere möglichen Entdeckungen bestimmt, habe ich häufig die Analogie von Höhlenbewohnern verwendet, die ein modernes Mobiltelefon entdecken. Sie lässt sich treffend auf die Möglichkeit anwenden, dass die Menschheit schon bald ein Stück hoch entwickelter technischer Ausrüstung entdecken könnte, das von einer außerirdischen Intelligenz entwickelt wurde. Wenn wir uns nicht darauf vorbereiten, wenn wir die Wissenschaft der Weltraumarchäologie bis dahin nicht ermöglicht haben, könnten wir ebenso handeln wie diese Höhlenbewohner, die sich vorstellen, das Telefon sei nichts weiter als ein exotischer, glänzender Stein. Und wegen dieser Kurzsichtigkeit würden diese Bewohner die Chance verpassen, den Sprung um eine Million Jahre nach vorn zu machen.

Eine Tatsache ist klar. Wenn wir dem Auffinden von Belegen für künstliche Objekte die Wahrscheinlichkeit null zuweisen, wie es manche Naturwissenschaftler im Fall von 'Oumuamua getan haben, wenn die menschliche Zivilisation ihre Anstrengungen, ihre finanzielle Förderung und ihre Wissenschaftler an der Erklärung ausrichtet »Es sind nie Außerirdische«, dann werden wir mit Sicherheit nie Belege für außerirdische Zivilisationen finden. Um vorwärtszukommen, müssen wir unkonventionell denken und Vorurteile darüber vermeiden, was wir gemäß vergangener Erfahrung zu finden erwarten.

Als Individuen und als Zivilisation müssen wir außerdem Bescheidenheit lernen, sowohl im Hinblick auf unsere potenzielle Stellung im Universum als auch im Hinblick auf unsere potenzielle Zukunft im Kosmos. Es ist statistisch weitaus wahrscheinlicher, dass wir uns in der Mitte der Glockenkurve von Intelligenz im Universum befinden, als dass wir den äußeren Rand der Intelligentesten bestimmen.

Studenten in meinem Unterricht sind oft überrascht, diese triviale, aber ernüchternde Bemerkung zu hören: »Nur die Hälfte von euch ist besser als der Medianwert dieses Kurses.« Dasselbe gilt für Zivilisationen. Die Tatsache, dass wir viele Planeten entdeckt haben, die der Erde ähnlich sind, und bislang keine schlüssigen Beweise für andere Zivilisationen gefunden haben, sollte uns nicht zu der Annahme verleiten, dass einzig unserer Zivilisation und dem Leben auf der Erde eine strahlende Zukunft bevorsteht.

Während Historiker spitzfindig darüber argumentieren können, ob unsere Vergangenheit eine teleologische Richtung auf Fortschritt nahelegt oder nicht, bietet das Universum eine klare Antwort an: Die Geschichte des Universums deutet auf einen Trend zum Aussterben hin – von Sternen, Planeten, Sonnensystemen und vielleicht des Universums, wie wir es kennen. Die Suche nach außerirdischer Technik, ganz zu schweigen von deren Entdeckung, könnte uns aus unserem begrenzteren Rahmen herausreißen, aus unserer Gewohnheit, nur eine oder zwei Generationen vorauszublicken und die Zukunft unserer Zivilisation nicht an erster Stelle vor Augen zu haben.

• • •

Ich möchte die Notwendigkeit einer neuen Denkweise mit einer persönlichen Anekdote illustrieren. Ich besuchte sechs Mal dieselbe Universitätsstadt in Europa, und meine Gastgeber brachten mich stets in einem kleinen Hotelzimmer unter, wo ich beim Duschen mit meinem Kopf an die schräge Decke stieß und in mein knapp bemessenes Bett kriechen musste, ohne meine Beine ausstrecken zu können. Ich beschloss, dass ich genug davon hatte. »Das nächste Mal«, sagte ich zu mir, »werde ich ein Doppelzimmer reservieren.« Und das tat ich auch.

Aber als ich auf meiner nächsten Reise beim Hotel ankam, sagte die Empfangsdame: »Ich sehe gerade, dass Ihre Frau nicht mitkommen konnte. … Ich stufe Ihre Zimmerreservierung gerne auf ein Einzelzimmer zurück.« Ich sagte: »Kommt gar nicht infrage, bitte geben Sie mir das Doppelzimmer, das ich reserviert habe.« Als ich die Geschichte meinen Gastgebern gegenüber erwähnte und fragte, warum der Raum in dieser Stadt so begrenzt sei, antworteten sie: »Weil die Stadt die Regel hat, dass kein Gebäude höher sein darf als die Kirche.« Das führte zwangsläufig zu meiner Frage: »Warum bauen Sie dann die Kirche nicht höher?« Worauf sie zur Antwort gaben: »Weil sie schon seit Jahrhunderten so gewesen ist.«

Trägheit ist etwas Mächtiges. Junge Menschen stellen sich oft neue Welten vor, sowohl buchstäblich als auch metaphorisch, aber ihre revolutionären Ideen stoßen häufig auf Skepsis und Ablehnung durch die »Erwachsenen im Zimmer«, die ihren Enthusiasmus, die Wirklichkeit zu hinterfragen, in vielen Kämpfen, in denen sie sich blaue Flecken holten, vor langer Zeit verloren haben. Die »Erwachsenen« haben sich einfach an die Dinge gewöhnt, wie sie waren; sie haben das Bekannte akzeptiert und das Unbekannte ignoriert.

Jugend ist keine Sache des biologischen Alters, sondern der Einstellung. Sie ist das, was eine Person dazu bereit macht, neue Grenzgebiete naturwissenschaftlicher Entdeckung zu eröffnen, während andere innerhalb der traditionellen Grenzen bleiben. Wenn man Naturwissenschaftler wird, bietet das das große Privileg, unsere Neugier aus der Kindheit beizubehalten und ungerechtfertigte Vorstellungen infrage zu stellen. Doch diese Chance nutzt niemandem, wenn die Menschen sie nicht ergreifen.

In der konservativen naturwissenschaftlichen Gemeinschaft glaubt man im Allgemeinen, dass intelligentes Leben wahrscheinlich einzigartig für die Erde ist und dass es eine Verschwendung von Zeit und Geld wäre, nach künstlichen Signalen am Himmel oder nach den Trümmern toter Zivilisationen im Weltraum zu suchen. Das ist jedoch eine verknöcherte Denkweise. Die heutige neue Generation von Forschern hat Zugang zu Teleskopen, die diese Vorstellung auf den Kopf stellen könnten. Ebenso wie Kopernikus das vorherrschende Dogma über unsere Stellung im Universum revolutionierte, kann unsere Generation eine neue Revolution fördern, indem sie »die Kirche noch höher baut«.

11

'OUMUAMUAS WETTE

Stellen Sie sich das Leben auf unserem Planeten an dem Tag vor, nachdem die Existenz von Leben anderswo im Universum unwiderlegbar bestätigt wurde. Erwägen Sie kurz die hypothetische Vorstellung, dass 'Oumuamua vor dem Oktober 2017 entdeckt wurde und dass wir Gelegenheit hatten, ein Raumfahrzeug mit einer Kamera zu starten, das eine Nahaufnahme von 'Oumuamua aus allernächster Entfernung machte und über jeden vernünftigen Zweifel hinaus bewies, dass dieses Objekt technischer Abfall einer außerirdischen Zivilisation war.

Stellen Sie sich jetzt die Frage: Was wäre die Folge gewesen?

Beweise für Leben auf einem anderen Planeten zu finden, hätte meines Erachtens nicht nur eine tiefgründige Wirkung auf die Wissenschaft der Astronomie, sondern auf die menschliche Psychologie, Philosophie, Religion – und auch auf die Bildung. Während gegenwärtig nur eine kleine Minderheit der wissenschaftlichen Gemeinschaft ernsthaft die Wahrscheinlichkeit außerirdischen Lebens erforscht und nach ihm sucht, werden diese Themen in dem Augenblick Teil unseres Lehrplans an der High School, in dem wir sicher wissen, dass wir nicht allein sind. Man unterstellt wohl nicht zu viel, wenn man annimmt, dass eine solche Entdeckung auch die Art und Weise beeinflussen würde, wie wir uns verhalten und miteinander interagieren, weil wir das Gefühl haben würden, Teil eines einzigen, einheitlichen Teams, der Menschheit, zu sein, und aufhören würden, uns Sorgen zu machen und Kriege zu führen wegen so banaler Fragen wie geografischer Grenzen und getrennter Volkswirtschaften.

Eine solche Entdeckung würde uns sowohl auf grundlegende als auch subtile Weisen verändern – und ich kann nicht anders, als mir vorzustellen, dass die meisten davon zum Besseren wären.

Angesichts der Allgegenwart habitabler Planeten ist es der Gipfel der Arroganz, wenn man zu dem Schluss gelangt, dass wir einzigartig sind. Meiner Ansicht nach ist das die Überheblichkeit eines jungen Alters. Als meine Töchter Kleinkinder waren, glaubten sie, sie seien besonders. Aber nachdem sie anderen Kindern begegnet waren, entwickelten sie eine neue Perspektive auf die Wirklichkeit und wurden reifer.

Damit unsere Zivilisation reifer werden kann, müssen wir uns in den Weltraum wagen und nach anderen suchen. Da draußen könnten wir entdecken, dass wir nicht nur nicht die Einzigen sind, sondern dass wir auch weit davon entfernt sind, die Klügsten zu sein. Ebenso wie wir einst die Überzeugung aufgaben, dass die Erde im Mittelpunkt des Universums steht, müssen wir aufgrund der deutlichen statistischen Wahrscheinlichkeit, dass wir keine intelligenten, bewussten Wesen ohne ebenbürtige Gegenstücke sind, beginnen zu handeln. Nicht nur Sie und ich werden von zukünftigen Generationen intellektuell in den Schatten gestellt werden, sondern die Menschen sind keine alleinigen Schöpfer einer Zivilisation mehr, und wir sind sehr wahrscheinlich weitaus weniger vollendet als das, was das Universum bereits erlebt hat.

Ein solcher Rahmen für unser Verständnis wird uns mit einem Gefühl von Bescheidenheit erfüllen, und diese Bescheidenheit wird unsere Perspektive auf unsere Stellung im Universum, die anfälliger ist, als wir zu glauben bereit sind, verbessern. Und das könnte die Chance erhöhen, dass wir fortbestehen. Denn mit jedem Tag, der vergeht, setzen wir das Schicksal unserer Zivilisation aufs Spiel – und im Augenblick scheinen die Chancen, dass sie fortdauern wird, wirklich schlecht zu stehen.

• • •

Stellen Sie sich die Sache als 'Oumuamuas Wette vor – eine Wette analog zu derjenigen, die der französische Mathematiker, Philosoph und Theologe Blaise Pascal im 17. Jahrhundert vorschlug. Er formulierte seine berühmte Wette folgendermaßen: Menschen wetten mit ihrem Leben darauf, ob Gott existiert oder nicht. Es ist besser, so Pascal, ein Leben zu leben, als ob Gott existierte.

Pascals Überlegung war folgende: Wenn es sich herausstellt, dass Gott nicht existiert, hat man nur ein paar Vergnügungen während des Lebens aufgegeben. Wenn Gott aber *tatsächlich* existiert, gewinnt man den Himmel und mit ihm eine Unendlichkeit von Belohnungen. Man vermeidet auch die schlimmste aller möglichen Folgen: eine Ewigkeit in der Hölle.

Ganz genauso, würde ich behaupten, verwettet die Menschheit ihre Zukunft darauf, ob 'Oumuamua eine außerirdische Technik ist oder nicht. Und obwohl unsere Wette durch und durch weltlich ist, ist ihre Bedeutung doch nicht weniger tiefgründig. In einem sehr konkreten Sinne ist das Versprechen, auf das Richtige zu wetten, die Sterne nach dem Leben zu erforschen, das wir dort zu finden hoffen, der Himmel selbst. Und besonders dann, wenn wir das Schreckgespenst des großen Filters und die Tatsache in Betracht ziehen, dass Zivilisationen mit der technischen Kompetenz, das Universum zu erforschen, auch äußerst gefährdet sind, sich durch selbst zugefügte Verletzungen zu vernichten, könnte die Wette auf das Falsche und eine unzureichende und zu späte Planung unsere Auslöschung beschleunigen.

Diese beiden Wetten sind natürlich in einigen wichtigen Hinsichten grundverschieden. Beispielsweise verlangt Pascals Wette einen riesigen Sprung des Glaubens. 'Oumuamuas Wette verlangt nur einen bescheidenen Sprung der Hoffnung – insbesondere Hoffnung auf mehr wissenschaftliche Beweise. Das könnte so etwas Einfaches sein wie eine einzelne hochauflösende Nahaufnahme eines Objekts, das wir schon von Weitem fotografiert haben.

Pascals auf die Ewigkeit bezogene Kosten-Nutzen-Analyse verlangte, dass er ein göttliches, allwissendes Wesen voraussetzte. Vorauszusetzen, dass 'Oumuamua außerirdische Technik ist, verlangt nur den Glauben an eine andere als unsere eigene Intelligenz.

Außerdem haben wir Belege und Überlegungen, während Pascal allein den Glauben hatte. Das sind Trümpfe, die die Chancen dafür verbessern, dass 'Oumuamua ein Produkt außerirdischer Technik war.

Es gibt noch einen anderen Grund, weswegen ich den Vergleich dieser Wetten aufschlussreich finde. Meiner Erfahrung nach wenden sich Gespräche über 'Oumuamua häufig ins Religiöse. Ich glaube, dies ist so, weil wir verstehen, dass jede hinreichend hoch entwickelte Intelligenz uns als eine gute Näherung an Gott erscheinen wird.

• • •

»Haben sich Ihre religiösen Überzeugungen oder Überzeugungen mit Bezug auf Gott in der Zeit, in der Sie die Astronomie erforscht haben, in irgendeiner Weise geändert?« Als ein Journalist des *New Yorker* mich dies zu 'Oumuamua fragte, war ich anfänglich verwundert. Warum sollte man annehmen, dass ich religiös bin? Ich war und bleibe weltlich.

Aber bei einem Interview mit CNN begann ich zu verstehen, woher diese Art von Frage stammte. Ganz am Ende der uns zugestandenen Zeit fragte mich der Interviewer: »Würden wir bei unserer ersten Begegnung mit einer außerirdischen Zivilisation hoffen, dass sie religiös ist oder dass sie weltlich ist?« Vielleicht weil er merkte, dass diese Frage keine Antwort in Form eines einzigen Satzes gestattete, fügte er hinzu, ich müsse angesichts der Zeitbeschränkung nicht antworten.

Ich meine, dass ich das doch tun sollte. Und was noch wichtiger ist, ich glaube, dass wir mehr als bisher über die Quellen dieser Art von Frage nachdenken müssen. 'Oumuamua konfrontiert uns mit einer Ehrfurcht gebietenden Möglichkeit, und traditionell haben wir Schwierigkeiten mit der Ehrfurcht gehabt.

Im Laufe der Jahrhunderte hat unsere Zivilisation Mittel erfunden, von Mythen bis zur wissenschaftlichen Methode, um den Dingen, die uns mit Ehrfurcht erfüllen, einen Sinn abzugewinnen. Und im Laufe der Zeit haben sich viele solche Dinge von der Sparte des »Wunderbaren« der menschlichen Erfahrung zum Profanen hinüberbewegt. Ein Großteil davon lässt sich Fortschritten in den Naturwissenschaften zuschreiben. Keine gedankliche Disziplin ist jedoch frei von der Gefahr dogmatischer Scheuklappen, und das gilt für Naturwissenschaftler genauso wie für Theologen.

Stellen Sie sich vor, wie eine weltliche Person die Frage verstehen würde, die mir der Interviewer von CNN stellte. Sie könnte kurz einräumen, dass einerseits religiöse Wesen eher moralisch sind – vielleicht werden sie von edlen Werten geleitet, oder sie halten sich an eine Mahnung, dass die Sanftmütigen das Universum erben sollten. Schließlich lehren die meisten Religionen der Menschheit abstrakte Wertesysteme, die ihre Anhänger befolgen, entweder aus Angst vor Bestrafung durch ein göttliches Wesen oder aus sozialen Interessen. Eine weltliche Person könnte sogar einräumen, dass eine kleine Anzahl von Religionen, wie beispielsweise der Jainismus, ausdrücklich Gewaltlosigkeit befürwortet.

Aber, so wird diese Person betonen, selbst der kürzeste Überblick über unsere religiöse Geschichte sollte uns zu denken geben. Um nur zufällig ein Beispiel herauszugreifen, erinnern Sie sich an den Einfall der Spanier in Mittel- und Südamerika im 16. Jahrhundert. Angetrieben von einem Hass auf Götzenverehrung verbrannte 1562 der römisch-katholische Priester Diego de Landa Calderón in einem großen Autodafé Tausende von Manuskripten oder Gesetzbüchern der Maya, wobei so viele zerstört wurden, dass so gut wie gar keine für die heutigen Wissenschaftler zu erforschen blieben. »Wir fanden eine große Anzahl von Büchern, die in diesen Schriftzeichen geschrieben waren«, erklärte der Priester, »und da sie nichts enthielten, das nicht als Aberglaube und Lügen des Teufels betrachtet werden konnte, verbrannten wir sie alle.« Wenn wir uns vorstellen, dass unsere erste Begegnung mit Außerirdischen oder ihrer Technik die Inquisition der römisch-katholischen Kirche und die Praktiken reproduzieren würde, die auf die Ankunft von Hernán Cortés im Jahr 1519 in Tenochtitlán, der Hauptstadt des aztekischen Reichs, folgten, wären wir zu Recht besorgt.

Stellen wir uns dagegen vor, wie eine religiöse Person wahrscheinlich reagiert, wenn sie gefragt wird: »Würden wir bei unserer ersten Begegnung mit einer außerirdischen Zivilisation hoffen, dass sie religiös oder dass sie weltlich ist?« Zweifelsohne haben die Wissenschaften, einschließlich der Sozialwissenschaften wie der Ökonomie, die Lebenserwartung stetig erhöht und extreme Armut reduziert. Dennoch wirft die Annahme, dass wir offensichtlich eine weltliche und wissenschaftliche Zivilisation vorziehen würden, gleichermaßen altbekannte Bedenken auf.

Betrachten wir ein jüngst vergangenes Jahrhundert, das zwanzigste. Sowohl der Erste als auch der Zweite Weltkrieg, die zu den tödlichsten Konflikten in der gesamten Menschheitsgeschichte gehören, waren weltliche Streitigkeiten über Grenzen, Ressourcen und Macht. Im selben Jahrhundert verlieh die Eugenik, die vermeintliche Wissenschaft der Steuerung der menschlichen Fortpflanzung zum Zweck ihrer Verbesserung, dem Rassismus in den Vereinigten Staaten falsche Glaubwürdigkeit und ermöglichte den Holocaust in Deutschland. Außerdem erforderte das großspurigste weltliche Experiment des 20. Jahrhunderts, die Sowjetunion, häufig, dass wissenschaftliche Fortschritte mit kommunistischen ideologischen Grundsätzen übereinstimmten. Auch die Wissenschaft ist eindeutig empfänglich für Orthodoxie, Autoritarismus und sogar Gewalt.

Die Schwierigkeit liegt meines Erachtens in der Frage, die der Interviewer stellte. Er leitete die falsche Lektion aus den Befunden ab, die von der einen Zivilisation herrühren, die zur Erforschung zur Verfügung steht, nämlich unserer eigenen. Im Maßstab einer gesamten Zivilisation läuft die Frage »religiös oder weltlich?« Gefahr, eine falsche Dichotomie zu sein. Wenn wir nach der menschlichen Geschichte urteilen, und zwar sowohl der jüngeren als auch der ferneren, ist jede außerirdische Intelligenz, der wir begegnen, wahrscheinlich *sowohl* religiös *als auch* weltlich, und das ist nicht unbedingt ein Grund zur Sorge.

Versetzen Sie Ihren Geist noch einmal in die Zukunft, an den Tag, nachdem wir Beweise für das Leben anderswo im Universum gefunden haben. Es gibt noch eine Vorhersage, die ich zuversichtlich machen kann: Wenn wir mit Sicherheit erfahren, dass wir nicht allein im Universum sind, werden alle Religionen der Menschheit – und alle ihre Wissenschaftler, selbst die konservativsten – Möglichkeiten finden, dieser Tatsache Rechnung zu tragen.

Meine Hoffnung besteht nicht darin, dass die erste außerirdische Intelligenz, der wir begegnen, entweder religiös oder weltlich ist, sondern vielmehr, dass sie von Demut anstatt von Überheblichkeit bewegt wird. Das würde die Begegnung zu einer gegenseitigen Lernerfahrung machen, die beide Parteien bereichert, anstatt zu einem Nullsummenkonflikt, der von Eigeninteressen angetrieben wird und auf den ein Machtkampf um die Herrschaft folgt. Diese Hoffnung erstreckt sich natürlich auch auf die Art und Weise, wie wir die Erforschung des Weltraums in Angriff nehmen sollten, wenn wir uns fernen Außenposten nähern und wenn wir erwägen, unsere eigenen Siedlungen zu gründen – unsere eigenen kleinen Beit Hanans unter den Sternen. In dem Maße, wie wir weiter in das Universum vordringen, sollten unsere moralische Verantwortung und unsere Demut höheren Maßstäben folgen als jenen, die bisher auf der Erde demonstriert wurden.

Im Falle der Menschheit haben sowohl die Religion als auch die Wissenschaft im Laufe unserer Geschichte unsere Demut und auch unsere Überheblichkeit gestärkt. Es ist der Gipfel der Überheblichkeit, das auszuschließen, was rational in Betracht gezogen werden kann, aber das ist das Werk aller geistigen Scheuklappen, ob sie nun das Produkt von Theologen oder von Wissenschaftlern sind. Beide Gebiete haben gelegentlich ihre Vertreter ermuntert, solche Scheuklappen anzulegen, und so ihre Gedanken beschränkt und sie gezwungen, den ausgetretenen Spuren bestehender Forschungsrichtungen zu folgen.

Es muss jedoch auch eingeräumt werden, dass sowohl die Naturwissenschaft als auch die Theologie gelegentlich bestimmte Gruppen ihrer Vertreter dazu ermuntert haben, das Gegenteil zu tun, ihre Scheuklappen abzuwerfen und sich gegenüber dem Neuen, dem Kontroversen, dem Unerwarteten zu öffnen. Hier finde ich Grund zur Hoffnung.

Erstens ist es wahrscheinlich, dass die Angehörigen irgendeiner außerirdischen Zivilisation ebenso ehrfürchtig beeindruckt davon sind, uns zu begegnen, wie wir es ihnen gegenüber sind. Auch sie werden wahrscheinlich unzählige Generationen lang in den Abgrund des Weltraums gestarrt haben; auch sie werden verstehen, dass es im Universum von Planeten wimmelt, die in der Lage sind, Leben zu unterstützen, und dennoch scheint das Leben im Universum außergewöhnlich selten zu sein.

Zweitens ist es durchaus möglich, dass sie sich Sorgen über ihren Empfang durch unsere Spezies machen werden, ebenso wie wir uns Sorgen über ihre Absichten machen können. Welche Informationen sie auch immer über das Leben auf der Erde haben mögen, so werden sie partiell sein, und ein Großteil davon wird furchtbar veraltet sein. Ebenso wie Astronomen auf der Erde in der Zeit zurückblicken, wenn sie in den Weltraum hineinschauen, tun das auch außerirdische Astronomen. Die Gesetze der Physik werden schließlich für die Technologien unserer außerirdischen Gegenstücke nicht weniger gelten, als sie für unsere eigenen gelten, und auf der Grundlage von allem, was wir bisher gelernt haben, deutet das darauf hin, dass die zurückgelegten Entfernungen Bescheidenheit fördern werden. Man denke daran, dass alle interstellaren Fahrzeuge der Menschheit dazu verurteilt sind, Reisen in nur einer Richtung (ohne Rückkehr) zu sein; dasselbe wird wahrscheinlich auch für die der Außerirdischen gelten.

Drittens muss ich mir vorstellen, dass es unter der außerirdischen Intelligenz, der wir früher oder später begegnen, ein paar Existenzialisten geben wird. Ich glaube nicht, dass das eine skurrile Vorstellung ist. Ebenso wie die Geistesgeschichte der Menschheit es ermöglichte, dass die Denkschule der Existenzialisten auf der Erde gedeihen konnte und einen Einfluss darauf hatte, was danach kam, vermute ich, dasselbe wird für eine außerirdische Intelligenz gelten. Ich glaube, dass sie nicht weniger als wir die Lebensdauer einer Zivilisation mit der Auseinandersetzung um die hartnäckigsten Rätsel verbracht haben werden, um diejenigen, die sich unmöglich vom Wunderbaren zum Profanen bewegen lassen.

Es gibt kein grundlegenderes Rätsel als das des Sinns des Lebens. Einige von uns sind für die Rolle des Hamlet vorgesehen, andere spielen Rosenkranz und Güldenstern, aber wir alle empfinden es so, als ob wir ohne Drehbuch auf der Bühne stehen. Selten gibt es einen Menschen, und das gilt wohl für alle Wesen mit einem Bewusstsein, der keine Antwort auf die Frage »Was soll das alles?« sucht.

In meinen Jugendjahren wandte ich mich an die Existenzphilosophen, insbesondere Albert Camus, um Orientierung zu bekommen. Eines seiner Werke, das eine Resonanz in mir auslöste, war *Der Mythos des Sisyphos*. Der griechischen Mythologie zufolge wurde Sisyphos von den Göttern bestraft und für alle Ewigkeit dazu gezwungen, einen schweren Felsen einen Hügel hinaufzurollen, nur damit er wieder zurückrollte, sobald es Sisyphos gelungen war, ihn fast ganz nach oben zu bewegen. Camus glaubte, dass das analog zur absurden Verfassung des Menschen sei, der ebenfalls in einem ewigen Kreislauf gefangen war, während er versuchte, eine unerklärliche Welt zu verstehen. Die allgemeine Situation des bewussten Lebens, nämlich zu leben und zu sterben, ohne je zu erfahren, warum, war, so glaubte Camus, absurd. Ich glaube, dass andere bewusste Wesen – die ebenso wie wir geistigen Begrenzungen unterliegen – zwangsläufig zum selben Schluss gelangen werden: Das Leben ist absurd.

Es ist schwierig, angesichts des Absurden überheblich zu bleiben. Demut ist die angemessenere Haltung. Je mehr Belege wir dafür finden, dass die Menschheit Demut kultiviert, wenn sie mit dem Ehrfurcht Gebietenden konfrontiert ist, desto mehr Gründe haben wir, dasselbe von außerirdischen Zivilisationen zu erwarten.

Im Laufe unserer Geschichte haben Menschen wiederholt für Anliegen gekämpft, die inspirierender waren als ihr Privatleben – für gewöhnlich Anliegen, die mit irdischen Angelegenheiten zu tun hatten, wie beispielsweise Nationalität und Religion. Um ein anderes, zufällig ausgewähltes Beispiel zu nehmen: Im Zweiten Weltkrieg waren japanische Soldaten bereit, ihr Leben für ihren Kaiser, Hirohito, zu opfern. Aber angesichts unserer jüngsten Erkenntnis, dass es annähernd eine Trilliarde (oder 1 000 000 000 000 000 000 000) habitabler Planeten im beobachtbaren Universum gibt, kann der Status des Kaisers nicht bedeutender sein als der einer Ameise, die ein einzelnes Sandkorn auf einem riesigen Strand umarmt. Und was für den Kaiser gilt, gilt nicht weniger für einen Soldaten oder für irgendjemand anderen auf der Erde.

Wir täten gut daran, nach oben zu blicken und über dieses Sandkorn hinauszuschauen.

Anstatt uns wie übergroße Schauspieler in belanglosen Rollen zu verhalten, sollten wir vielleicht die Perspektive von Zuschauern einnehmen und die überwältigende Show um uns herum einfach genießen. Denn in der Geisteshaltung, in der man stehen bleibt, um an den Rosen zu riechen (oder die Muschelschalen zu betrachten), kann sich der Zuschauer an vielem erfreuen, sowohl auf der Erde als auch weiter weg. Wenn das üppige Spektakel von Ereignissen auf unserem Planeten nicht genügend Anregung bietet, können wir unsere Teleskope benutzen, um eine noch breitere Vielfalt von Dramen mitzuerleben. Innerhalb des nächsten Jahrzehnts wird das Vera C. Rubin Observatory, das den Legacy Survey of Space and Time durchführt – ein zehnjähriges Unterfangen, bei dem wiederholt mehr als die Hälfte des Nachthimmels fotografiert wird –, fünfhundert Petabytes an Bildern aus unserer kosmischen Umgebung liefern. Ich träume davon, dass eines der Vermessungsergebnisse ein neuer Subskriptionsdienst von Streaming-Medien sein wird – wobei dieser in das gesamte Universum ausstrahlt.

Natürlich können nicht alle von uns Zuschauer bleiben. Manche von uns werden danach streben, etwas zu bewirken. Die Möglichkeiten, etwas beizutragen – und ich werde immer behaupten, dass kein Bestreben so vielversprechend für mögliche Beiträge ist wie die Naturwissenschaften –, sind zwar zahllos, aber es wird hilfreich sein, wenn wir uns ein Ziel setzen, das unserer Fähigkeit zu staunen und zu hoffen entspricht.

• • •

Das Nachdenken über die Werte anderer Zivilisationen gestattet uns letztendlich, unsere eigenen zu verstehen und zu verfeinern. Diese Bemühung erfasst auch das Versprechen von 'Oumuamuas Wette.

Wetten wir darauf, dass die Menschheit vor Kurzem von außerirdischer Technik gestreift wurde, und wir ändern grundlegend das, wonach wir suchen und was wir im Universum zu finden erwarten. Gleichermaßen ändern wir die Dinge, die wir zu unternehmen anstreben könnten und die nicht nur für unsere Welt, sondern für das Universum insgesamt etwas ausmachen würden. Leben wir, als ob wir wüssten, dass es anderes als unser eigenes intelligentes Leben im Universum gegeben hat oder gibt, und wir bestimmen einige der Missionen der Menschheit neu.

Persönlich wurde ich immer von dem Wunsch angetrieben, etwas Neues über das Universum zu verstehen, das unsere kosmische Perspektive ändert und unser Streben nach dem Weltraum anregt. Ich schreibe meinem Leben eine Bedeutung zu, indem ich die Zuschauerperspektive eines Astronomen einnehme und so zu neuen Herausforderungen für unsere Zivilisation auf der kosmischen Bühne anrege. Angesichts unserer zahlreichen technischen Errungenschaften auf der Erde könnte uns eine breitere Perspektive dazu führen, neue Technologien zu entwickeln, neue Fragen zu stellen, neue Disziplinen zu begründen und unsere Rolle in einem größeren Lebensraum zu sehen.

Von allen astronomischen Fakten könnte die Entdeckung außerirdischen Lebens den größten Einfluss auf unsere umfassende Perspektive haben. Und was wäre, wenn wir diese Entdeckung bereits gemacht haben? Was wäre, wenn das Einzige, das uns daran hindert, diese umfassendere Perspektive einzunehmen, unser eigener Widerwille ist, 'Oumuamuas Wette optimistisch zu akzeptieren, wie in so vielen Fällen, bei denen die Naturwissenschaft von Erkenntnissen gestreift wird, die unsere Vorstellung von der Welt um uns herum und unsere Stellung darin tiefgreifend verändern?

Der größte Nutzen einer Begegnung mit überlegenen Wesen wäre die Möglichkeit, ihnen die fundamentale Frage zu stellen, die uns schon seit Ewigkeiten quält: Was ist der Sinn des Lebens? Ich hoffe, lange genug zu leben, um ihre Antwort zu vernehmen, die aus wissenschaftlichem Wissen stammt, das in vielen Jahrtausenden erworben wurde. Gleichzeitig fürchte ich jedoch, dass das Tempo, in dem sich die Menschheit der Antwort nähert, durch unsere Überheblichkeit behindert werden wird, die es für uns häufig leichter gemacht hat, uns an unser Sandkorn zu klammern, als in die Weite der Sterne hinauszublicken.

12

SAMEN

Wenn wir uns angesichts der Konfrontation mit 'Oumuamuas Wette entschließen, darauf zu wetten, dass das Objekt das Produkt einer außerirdischen Intelligenz ist, anstatt einfach ein sonderbarer Gesteinsbrocken, dann wirft das eine weitere Frage auf: Wie viel sind wir bereit, auf diese Wette zu setzen?

Betrachten wir zunächst die am wenigsten ehrgeizige Wette, die die Menschheit machen könnte: Wir könnten einfach akzeptieren, dass wir die Gelegenheit verpasst haben, den ersten interstellaren Reisenden, den die Menschheit je aufgespürt hat, gründlich zu untersuchen, und uns entschließen, in Zukunft besser vorbereitet zu sein, damit wir den nächsten nicht verpassen. Die Vorbereitung könnte mehrgleisig vonstattengehen und unter anderem in der Entwicklung einer Methode bestehen, ein Bild von dem nächsten stark anomalen Objekt zu erfassen, das sich durch unser Sonnensystem bewegt, vielleicht auch sogar das Objekt selbst einzufangen. Die Vorbereitung würde jedoch auch die Steigerung jeder intellektuellen und technischen Fähigkeit umfassen, das, was wir finden, zu untersuchen und ihm einen Sinn abzugewinnen. Es ist atemberaubend, über die Ergebnisse einer solchen bescheidenen Wette nachzudenken – die Entdeckung der Technik einer anderen Zivilisation könnte uns dabei helfen, Ziele zu erreichen, die wir schon lange verfolgen.

Die Astroarchäologie wäre eine solche Initiative – doch unsere Bemühungen sollten dort nicht stehen bleiben.

Wenn wir die Hypothese von 'Oumuamuas außerirdischem Ursprung ernst nehmen, müssen wir auch die Herausforderungen ernst nehmen, denen wir wahrscheinlich bei unserer nächsten Begegnung mit außerirdischer Technik oder Leben gegenüberstehen werden. Sobald wir schlüssige Belege für außerirdisches Leben im Universum finden, wird es eine vorhersehbare internationale Debatte darüber geben, ob und wie man darauf reagieren sollte. Wie bereiten wir uns auf diese Debatte vor? Wie nehmen wir die Kommunikation, nach der SETI jahrzehntelang gesucht hat, vorweg und stellen einen Plan für sie auf – oder überhaupt für irgendwelche anderen Beweise außerirdischer Intelligenz?

Wetten wir darauf, dass 'Oumuamua ein exotischer Gesteinsbrocken und nichts weiter war, und an dem Tag, an dem sich mehrere solche Belege deutlich präsentieren, werden wir uns *darum reißen*, die nötigen Werkzeuge zu konstruieren. Das erste Gebiet, das sich der Herausforderung stellt, ein intergalaktisches Kommunikationsmittel anzubieten, wird wahrscheinlich das akademische Gebiet der »Astrolinguistik« sein. Andere Gebiete, wie »Astropolitik«, Astroökonomie«, Astrosoziologie«, Astropsychologie« etc., würden folgen.

Wetten wir jedoch darauf, dass 'Oumuamua außerirdischen Ursprungs war, und wir könnten schon ab *morgen* solche Forschungsgebiete einrichten.

Es gibt noch andere, relativ anspruchslose Wetten, die wir auf 'Oumuamuas außerirdischen technologischen Ursprung machen könnten. Zum Beispiel werden wir nach der endgültigen Entdeckung, dass wir nicht allein im Universum sind, ebenfalls rasch entdecken, dass das bestehende terrestrische internationale Recht uns keinen ausgearbeiteten Rahmen dafür bietet, auf eine Begegnung mit Außerirdischen zu reagieren. Gewiss befände sich unter den bescheidensten aller optimistischen Wetten, die die Menschheit darauf abschließen könnte, dass 'Oumuamua außerirdischen Ursprungs war, die Festlegung internationaler Protokolle und einer Aufsicht – wahrscheinlich unter der Schirmherrschaft der Vereinten Nationen – für unsere Bemühungen, nach außerirdischem Leben und nach Beweisen dafür zu suchen und mit einer außerirdischen Intelligenz zu kommunizieren. Selbst ein im Entstehen begriffener Vertrag, dem alle terrestrischen Unterzeichner zustimmen, würde einen Rahmen dafür liefern, wie wir als Spezies auf die Begegnung mit einer reifen Intelligenz reagieren, die Milliarden von Jahren fortgeschrittener ist als wir.

Was wäre die ehrgeizigste Wette, die die Menschheit auf 'Oumuamua abschließen könnte? Sie müsste das Überleben des Lebens auf der Erde hinreichend sichern.

Eine ehrgeizigere Wette würde darin bestehen, von dem zu lernen, was unserer Vorstellung nach eine reifere Zivilisation versucht haben könnte. Den kleinen wissenschaftlichen Sprung zu machen und die Möglichkeit einzuräumen, dass 'Oumuamua außerirdische Technik war, bedeutet, der Menschheit den kleinen Anstoß in Richtung auf das Denken einer Zivilisation zu geben, die eine Lichtsegelboje hinterlassen haben könnte, mit der unser Sonnensystem zusammengestoßen ist. Es bedeutet, dass wir uns außerirdische Raumfahrzeuge nicht bloß vorstellen können, sondern über die Konstruktion unserer eigenen nachdenken.

Außerirdische Raumfahrzeuge könnten Roboter enthalten, die mit 3D-Druckern und künstlicher Intelligenz ausgestattet sind, was ihnen ermöglichen würde, Rohmaterialien zu nutzen, die sie woanders aufgelesen haben, um künstliche Objekte auf der Grundlage von Blaupausen von ihrem Heimatplaneten herzustellen. Das dient dem Zweck, Katastrophen an einem Ort zu vermeiden, indem man Kopien von demselben wertvollen Inhalt an anderen Orten macht. Der Vorteil eines 3D-Drucks von Leben aus Rohmaterialien auf einem Zielplaneten besteht darin, dass natürliche biologische Systeme mit einer DNS, wie wir sie kennen, eine endliche Lebensspanne haben. Selbst die mit größter Umsicht aufbewahrten Bausteine des Lebens können in ein paar Millionen Jahren auseinanderfallen. Maschinen, die in der Lage sind, Leben zu konstruieren, sobald sie ihren Zielort erreichen, können viel länger halten.

Vielleicht sollten wir in derselben Richtung vorgehen, schon bevor wir schlüssige Beweise dafür erhalten, dass wir nicht das einzige oder gar das intelligenteste Leben im Universum sind.

Als Kind suchte ich nach den kugelförmigen Fruchtständen von Löwenzahn, hielt sie vor mein Gesicht und pustete so stark, wie ich nur konnte. Genau wie es die Natur beabsichtigte, verbreiteten sich die Samen weit und breit. Zwei Wochen später sah ich neue Sämlinge, die aus der Erde hervorbrachen. Könnten Zivilisationen sich vor dem Aussterben schützen, indem sie etwas Ähnliches tun? Könnten außerirdische Zivilisationen bereits den Versuch unternommen haben? Und könnte das auch eine Möglichkeit sein, das Leben im Universum zu schützen?

Erinnern wir uns an 'Oumuamuas leichte Abweichung von dem Pfad, der durch die Schwerkraft der Sonne allein erklärbar wäre. Etwas anderes übte Druck auf es aus, und ich habe vermutet, dass dieses etwas die Kraft des Sonnenlichts war, die auf ein außerirdisches Lichtsegel ausgeübt wurde. Aber selbst wenn wir annehmen, dass das Objekt für diesen Zweck optimal entworfen war, wich es doch nur leicht ab. Der Grund dafür ist, dass die Kraft der Sonne kaum in der Lage ist, ein Lichtsegelfahrzeug auf nur ein Tausendstel der Lichtgeschwindigkeit zu beschleunigen, selbst wenn es seine Reise so nahe an der Sonne wie in einem Abstand von zehn Sonnenradien beginnt (was die maximale Nähe ist, mit der wir bislang erfolgreich ein Fahrzeug losgeschickt haben, nämlich die Parker Solar Probe, das roboterartige Raumfahrzeug, das 2018 zur Untersuchung der Sonnencorona gestartet wurde). Wir würden eine weitaus größere Kraft dafür brauchen, unsere Samen irdischen Lebens in ausreichender Zahl und durch das Universum hindurch anzutreiben. Etwas, das der Sonnenstrahlung weniger ähnlich ist – und einem Stern näher kommt, der in einer Supernova explodiert.

Ein explodierender Stern hätte eine Leuchtstärke, die einer Milliarde Sonnen entspräche, die einen Monat lang schienen. Ein weniger als ein halbes Gramm pro Quadratmeter wiegendes Lichtsegel könnte, wenn es von einer solchen Explosion angetrieben werden würde, die

Lichtgeschwindigkeit auch dann erreichen, wenn es von dem explodierenden Stern durch eine Distanz entfernt wäre, die das Hundertfache der Entfernung der Erde von der Sonne betrüge. Das würde unserem Löwenzahnfahrzeug gestatten, Regionen des Universums zu erreichen, von denen wir heute nur träumen können, und dadurch die Anzahl möglicher Planeten, auf denen die Samen des Lebens eine Heimat finden könnten, drastisch ausweiten.

Wenn Sie sich ausmalen wollen, wie das in der Praxis funktionieren könnte, stellen Sie sich eine Zivilisation vor, die in der Nähe von Eta Carinae heimisch ist, einem massiven Stern mit einer Leuchtkraft, die fünf Millionen Mal so stark ist wie die der Sonne. Um den Fortbestand des Lebens sicherzustellen, könnte sie zahlreiche Lichtsegel um den Stern herum parken und schlauerweise die Explosion abwarten, die diese Segel unter minimalen Kosten auf Lichtgeschwindigkeit beschleunigen würde.

Eine solche Zivilisation hätte ein Niveau von entweder Geduld oder Überfluss erreicht, das die Menschheit – noch – nicht erreicht hat. Massive Sterne existieren Millionen Jahre lang, und der genaue Zeitpunkt ihrer Explosion lässt sich schwer vorhersagen. Eta Carinae hat beispielsweise eine Lebensspanne von ein paar Millionen Jahren. Seinen Tod mit einer Präzision von Jahrtausenden vorherzusagen, entspricht es, den Tod irgendeiner Person mit einer Genauigkeit von einem Jahr vorherzusagen, nachdem sie die durchschnittliche Lebenserwartung erreicht hat.

Eine solche Zivilisation würde auch in einem Maße vorausgeplant haben müssen, wie die Menschheit es nie vermocht hat. Obwohl ihre Lichtsegel schon lange vor der Explosion mit kostengünstigen chemischen Raketen an ihren Zielort um den alternden Stern herum transportiert werden könnten, könnte die Reise unter Verwendung dieser primitiven Antriebsart Millionen von Jahren dauern.

Doch Voraussicht und Geduld stellen die größten Hindernisse dar. Die Technik ist zwar beachtlich, lässt sich aber realisieren. Aus unseren Modellierungen für Starshot wissen wir, dass die Segel äußerst stark reflektierend sein müssen, damit sie nicht zu viel Wärme

Der Krebsnebel ist das Relikt einer Supernova-Explosion, die von der Erde aus in einer Entfernung von etwa 6000 Lichtjahren beobachtet wurde und im Jahr 1054 stattgefunden hat. Das Relikt enthält einen Neutronenstern, den Krebspulsar, in der Nähe seines Zentrums, der sich dreißigmal pro Sekunde um sich selbst dreht und wie ein Leuchtturm pulsiert. Explosionen wie diese könnten nutzbar gemacht werden, um Lichtsegel in die entferntesten Winkel des Universums zu bringen. ESO

absorbieren und verbrennen. Wir können auch vorhersagen, wie so ein Fahrzeug gebaut werden muss, um die Gefahr zu vermeiden, dass es von dem hellen Sternenlicht schon vor der Explosion weggedrückt wird. Und damit solche Fahrzeuge nicht in Flugbahnen hinein beschleunigen, die mit Sternentrümmern übersät sind, sollten sie so entworfen sein, dass sie sich zu einer nadelartigen Form zusammenfalten können, sodass Beschädigungen und Reibung minimiert und die Anzahl der Fahrzeuge stark erhöht werden.

Es wäre die größte abgesicherte Wette einer Zivilisation. Möglicherweise in einer Anzahl von Billionen könnten sich diese kleinen Lichtsegelfahrzeuge, die zur Erhaltung der Bausteine des Lebens gebaut werden, wie inaktive Samen in einer gewaltigen Entfernung von einem alternden massiven Stern aufhalten und auf das Unvermeidliche warten. Selbst wenn die Zivilisation, die sie dorthin gebracht hat, nicht in der Lage war, dem großen Filter zu entgehen, würde der Stern, wenn er sich in eine Supernova verwandelt, die Möglichkeit für den Fortbestand des Lebens ins Universum zerstreuen, genauso wie die Samen eines Löwenzahns.

Selbstverständlich muss man keine derartige Geduld haben. Für die Menschheit ist es bereits technisch möglich, leistungsfähige Laser zu nutzen, die viel effektiver als die Sonne Lichtsegel in den interstellaren Raum hinausschicken werden. Das ist natürlich der zentrale Vorschlag der Breakthrough Starshot Initiative. Ein Laserstrahl, der zehn Gigawatt Leistung pro Quadratmeter produziert, wäre zehn Millionen Mal heller als das Sonnenlicht auf der Erde und in der Lage, ein Lichtsegelfahrzeug auf eine Geschwindigkeit von mehreren Zehnteln der Lichtgeschwindigkeit zu beschleunigen.

Zweifellos würde das eine bedeutende Investition erfordern. Aber in dem Augenblick, in dem wir wissen, dass wir nicht allein und so gut wie sicher nicht die fortgeschrittenste Zivilisation sind, die je im Kosmos existiert hat, werden wir uns darüber klar werden, dass wir mehr Gelder für die Entwicklung von Mitteln zur Zerstörung allen Lebens auf der Erde ausgegeben haben, als es gekostet hätte, es zu erhalten. Angesichts der 'Oumuamua-Wette könnten wir zu dem Schluss gelangen, dass der Fortbestand der Menschheit die Ausgabe wert ist.

• • •

Gegenwärtig setzen wir alles auf eine Karte – die Erde. Infolgedessen sind die Menschheit und unsere Zivilisation äußerst verwundbar durch Katastrophen. Indem wir mehrere Kopien unseres genetischen

Materials im gesamten Universum verteilen, könnten wir uns vor dieser Gefahr schützen.

Diese Bemühung würde der Revolution gleichen, die durch die Erfindung der Druckerpresse ausgelöst wurde, die Johannes Gutenberg in die Lage versetzte, massenhaft Exemplare der Bibel zu produzieren und sie in ganz Europa zu verbreiten. Sobald viele Exemplare des Buches hergestellt wurden, verlor jedes einzelne Exemplar seinen einzigartigen Wert als etwas Kostbares.

Sobald wir lernen, wie sich synthetisches Leben in unseren Labors herstellen lässt, könnten ebenso »Gutenberg'sche DNS-Drucker« verteilt werden, mit denen sich Kopien des menschlichen Genoms aus Rohmaterialien auf der Oberfläche anderer Planeten herstellen ließen. Keine einzelne Kopie wäre absolut notwendig für die Erhaltung der genetischen Information unserer Spezies; vielmehr wäre diese Information in vielen Kopien enthalten. Während ich dies schreibe, arbeiten Kollegen von mir in Harvard und anderswo unablässig daran, das Wunder der Schöpfung des Lebens in die Sparte weltlicher Errungenschaften zu rücken. Ebenso wie die Physik stark von Laborexperimenten profitierte, die die Gesetze des Universums enthüllten, versuchen diese Wissenschaftler, synthetisches Leben im Labor zu erzeugen und die Vielzahl chemischer Reaktionspfade zu entwirren, die Leben hervorbringen könnten. Beispielsweise konstruiert das Szostak-Labor, das von seinem Namenspatron, dem Nobelpreisträger Jack Szostak, geleitet wird, ein synthetisches zelluläres System, das sich entwickelt, sich selbst repliziert und genetische Information anhand der Mechanismen bewahrt, die 1859 von Charles Darwin skizziert wurden. Szostak und sein Team konzentrieren sich darauf, eine Protozelle zu schaffen, die zur Replikation und Variation in der Lage ist, was bedeutet, dass sie fähig sein sollte, einen Evolutionsprozess zu durchlaufen. Sie hoffen, dass das zur spontanen Entstehung genomisch kodierter Katalysatoren und strukturierter Moleküle führen wird.

Wenn das funktioniert, würde diese Leistung uns bei unserer astronomischen Suche nach Leben zu den besten Zielen am Himmel leiten, indem sie uns zeigt, unter welchen Bedingungen Leben entstehen kann. Außerdem könnte sie uns aber mehr über uns selbst als Lebensformen lehren – und uns dabei eine dringend benötigte Dosis Demut verabreichen.

Denken Sie daran, dass Kochbücher voller Rezepte sind, die dieselben Zutaten benutzen, aber unterschiedliche Kuchen ergeben, je nach der zeitlichen Abfolge und der Art und Weise, wie diese Zutaten gemischt und erhitzt werden. Manche Kuchen schmecken besser als andere. Es gibt keinen Grund zu erwarten, dass das Leben auf der Erde, das hier unter zufälligen Bedingungen entstand, optimal ist. Es könnte andere Pfade geben, die zu besseren Kuchen führen.

Die Aussicht darauf, dass die Menschheit synthetisches Leben im Labor herstellt, wirft auch interessante Fragen nach unseren eigenen Ursprüngen auf. Sind wir das Ergebnis einer ausschließlich irdischen Evolution? Oder haben wir wie die Protozellen, die in Universitätslaboratorien entwickelt werden, einen helfenden Anstoß erhalten?

• • •

Im Jahr 1871 schlug der äußerst produktive Physiker und Mathematiker Lord Kelvin in einer Ansprache vor der British Association for the Advancement of Science (Britische Gesellschaft zur Förderung der Wissenschaft) vor, dass das Leben durch reisende Meteoriten auf die Erde gekommen sein könnte.

Diese Idee hatte ihren Ursprung nicht bei Lord Kelvin. Die alten Griechen erwogen sie bereits, und Jahrzehnte vor Lord Kelvins Ansprache hatten andere europäische Wissenschaftler diese Möglichkeit einem prüfenden Blick unterzogen. Doch trotz des Interesses im 19. Jahrhundert wurde die Idee nach Kelvins Präsentation vor der Gesellschaft ein weiteres Jahrhundert lang ignoriert.

Im Lauf der letzten beiden Jahrzehnte hat die Panspermie-Theorie – die Vorstellung, dass das Leben habitable Planeten durch Meteoriten, Kometen oder Sternenstaub erreichen könnte – jedoch größere Aufmerksamkeit bekommen, als die naturwissenschaftliche Forschung die Hypothese bestätigte, dass bestimmte Meteoriten, die auf der Erde entdeckt wurden, vom Mars stammten.

Sobald wir nach diesen Meteoriten vom Mars suchten, fanden wir noch weitaus mehr. Wir stellten fest, dass ALH84001, ein Meteorit vom Mars, der 1984 in der Antarktis gefunden wurde, nie über vierzig Grad Celsius erwärmt worden war, nachdem er von der Marsoberfläche ausgestoßen wurde. Bislang wurden mehr als hundert solche Landemodule vom Mars identifiziert. Wenn es auf dem Roten Planeten je Leben gegeben hat, dann hat es eindeutig Möglichkeiten gehabt, die Erde zu erreichen und zu überleben.

Die Faszination wird durch die Tatsache gesteigert, dass dem wissenschaftlichen Konsens zufolge die Erde bis vor etwa vier Milliarden Jahren unbewohnbar war, und doch haben wir Belege für Leben gefunden, das 3,8 Milliarden Jahre zurückgeht. Wie ist es möglich, fragten die Wissenschaftler, dass eine Darwin'sche Evolution so schnell ein DNS-basiertes Leben hervorgebracht hat? Wir wissen von der Biologie auf der Erde, dass das Leben selbstdienlich ist. Ausgewählte und spontane Anpassungen, die die Fähigkeit des Lebens erhöhen, fortzubestehen, sind das Fundament der Darwin'schen Biologie. Das Ziel des Lebens ist das Überleben, was Fortpflanzung bedeutet. Wie plausibel ist es, dass das Leben die Panspermie nutzen würde, um sich auszubreiten und sein Überleben zu sichern?

Im Jahr 2018 veröffentlichten meine Postdoktoranden Idan Ginsburg, Manasvi Lingam und ich einen Aufsatz mit dem Titel »Galaktische Panspermie«, in dem wir ein analytisches Modell präsentierten, das die Gesamtzahl steinerner oder vereister Objekte schätzte, die von Planetensystemen innerhalb der Milchstraßengalaxie eingefangen werden und eine Panspermie zum Ergebnis haben könnten, wenn sie Leben beherbergen sollten.

Zuerst überlegten wir, ob wir Marsianer sein könnten. Damit das Leben auf der Erde vom Leben auf dem Mars abstammen kann, müsste der Rote Planet von einem Asteroiden oder Kometen mit ausreichender Wucht getroffen worden sein, sodass Material in den interplanetaren Raum ausgestoßen wurde, und dieses Material hätte seinen

Weg zur Erde finden müssen. Entscheidend ist, dass alles Leben an Bord die interplanetare Reise sowie die Ausstoßung und die Landung hätte überleben müssen.

Der Mars wurde tatsächlich im Laufe der Milliarden Jahre seiner Existenz Billionen Mal von Trümmern aus dem Weltraum getroffen, die größer als ein Mensch waren. Viele Aufschläge führten zu Temperaturen und Druckstößen, die garantiert alle Bausteine des Lebens getötet hätten, die sich immer noch an den ausgestoßenen Gesteinsbrocken festhielten. Aber wie bei dem vom Mars stammenden Meteoriten ALH84001 überschritten manche ausgestoßenen Materialien die Siedetemperatur von Wasser nicht und ermöglichten einigen Mikroorganismen zu überleben. Das bedeutet, dass, wenn es Leben auf dem Mars gegeben hat, es immer noch auf Gesteinsbrocken leben würde, die durch diese sanfteren Aufpralle in den Weltraum geschleudert wurden. Wissenschaftler schätzen, dass der Mars Milliarden solcher Fragmente ausgestoßen hat – Objekte mit hinreichend niedrigen Temperaturen, um das Überleben des Lebens zu ermöglichen.

Aber selbst wenn die Mikroorganismen ihren Ausstoß vom Mars überleben, wie plausibel ist es, dass sie die Reise überleben könnten? Zu diesem Punkt gab es eine lebhafte Debatte, insbesondere darüber, wie tödlich Ultraviolettstrahlung für Bakterien ist. Es wurden jedoch strahlenresistente Bakterien mit einer extremen Toleranz gegenüber Ultraviolettstrahlung und Ionisierung entdeckt, und diese Stämme könnten eine solche Reise überleben. (Tatsächlich weisen manche Bakterien auf der Erde so extreme Toleranzen gegenüber UV- und anderer Strahlung auf, dass ihr Ursprung auf dem Mars wahrscheinlich ist.) Außerdem gewinnt der hypothetische Pool überlebender Bakterien an Umfang, wenn wir voraussetzen, dass sie innerhalb eines Meteoriten oder Kometen gereist sind, sodass sie vor der UV-Strahlung abgeschirmt waren; ein solches steinernes Schild könnte nur ein paar Zentimeter dünn sein. Und andere Untersuchungen haben nachgewiesen, dass Sporen des Bakteriums *Bacillus subtilis* im Weltraum bis zu sechs Jahre überleben können; andere Bakterien könnten weitaus längere Zeitspannen leben, messbar in Millionen von Jahren. Ferner haben Wissenschaftler hypothetisch eine Kolonie von Bakterien angenommen, die in der Lage ist, sich selbst mit einem Biofilm zu umgeben, der den Schutz der Organismen vor schädlicher Strahlung stark erhöht.

In einem anderen Aufsatz berechneten mein Student Amir Siraj und ich, dass Bakterien, die in der Atmosphäre der Erde schweben, von streifenden Objekten aufgesammelt worden sein könnten, die nur fünfzig Kilometer über Meereshöhe vorbeiflogen und dann aus dem Sonnensystem entkamen. Ein solches an den interstellaren Raum gekoppeltes Objekt würde einem Löffel gleichen, der durch den Schaum auf einem Cappuccino streicht, nur in diesem Fall würde er seine Reise mit einem Rest irdischen Lebens fortsetzen. Wir fanden heraus, dass Milliarden solcher »Löffel« die Atmosphäre der Erde im Laufe ihrer Existenz umgerührt haben.

Würden die Bakterien die Reise überlebt haben? Es ist wohlbekannt, dass Kampfpiloten kaum Flugmanöver bei Beschleunigungen überleben können, die über zehn *g* hinausgehen, wobei *g* die Erdbeschleunigung ist, die uns an die Erde bindet. Doch Objekte, die die Erde streifen, würden Mikroben bei Beschleunigungen von *Millionen g* aufsammeln. Könnten sie diesen gewaltigen Ruck überleben? Möglicherweise. Mikroben wie *Bacillus subtilis*, *Caenorhabditis elegans*, *Deinococcus radiodurans*, *Escherichia coli* und *Paracoccus denitrificans* überleben nachweislich Beschleunigungen, die nur um eine Größenordnung kleiner sind. Wie sich herausstellt, sind diese Miniastronauten weitaus besser geeignet, eine Weltraumfahrt zu unternehmen, als unsere besten menschlichen Piloten. Sie könnten den Aufprall auf der Oberfläche der Erde überleben, solange ihr tiefes Inneres nicht überhitzt wird, ähnlich wie der vom Mars stammende Gesteinsbrocken ALH84001.

Diese Daten sagen uns, dass wir die Möglichkeit, unseren Ursprung auf dem Mars zu haben, nicht von der Hand weisen können. Aber könnten wir nicht auch noch exotischer sein? Könnte die wahrhaft ursprüngliche Quelle des Lebens auf der Erde, ob sie nun über eine Zwischenlandung auf dem Mars erfolgte oder nicht, interstellar oder intergalaktisch sein? Durchaus. Nachdem wir eine gründliche Analyse der Realisierbarkeit der Panspermie durchgeführt hatten, stellten meine Kollegen und ich fest, dass es einen Parameterraum gibt, der der Galaxie ermöglicht, mit Objekten gesättigt zu sein, die Leben mit sich führen. Obwohl Objekte mit geringeren Geschwindigkeiten eher durch die Zugwirkung der Schwerkraft eines Planeten eingefangen werden und angesichts der anerkannten Tatsache, dass manche Bakterien Millionen von Jahren überleben können, schätzten wir die Wahrscheinlichkeit eines Leben tragenden Objekts, das auf einem Planeten einschlägt, als signifikant ein. Indem wir im Zentrum der Milchstraße Ereignisse der Gravitationsstreuung voraussetzten, berechneten wir, dass Gesteinsmaterial mit so extremen Geschwindigkeiten ausgestoßen werden könnte, dass das Zentrum die gesamte Galaxie mit Samen versorgt haben könnte.

Diese Samen müssen nicht einmal auf Bakterien beschränkt sein. Bestimmte Viren, die ebenfalls zur Darwin'schen Evolution fähig sind, haben sich als hinreichend widerstandsfähig erwiesen. Auch komplizierteres Leben könnte die Reise unternehmen. Tatsächlich wurden zwei Rundwürmer, die im Permafrost der Arktis entdeckt wurden, wiederbelebt, nachdem sie sich schätzungsweise dreißig- bis vierzigtausend Jahre lang im Zustand der Kryobiose – in dem Stoffwechselprozesse zum Stillstand kommen – befanden. Wenn Organismen wie diese die Arten von Bedingungen und Zeithorizonte überleben könnten, die sie möglicherweise auf einer interplanetaren Reise antreffen, wer sollte dann behaupten, dass sie nicht selbst von Marsianern abstammen?

An diesem Punkt könnte die richtige Wette im Hinblick auf 'Oumuamua unmittelbare Gewinne einbringen. Wenn wir darauf wetten, dass wir bereits Belege für außerirdische Intelligenz gesehen haben, dann verändern sich sowohl die Fragen, die wir stellen, als auch die Projekte, die wir unternehmen. Bedenken wir, dass jede wissenschaftliche Verrenkung, die wir eben gemacht haben, um zu einer höheren Wahrscheinlichkeit einer natürlich vorkommenden Panspermie zu gelangen, vereinfacht wird, wenn wir eine *gerichtete* Panspermie in

Erwägung ziehen. Wie stellt man sicher, dass Leben von einem Planeten ausgestoßen wird? Man stoße es selbst aus. Wie stellt man sicher, dass Leben vor den möglichen Schäden im Weltraum geschützt ist, während es zwischen Planeten oder Galaxien reist? Man baue eine Rakete zu diesem Zweck. Wie stellt man sicher, dass Leben gehegt und gepflegt wird, damit es die extrem langen Reisen zwischen Galaxien überlebt? Man baue die Rakete auch zu diesem Zweck.

• • •

Viel hängt davon ab, wie wir auf 'Oumuamuas Wette reagieren. Die sicherste Wette besteht darin, das Objekt für nichts weiter als einen sonderbaren Gesteinsbrocken zu erachten und uns an unsere vertrauten Denkgewohnheiten zu halten. Wenn so viel auf dem Spiel steht, können sichere Wetten uns jedoch nur eine gewisse Strecke weit bringen.

Wenn wir zu wetten wagen, dass 'Oumuamua Teil einer hoch entwickelten außerirdischen Technik war, können wir nur gewinnen. Egal ob uns dies dazu veranlasst, das Universum methodisch nach Anzeichen für Leben abzusuchen oder ehrgeizigere technische Projekte in Angriff zu nehmen, könnte das Abschließen einer optimistischen Wette eine umwälzende Wirkung auf unsere Zivilisation haben. Wenn die Menschheit in der Lage ist, bei der Verfolgung einer auf Millionen von Jahren angelegten Vision zu denken, zu planen und zu bauen, dann könnte es uns vielleicht gelingen sicherzustellen, dass Leben im Universum in der Lage ist, die gewaltigen Herausforderungen von Zeit und Raum heil zu überstehen, indem es auf dem Lichtblitz eines explodierenden Sterns reitet. Wenn ich mir diese gewohnte Technik auf diese Weise vorstelle, dann gleicht ein Lichtsegel, das im Sonnenlicht taumelt, nichts so sehr wie den Flügeln eines Löwenzahnsamens, der vom Wind fortgetragen wird, um jungfräuliche Erde zu befruchten.

Das bringt uns zurück zum Leben, das seinen Ursprung in Labors hat. Verfolgen wir den vorsichtigeren Ansatz im Hinblick auf 'Oumuamuas Wette, und wir würdigen diese außerordentliche Leistung einzig und allein wegen ihrer Bedeutung für die biomedizinische Forschung. Verfolgen wir den ehrgeizigeren Ansatz im Hinblick auf 'Oumuamuas Wette, und die Erzeugung von synthetischem Leben im Labor wird potenziell zu einem Mittel für das irdische Leben, dem großen Filter zu entgehen, und zwar auch nach der unvermeidlichen Explosion unserer Sonne.

Wenn unsere Zivilisation kühn genug ist und lange genug überdauert, werden wir ohne Zweifel schließlich in den Weltraum abwandern – und in neue Regionen des Universums, die in wesentlichen Hinsichten unserer gegenwärtigen gleichen. Dabei werden wir sicher den Fußstapfen derer folgen, die uns vorangegangen sind; ebenso wie alte Zivilisationen zu Flussufern auf der Erde wanderten, wandern hoch entwickelte technische Zivilisationen wahrscheinlich durch das gesamte Universum zu Umwelten hin, die reich an Ressourcen sind, von habitablen Planeten bis zu Galaxieclustern.

Aber keine Zivilisation, wobei unsere eigene absolut keine Ausnahme darstellt, wird den Sprung der Abwanderung zu den Sternen machen, wenn sie nicht intelligent genug ist, ihren Heimatplaneten zu erhalten, während sie plant und sich vorbereitet. Und diese Leistung wird die Menschheit weniger wahrscheinlich erreichen, wenn so viele von uns sich an die Einzigartigkeit des Lebens auf der Erde klammern wie jene Ameise sich an jenes Sandkorn geklammert hat.

13

SINGULARITÄTEN

’Oumuamua ist Teil einer außerirdischen technischen Ausrüstung.

Das ist eine Hypothese und keine Tatsachenbehauptung. Wie alle wissenschaftlichen Hypothesen wartet sie auf die Konfrontation mit Daten. Und wie es in der Naturwissenschaft häufig der Fall ist, sind die verfügbaren Daten zwar nicht schlüssig, aber substanziell.

Gibt es irgendeine Chance, dass wir zusätzliche Daten zu ’Oumuamua oder ähnlichen Objekten erhalten könnten über diejenigen hinaus, die wir bereits gesammelt haben?

Als wir ’Oumuamua zum letzten Mal sahen, bewegte es sich mit unglaublicher Geschwindigkeit von uns weg – viele Male schneller als unsere schnellste Rakete. Aber selbstverständlich könnten wir auch Raumfahrttechniken entwickeln, die schneller als Raketen sind, wie etwa Lichtsegel. Oder wir könnten uns dem nächsten ’Oumuamua-artigen Objekt mit konventionellen Raketen nähern, wenn es auf dem Weg zu uns ist.

Wenn es uns gelänge, ein Raumfahrzeug in die Nähe eines solchen Objekts zu schicken, könnten wir möglicherweise seine Oberfläche fotografieren. Welche Anhaltspunkte könnten wir finden? Fast alles wären Präzisierungen dessen, was wir gegenwärtig schon wissen. Die richtige Art von Bildgebung würde mehr Daten bezüglich Größe, Form, Zusammensetzung und Leuchtkraft des Objekts liefern und uns vielleicht sogar sagen, ob es offensichtliche Markierungen seiner Hersteller trägt, so wie die NASA ihre Raketen immer mit der amerikanischen Flagge kennzeichnet. Worin die Hinweise auch immer bestünden, ich würde sie willkommen heißen.

• • •

Bis wir zusätzliche Befunde zu 'Oumuamua-artigen Objekten erhalten, müssen wir mit dem Vorlieb nehmen, was wir haben. Und was wir haben, lässt sich in einem sich wiederholenden Leitmotiv zusammenfassen.

Und es wich doch ab.

'Oumuamua, ein kleines interstellares Objekt, das erstmals am 19. Oktober 2017 von Menschen entdeckt wurde, das stark leuchtete, auf sonderbare Weise taumelte und höchstwahrscheinlich die Form einer Scheibe hatte, wich von einem Pfad ab, der ausschließlich durch die Schwerkraft der Sonne erklärbar wäre, und zwar ohne sichtbare Ausgasung. Alle seine Eigenschaften, darunter insbesondere sein Ursprung in der Raumzeit, der ein lokales Ruhesystem war, machten es in einem äußerst signifikanten Maß zu einem statistischen Ausreißer. Als Mitglied einer Population von Objekten auf zufälligen Umlaufbahnen würde es erfordern, dass viel mehr Festkörpermaterial ausgestoßen worden wäre, als in Planetensystemen um andere Sterne herum zur Verfügung steht. Aber wenn 'Oumuamua extrem dünn und seine Umlaufbahn nicht zufällig war, dann könnte das Problem entschärft werden.

Auf überwältigende Weise hat die wissenschaftliche Gemeinschaft sich um die Schlussfolgerung vereinigt, dass 'Oumuamua ein natürlich vorkommendes Objekt war, ein sonderbarer oder gar exotischer Komet, aber dennoch, trotz all seiner Sonderbarkeiten, einfach nur ein interstellarer Gesteinsbrocken. Und doch wich es ab.

Es stimmt zwar, dass wir natürliche Phänomene annehmen können, die jede der exotischen Eigenschaften 'Oumuamuas erklären könnten. Es gibt eine statistische Möglichkeit, ungefähr eins zu einer Billion, dass 'Oumuamua ein einzigartiger Gesteinsbrocken war. Aber dann wird die Ausstoßung von so viel Material aus Planetensystemen, die sich um benachbarte Sterne herum befinden, dass es eine zufällige Population von 'Oumuamua-artigen Objekten liefert, zu einer noch größeren Herausforderung, weil man nun viel mehr Material in Form normaler interstellarer Objekte braucht wie 2I/Borisov.

Alternativ dazu erlauben die Daten eine andere Hypothese, nämlich dass 'Oumuamua eine außerirdische Technik war, die vielleicht nicht mehr funktionsfähig war oder ausrangiert wurde. In diesen Daten steckt etwas, das von fast jedem, der über das Thema geschrieben hat, nicht genügend gewürdigt wurde. Es ist die Tatsache, dass die Menschheit innerhalb nur weniger Jahre ein Raumfahrzeug bauen könnte, das jedes einzelne von 'Oumuamuas Merkmalen zeigen würde. Mit anderen Worten, der einfachste, direkteste Weg von einem Objekt mit allen beobachteten Eigenschaften 'Oumuamuas zu einer Erklärung dieser Eigenschaften besteht darin, dass es hergestellt wurde.

Der Grund dafür, dass der größte Teil der wissenschaftlichen Gemeinschaft sich mit dieser Hypothese nicht anfreunden kann, ist, dass wir dieses Objekt nicht hergestellt haben. Die Möglichkeit einzuräumen, dass eine andere Zivilisation so etwas tat, heißt, die Möglichkeit einzuräumen, dass eine der tiefgründigsten Entdeckungen – dass wir nicht die einzige Intelligenz im Universum sind – eben unser Sonnensystem passiert hat. Es zwingt uns zu einer neuen Art des Denkens.

• • •

Meine Hypothese über 'Oumuamua zu akzeptieren, erfordert vor allem Demut, weil wir damit auch akzeptieren müssen, dass wir, obwohl wir außergewöhnlich sein mögen, aller Wahrscheinlichkeit nach nicht einzigartig sind.

Wenn ich sage, wir sind außergewöhnlich, meine ich das nicht wörtlich. Dass wir der Stoff der Sterne sind, ist eine poetische Binsenweisheit, aber weniger poetisch lässt sich außerdem sagen, dass die Sterne aus demselben Stoff bestehen wie wir. Das gilt auch für das Universum, denn alles, was sich darin befindet, begann in derselben dichten Materie- und Strahlungssuppe, die aus dem Urknall hervorging. Wie ich meinen Studenten in meinem Erstsemesterseminar sage, hindert uns die Tatsache, dass wir alle aus derselben gewöhnlichen Materie bestehen, nicht daran, zu außergewöhnlichen *Menschen* zu werden. Viel bedeutsamer ist die Tatsache, dass die Organisation des Stoffs, aus dem wir bestehen, im Laufe der Jahrtausende zum Stoff des Lebens wurde. Und im Unterschied zu allem, was wir im Universum bis heute entdeckt haben, sind wir, und nur wir allein, so organisiert.

Außergewöhnlich und *einzigartig* sind in einer wichtigen Hinsicht verschieden. Betrachten wir Nikolaus Kopernikus, den Astronomen aus dem 16. Jahrhundert, der als Erster vorschlug, dass sich die Planeten um die Sonne bewegen und dabei einen mutmaßlich einzigartigen Beitrag zu unserer Auffassung des Kosmos leistete. Sein Buch, das diese These behauptete, wurde kurz vor seinem Tod im Jahr 1543 veröffentlicht, und es wurde von allen außer einer kleinen Zahl von Astronomen, von denen die meisten Kopernikus' Freunde waren, weitgehend ignoriert. Doch heute führen wir den Ursprung des heliozentrischen Sonnensystems auf Kopernikus zurück, und wir benutzen seinen Namen, um das Prinzip zu bezeichnen, dass weder die Erde noch die Menschheit einen besonderen Teil des Universums einnehmen, und dass das Universum eigentlich keine einzigartigen oder besonderen Orte kennt. Es sieht hier, wo die Menschheit existiert, genauso aus wie überall anderswo auch. Heute können wir Kopernikus' Prinzip eine ironische Ergänzung hinzufügen: Es gibt nichts Besonderes an einer Spezies und einer Zivilisation, die diese fundamentale Tatsache über den Kosmos herausgefunden hat, denn dasselbe wurde wahrscheinlich von allen Zivilisationen sonst überall im Universum herausgefunden.

Wenn wir diesen Gedanken nicht nur erwägen, sondern ihn auch akzeptieren, stellen wir fest, dass wir aufregenden Möglichkeiten gegenüberstehen.

Als Matias Zaldarriaga und mir auffiel, dass die menschliche Zivilisation eine große Menge an Geräuschen auf dem Meterwellen-Radiospektrum produziert, hielten wir es für einleuchtend, dass eine andere Zivilisation auf demselben Frequenzband Geräusche produzieren könnte, und deshalb schlugen wir vor, nach Beweisen dafür zu suchen. Als Ed Turner und mir auffiel, dass Tokio durch ein am Rande unseres Sonnensystems platziertes Hubble-Weltraumteleskop sichtbar wäre, hielten wir es für gerechtfertigt, nach einem ähnlichen Schimmer von der Stadt einer anderen Zivilisation oder von einem Raumschiff zu suchen. Und als meinem Postdoktoranden James Guillochon und mir auffiel, dass die Menschheit durchaus ein Raumfahrzeug mit Lichtsegelantrieb hinausschicken könnte, wussten wir, es würde ebenfalls einleuchten, dass eine andere Zivilisation zu derselben Feststellung gelangte – und deshalb empfahlen wir die Suche nach der verräterischen Strahlung, die von solchen Startvorgängen ausgehen würde.

Deshalb ist die Vorstellung sinnvoll, jedem solchen Versuch einer anderen Zivilisation, ein Lichtsegel-Raumfahrzeug abzuschicken, könnte etwas vorangegangen sein, das in etwa dem Start der Starshot-Initiative entsprochen hätte – des Projekts, das wir aufsetzten, um unsere eigenen Lichtsegel zu entwerfen (wenn auch noch nicht wirklich herzustellen).

Ich stelle mir gerne vor, dass ich jetzt weiß, was sie durchmachten, um dorthin zu gelangen.

Ich vermute, die Pazifisten unter ihnen hätten sich darum gesorgt, dass ein mit einem 100-Gigawatt-Laser angetriebenes Raumfahrzeug, das sich auf eine fremde Zivilisation mit einem Bruchteil der Lichtgeschwindigkeit zubewegt, von dieser durchaus als bedrohlich oder gar als Kriegserklärung angesehen werden könnte. Darauf würde der Vorsitzende des Beratungsgremiums ihrer Version der Starshot-Initiative wahrscheinlich wie ich geantwortet haben, dass ein solches Risiko unendlich klein sei. Erst einmal, sagte ich, wissen wir nicht, ob, geschweige denn in welcher Art, außerirdisches Leben existiert, sei es nun intelligent oder nicht. Wenn andere Wesen existieren, wird unser Raumschiff, das nur ein paar Gramm wiegt, wahrscheinlich gar nicht bemerkt, und da es die Energie eines gewöhnlichen Asteroiden aufweist, wird es leicht als solcher klassifiziert werden. Außerdem ist es völlig unmöglich, unser kleines Raumfahrzeug so auszurichten, dass es auf einem Planeten aufschlägt, der Lichtjahre entfernt ist. Das würde eine Winkelpräzision von einem Milliardstel eines Radianten erfordern, und wir können unmöglich die relativen Positionen des Planeten und des Raumschiffs mit dieser Präzision über die Jahrzehnte dauernde Reise hinweg kennen. Nein, anstatt sich einen Planeten als Ziel vorzunehmen, würde das Raumfahrzeug danach streben, sich einer Region von Umlaufbahnen zu nähern, die tausendmal größer als ein Planet ist, was eine zufällige Aufprall-Wahrscheinlichkeit von weniger als eins zu einer Million impliziert.

Ich kann mir vorstellen, dass ihre Ingenieure die Durchführbarkeit des Projekts bezweifelt hätten. Was ist mit den möglichen Beschädigungen des Raumfahrzeugs durch den Aufprall interstellarer Staubkörner oder Atome? Die Mitglieder ihres Gremiums würden wahrscheinlich genickt haben wie ich und bemerkt haben, dass eine Beschichtung von nur einigen Millimetern sich als hinreichend erweisen würde, um das Fahrzeug und seine Kameras zu schützen. Die optimistischeren ihrer Ingenieure hätten wohl beklagt, dass Bremsmechanismen fehlten, und man hätte wahrscheinlich höflich darauf hingewiesen, dass das eine nötige Beschränkung sei. Angesichts der Entfernungen, des notwendigen Minimalgewichts des Fahrzeugs und der Geschwindigkeiten, mit denen es reisen musste, war die Zielsetzung, während des Vorbeiflugs Fotos zu machen, schon hoch genug. Der Begriff *hohe Zielsetzung* fasst es prägnant zusammen. Vielleicht würden diese Fotos uns mitteilen, ob es dort eine Vegetation oder einen Ozean oder gar eine Signatur von Zivilisation gibt. Das sind alles Dinge, die wir lieber aus der Nähe als aus der Entfernung unserer leistungsfähigsten Teleskope sähen.

Ich würde wetten, dass sich die Wissenschaftler, während sie für das Projekt argumentierten, konservativen Finanzpolitikern gegenübergesehen hätten, die bezweifelten, dass ein solches Unternehmen seinen Preis wert wäre. Und ich stelle mir im Gegenzug vor, dass das hinter dem Unterfangen stehende Beratungsgremium genau wie das Starshot-Gremium darauf hingewiesen hätte, dass die Kostenersparnisse durch Massenproduktion wirklich verblüffend seien. In unserem Fall sagte ich, ja, der Bau des Lasers wäre teuer. Und auch die Bemühung, das Lichtsegelfahrzeug über die Atmosphäre der Erde hinauszubringen, wäre kostspielig, aber die Fahrzeuge selbst wären billig; die StarChips würden nur etwa einige hundert Dollar kosten. Das bedeutete, dass es, sobald die kostspieligen Investitionen gemacht wären, völlig realistisch wäre, alle paar Tage ein Lichtsegel zu starten und sie auf viele Hundert, wenn nicht gar Tausende von Zielen zu richten.

Und dann, so hoffe ich, hätten die Optimisten unter meinen fernen Gegenstücken, die mit wissenschaftlichen Erkenntnissen und der damit verbundenen Demut gewappnet wären, darauf hingewiesen, dass trotz aller Begrenzungen und Risiken der Start dieser Lichtsegelfahrzeuge den nächsten gewaltigen Sprung nach vorn darstellen würde. Und dann hätten genügend viele dieser außerirdischen Wissenschaftler auf ihre Sterne gestarrt, genauso wie wir auf die unseren starren, sodass sie – in Ehrfurcht vor der Größe des Universums im Vergleich zur Größe ihres Planten oder auch ihres Sonnensystems – das Unterfangen abgesegnet hätten. Sie wären zu dem Schluss gelangt, dass diese Lichtsegel der nächste, am besten durchführbare Schritt zur Erreichung der Sterne sein würden. Vielleicht hätten sie sich, ebenso wie wir uns, außerdem die Vorstellung gestattet, dass ihre schnellen, sonderbar geformten Lichtsegel-Raumfahrzeuge eines Tages als Mitteilung und als Einladung angesehen und verstanden werden würden: »Willkommen im interstellaren Klub«.

• • •

Es erfordert sowohl Fantasie als auch Demut, die völlige Gewöhnlichkeit der Menschheit anzuerkennen. Beide Qualitäten, glaube ich, sind ein wesentlicher Bestandteil unserer Fähigkeit, dem großen Filter zu entkommen. Dasselbe gilt aber auch für eine andere Qualität: unsere Bereitschaft, die einfachste Erklärung für 'Oumuamuas Eigenschaften – dass sie absichtliche Gestaltung und nicht einen komplexen Zufall widerspiegeln – in Betracht zu ziehen.

An früherer Stelle in diesem Buch bezog ich mich auf William von Ockham und sein berühmtes Rasiermesser – also auf die Mahnung, dass die einfachste Lösung wahrscheinlich auch die richtige ist. Ob wir es nun mit ’Oumuamua oder mit irgendeinem anderen Phänomen zu tun haben, wir wären gut beraten, dieses Rasiermesser zur Hand zu nehmen. Es ist ein Rasiermesser, habe ich festgestellt, das sich bemüht, ein überhebliches Kinn zu rasieren.

Leider ist die Einfachheit nicht immer en vogue.

»Sollten wir unser theoretisches Modell komplexer machen, damit unsere Erklärung der Daten nicht zu trivial erscheint?« Die Frage kam bei einem Treffen mit meinen Postdoktoranden auf, als sie ihre Projekte beschrieben, von denen ein paar sich dem Abschluss näherten. Anfänglich war ich überrascht und dann, als sie ihre Überlegung erklärten, ernüchtert.

Der Vorzug der Einfachheit sollte offensichtlich sein, insbesondere für Astronomen. Schließlich lag die Leistungsfähigkeit von Kopernikus’ heliozentrischer Erklärung des Sonnensystems in ihrer Einfachheit; die herrschende Theorie, zu deren Sturz er beitrug, das erdzentrierte Planetensystem des griechischen Astronomen Ptolemäus, erforderte immer qualvollere Verrenkungen, je mehr sich die Belege häuften. Das Scheitern von Ptolemäus und der Erfolg von Kopernikus gehören weiterhin zu den am häufigsten zitierten Dingen gegenüber angehenden Astronomen. Ihre Aufgabe, so erklärten Lehrer über Jahrhunderte ihren Schülern, besteht darin, nach der einfachsten Erklärung der Daten zu suchen und die Überheblichkeit des griechischen Universalgelehrten Aristoteles zu vermeiden, der trotz all seiner Genialität von seinem Bedürfnis nach Vollkommenheit im Universum zu der Erklärung getrieben wurde, dass Planeten und Sterne trotz der Beweise sich nur auf vollkommenen Kreisbahnen bewegen könnten. Sein Irrtum wurde jahrhundertelang zur nicht hinterfragten Tatsache.

Auf ähnliche Weise hatten Astrophysiker in den letzten Jahrzehnten des 20. Jahrhunderts Zweifel an einem Modell des frühen Universums, das durch eine kleine Anzahl von Parametern gekennzeichnet war – mit einem Wort, durch *Einfachheit*. Die Daten waren spärlich, und die Mehrheit der Astrophysiker kam zu dem Schluss, das Modell sei gewiss naiv. Doch zu Beginn des 21. Jahrhunderts waren genügend

Daten gesammelt worden, um zu beweisen, dass das Universum tatsächlich seinen Ausgang vom allereinfachsten Anfangszustand aus nahm. Das frühe Universum, so zeigten die Daten, war nahezu homogen (überall gleich) und isotrop (in allen Richtungen gleich), und die komplexen Strukturen, die wir heute in ihm finden, lassen sich durch ein instabiles gravitatives Wachstum kleiner, ursprünglicher Abweichungen von diesen Idealbedingungen erklären. Dieses einfache Modell ist jetzt die Grundlage der modernen Kosmologie.

Vor dem Hintergrund all dieser warnenden Erzählungen könnte es unverständlich erscheinen, dass eine Gruppe von Postdoktoranden der Harvard University im frühen 21. Jahrhundert laut darüber nachdachten, ob sie ihrer Arbeit Komplexität *hinzufügen* sollten. Fairerweise muss man jedoch sagen, dass sie gute Gründe hatten.

Auf dem heutigen knallharten Arbeitsmarkt scheint das größte Gebot darin zu bestehen, seine älteren Kollegen zu beeindrucken. Der Jungwissenschaftler kann den Eindruck haben, dass es notwendig ist, langwierige Ableitungen zu produzieren, die durch anspruchsvolle mathematische Komplexität gekennzeichnet sind. Ein Postdoktorand sagte mir einmal: »Ich bin mit dem strategischen Dilemma konfrontiert, mich zwischen zwei Optionen für meine zukünftige Karriere zu entscheiden: lange komplizierte Projekte oder kurze aufschlussreiche Aufsätze.«

In vielen Fällen möchten ältere Wissenschaftler ihre Arbeit differenziert und einer Überprüfung weniger zugänglich gestalten. Sie haben gelernt, dass Raffinesse als Markenzeichen der Elite wertgeschätzt wird, und viele werden auch entsprechend belohnt.

Bei meiner Forschung und Betreuungsarbeit versuche ich, meinen jüngeren Kollegen ein Gegenbeispiel anzubieten. Ich sage meinen eigenen Postdoktoranden, dass zugängliche kurze Erkenntnisse dazu neigen, das Forschungsgebiet zu stimulieren, indem sie zu Folgearbeiten durch die wissenschaftliche Gemeinschaft ermuntern. Ich dränge sie, wie ich selbst daran zu glauben, dass eine kurze, geistig gehaltvolle Arbeit ihre Stellenaussichten verbessern wird; und ich sage ihnen, dass ihre Fähigkeit, Forschung zu erklären, eindeutig davon abhängt, dass sie nur Dinge beschreiben, die sie verstehen, und Dinge, die sie nicht verstehen, zugeben. Doch sie antworten unweigerlich: Für Sie als Lehrstuhlinhaber des Instituts für Astronomie in Harvard lässt sich das leicht sagen.

Das ist tatsächlich ein Dilemma, und ich fürchte die Wirkung, die es auf die Naturwissenschaft des 21. Jahrhunderts haben wird – nicht bloß innerhalb der naturwissenschaftlichen Gemeinschaft. In der akademischen Welt leitet die Belohnung von Komplexität um der Komplexität willen Talente und Ressourcen in bestimmte Richtungen, und nicht in andere. Sie kann auch die Abschottung von Forschung inmitten einer selbst definierten Elite fördern und sie dazu führen, die Interessen der Öffentlichkeit zu missachten, die ihre Bemühungen im Wesentlichen finanziert.

Das ist ein ernstes Problem, dessen Konsequenzen weit über die akademische Welt hinausgehen. Um zu verstehen, warum das so ist, betrachten wir eines der größten Rätsel, mit denen sich Astrophysiker heute auseinandersetzen: die Wissenschaft der Schwarzen Löcher.

• • •

Innerhalb von Wochen nach unserer Ankündigung der Starshot-Initiative im April 2016 weihte ich die Black Hole Initiative, oder BHI, ein – das erste Zentrum der Welt für die interdisziplinäre Erforschung Schwarzer Löcher. Die beiden Ereignisse lagen zeitlich nahe genug beieinander, dass Stephen Hawking, nachdem er zusammen mit mir, Juri Milner und Freeman Dyson in New York City aufgetreten war, mich und meine Kollegen in Cambridge, Massachusetts, besuchen konnte, um die Ziele der BHI zu verkünden.

Es war ein Zufall, dass Stephen teilnehmen konnte, und der Start der BHI war auch aus einem anderen Grund günstig: Hundert Jahre zuvor hatte Karl Schwarzschild, der deutsche Astronom und Physiker, Albert Einsteins Gleichungen für die Allgemeine Relativitätstheorie gelöst und damit Schwarze Löcher bereits Jahrzehnte, bevor es irgendwelche astronomischen Beweise für ihre Existenz gab, beschrieben.

Hundert Jahre später hatten es die Astronomen immer noch nicht geschafft, eines zu fotografieren.

Das Einweihungsereignis der BHI war aus vielen Gründen denkwürdig. Zum einen war der Start dieses historischen Projekts für mich ein begehrtes berufliches Ziel – eine weitere Streichholzschachtel, in der vielversprechende Streichhölzer gesammelt werden konnten. Zum anderen stand die BHI für einen interdisziplinären Wissenschaftsansatz, den ich schon lange befürwortete und der Astronomen, Mathematiker, Physiker und Philosophen unter einem Dach zusammenbrachte.

Aber es gab auch einfachere Freuden. Am Einweihungstag war ein Fotograf dabei, und ein Bild zeigt, wie meine jüngere Tochter Lotem zu Stephen Hawking und meinen Kollegen auf die Bühne kam. Das war nicht geplant, aber im Rückblick denke ich, dass ihre Anwesenheit wesentlich war. Wissenschaftliche Fortschritte sind generationenübergreifende Anstrengungen, und der Nutzen des menschlichen Fortschritts nimmt über die Jahrhunderte hinweg zu. Man denke an die vielen Tausende von Teleskopen, die jetzt unseren Planeten sprenkeln, und an die wenigen, die ihn umkreisen; sie stehen sämtlich in direkter Abstammungslinie des Fernrohrs, das Galilei auf denselben Himmel richtete.

Später waren meine Frau, meine Töchter und ich Gastgeber für Stephen und eine kleine Zahl von Kollegen in unserem Haus beim Pessach-Abendessen. Von allen Reden, die im Laufe der Tage gehalten wurden und die BHI der Welt verkündeten, war für mich die bedeutsamste die kurze, nur einige Minuten dauernde Rede, die Stephen bei mir zu Hause hielt. Als er zu einer kleinen Gruppe sprach, die in unserem Wohnzimmer versammelt war, lenkte er unsere Aufmerksamkeit auf die Starshot-Initiative zurück und in den Kosmos hinaus. »Es war eine arbeitsreiche Reise«, sagte er.

> Letzte Woche in New York kündigten Avi und ich eine neue Initiative an, die sich auf unsere Zukunft im interstellaren Raum bezieht.[22] Breakthrough Starshot will ein Raumfahrzeug bauen,

> das zwanzig Prozent der Lichtgeschwindigkeit erreichen kann. Bei dieser Geschwindigkeit hätte meine Reise von London weniger als eine Viertelsekunde gedauert (wenngleich etwas länger, wenn man die Zollkontrolle am Flughafen JFK berücksichtigt). Die Technologie, die Breakthrough Starshot entwickeln wird – Lichtbündel, Lichtsegel und das leichteste Raumfahrzeug, das je gebaut wurde –, könnte Alpha Centauri in nur zwanzig Jahren nach dem Start erreichen. Bislang konnten wir die Sterne nur aus der Entfernung beobachten. Jetzt können wir sie zum ersten Mal erreichen.

Stephens Worte blieben mir im Gedächtnis, besonders deshalb, weil sich dieser Besuch als sein letzter in den Vereinigten Staaten erweisen sollte. Er hatte unserer kleinen Versammlung gesagt: »Ich hoffe, zur Unterstützung des neuen Black Hole Institute bald zurückzukehren«, aber weniger als zwei Jahre später verstarb er, ohne den Erfolg des Projekts oder die interstellare Erforschung erlebt zu haben, von der er geträumt hatte.

Eine andere Reihe von Bemerkungen aus etwa derselben Zeit ist mir ebenfalls im Gedächtnis geblieben – jedoch aus weniger erfreulichen Gründen. Bei der ersten BHI-Konferenz schloss ein Philosoph seinen Vortrag mit dieser Behauptung ab: »Gespräche mit prominenten theoretischen Physikern haben mich zu dem Schluss geführt, dass ein Forschungsprogramm, auf das sich die Physiker-Gemeinschaft über ein Jahrzehnt lang einigt, richtig sein muss.« Meine sofortige Skepsis rief mir ein einziges Wort – oder eigentlich einen Namen – in Erinnerung: Galilei.

Galilei soll, nachdem er durch sein Fernrohr geschaut hatte, gesagt haben: »In den Wissenschaften ist die Autorität von tausend nicht so viel wert wie die bescheidene Überlegung eines einzelnen Menschen.« Einstein brachte Jahrhunderte später dieselbe Idee zum Ausdruck, als 28 Wissenschaftler Aufsätze zu einem 1931 erschienen Buch mit dem Titel *A Hundred Authors Against Einstein* beitrugen, die seine Allgemeine Relativitätstheorie für falsch erklärten. Er soll erwidert haben, sollte er sich geirrt haben, hätte ein einziger Autor mit schlüssigen Beweisen zur Widerlegung der Theorie ausgereicht.

Eine leitende Prämisse der Black Hole Initiative ist es, die miteinander im Konflikt stehenden Erkenntnisse einzuschätzen, die aus dem Denken vieler Individuen entstehen, die Probleme aus verschiedenen Blickwinkeln angehen. Die Tatsache, dass die Teilnehmer bei seiner Gründung alle an leicht unterschiedlichen Dingen interessiert waren, war eine Stärke. Die Astronomen hofften, das erste Bild eines Schwarzen Lochs zu bekommen, die Physiker konzentrierten sich auf die Lösung eines scheinbaren Paradoxes dabei, wie die Gesetze der Physik von Schwarzen Löchern beeinflusst werden, und die Mathematiker und Philosophen arbeiteten daran, das Wesen und die Stabilität der Singularität im Zentrum eines Schwarzen Lochs herauszubekommen. (Insbesondere die Philosophen waren ein unerlässlicher Bestandteil dieses Teams, denn ein ehrlicher Philosoph stellt den Kanarienvogel im Kohlebergwerk dar, der die Versammlung warnt, wenn gegen die intellektuelle Redlichkeit verstoßen wird.)

Wenn es bei der BHI einen gemeinsamen Nenner gab, dann war das unsere gemeinsame Begeisterung dafür, nach Daten zur besseren Erforschung der unerklärten Anomalien und Fragen zu Schwarzen Löchern zu suchen. Und wir waren uns darüber einig, welche Herausforderungen sie darstellen. Hier eine kurze Auflistung:

Eine bedeutende Anomalie bei Schwarzen Löchern ist das, was Naturwissenschaftler »das Informationsparadoxon« nennen: Die Quantenmechanik behauptet, dass Information immer erhalten bleibt, und doch können Schwarze Löcher Information absorbieren und dann zu einer reinen thermischen (informationsfreien) Schwarzkörperstrahlung verdampfen, ein Phänomen, das von Stephen Hawking nachgewiesen wurde. Brechen die Gesetze der Physik am Rand von schwarzen Löchern zusammen, oder geht hier etwas anderes vor sich?

Eine andere bedeutende Anomalie bei Schwarzen Löchern ist die Tatsache, dass sie Materie »zum Verschwinden zu bringen« scheinen. Wohin geht die Materie, die in ein Schwarzes Loch gezogen wird? Sammelt sie sich in einem dichten Objekt im Zentrum des Schwarzen

Lochs an, oder verlässt sie unser Universum und taucht in einem anderen wieder auf wie Wasser, das in ein entferntes Reservoir abläuft?

Aber könnten Schwarze Löcher in einem allgemeineren Sinne auch Erkenntnisse liefern, die uns dabei anleiten würden, die Allgemeine Relativitätstheorie mit der Quantenmechanik zu vereinen? Auf seinem Sterbebett skizzierte Einstein seine letzten Gedanken zu seiner Theorie, löste aber diese gewaltige Herausforderung nicht. Stephen Hawking verbrachte seine letzten Lebensjahre auf ähnliche Weise mit dem Nachdenken darüber, ob die Eigenschaften Schwarzer Löcher die Herausforderung lösen würden. Obwohl der beträchtliche Intellekt beider Männer nicht ausreichte, um das Problem zu knacken, arbeiten viele Astrophysiker und Kosmologen in ihrem Kielwasser.

Schließlich war eine Frage, die die Astronomen zur Zeit der Gründung der BHI quälte, weniger eine Anomalie als eine klaffende Lücke in unseren Belegen. Während wir jahrzehntelang Daten hatten, die die Existenz und die Eigenschaften Schwarzer Löcher bestätigten, war es uns nie gelungen, eines zu fotografieren.

Das änderte sich 2019. Die Geschichte des Ereignisses – wie das allererste Foto eines Schwarzen Lochs aufgenommen wurde und wie die Menschheit ein solch entscheidendes Beweisstück in unserer anhaltenden Erforschung dieses kosmischen Rätsels gewinnen konnte – ist ein wunderbar plastisches Beispiel dafür, wie die vorsätzliche, gemeinschaftliche Jagd nach Belegen das zuvor Unerreichte erreichen kann. Für diejenigen von uns, die 'Oumuamua nicht als abgeschlossenen Fall betrachten, die hoffen, dass es sich als hinreichend große Provokation für die Menschheit erweist, dass sie auf die ehrgeizigeren Projekte wettet, ist die Geschichte dieser unglaublichen Leistung auch eine Erinnerung daran, dass wir das Unvorstellbare erreichen können, wenn die Menschheit zusammenarbeitet – Meisterleistungen der Forschung, Entdeckung und technologischer Innovation, die unter anderen Umständen unmöglich gewesen wären. Zum Beispiel der Bau eines Teleskops von der Größe der Erde.

• • •

In einem Aufsatz für den *Scientific American* von 2009, den ich mit meinem früheren Postdoktoranden Avery Broderick zusammen schrieb, bezeichneten wir die Herausforderung als die »Erlegung des Ungeheuers«. Zunächst ist da die Entfernung. Sagittarius A* ist das nächste supermassive Schwarze Loch relativ zur Erde, 26 000 Lichtjahre entfernt. Ein anderes Ziel, das wir als Erste in einem speziellen Aufsatz empfahlen, der im selben Jahr im *Astrophysical Journal* erschien, war das Schwarze Loch, das schließlich fotografiert wurde, nämlich M87, das zwar 53 Millionen Lichtjahre entfernt, aber wesentlich größer ist. Dennoch war ein Foto aus dieser Entfernung in etwa wie der Versuch, von der Erde aus ein Bild von einer Orange auf der Oberfläche des Monds zu machen.

Daher die Notwendigkeit eines wirklich großen Teleskops. Genauer gesagt, war ein Interferometer von der Größe der Erde notwendig, das durch die Verbindung von Radioschüsseln über die Oberfläche unseres Planeten hinweg gebildet wurde. Dieses Ziel zu erreichen erforderte die Zusammenarbeit vieler Standorte auf der ganzen Welt, ein Beobachtungsunternehmen, das von meinem BHI-Mitarbeiter Shep Doeleman geleitet wurde. Sein Ergebnis war das sogenannte Event Horizon Telescope (EHT).

Astrophysikalische Schwarze Löcher geben definitionsgemäß kein eigenes Licht ab. Tatsächlich tun sie das Gegenteil – sie verschlucken Licht, und zwar zusammen mit allem anderen. Doch die Materie, die um sie herumschwirrt, typischerweise Gas, sendet bei ihrer Erwärmung unter dem Einfluss der Schwerkraft des Schwarzen Loches Licht aus. Ein Teil dieses Lichts entkommt dem Zug der Schwerkraft, ein anderer Teil wird von dem Schwarzen Loch absorbiert. Das Ergebnis ist eine Silhouette, die von einem Lichtring umgeben ist, der die Region um das Schwarze Loch herum abgrenzt, aus der das Licht nicht entweichen kann. Das ist das definierende Merkmal eines Schwarzen Lochs, sein Ereignishorizont oder die kugelförmige Grenze, von der aus Materie nur in eine Richtung fließt. Es ist das ultimative Gefängnis – man kann hineingehen, aber nie mehr wieder hinaus. Astrophysikalische Schwarze Löcher sind hinter Ereignishorizonten versteckt, weshalb das, was innerhalb des Horizonts geschieht, auch dort bleibt. Keine Information sickert durch.

Und Folgendes strebte das EHT an: ein Schwarzes Loch direkt zu beobachten und seine Silhouette zu fotografieren. Die Mission war jahrelang in Vorbereitung. Die Black Hole Initiative trug zur Verarbeitung der Daten bei, die die Bilder produzierten, die im April 2019 wochenlang allgegenwärtig waren, und zwar nicht nur in den Hallen der akademischen Welt. Diese erdumspannende Anstrengung, die ein erdumspannendes Teleskop erforderte, brachte ein Foto hervor, das die Vorstellungskraft der Menschheit fesselte. Ein Jahrzehnt zuvor hatten Broderick und ich eine Skizze von etwas gemacht, von dem wir annahmen, dass es der Befund des Schwarzen Lochs in der Riesengalaxie M87 sein könnte, und es war besonders befriedigend zu sehen, dass ein echtes Bild eines Schwarzen Lochs, das jenen Skizzen ähnelte, auf den Titelseiten bedeutender Zeitungen und Zeitschriften erschien.

Es gibt eine deutliche Verbindung zwischen diesem Erfolg und meiner Arbeit an SETI. Ein ausdrückliches Ziel der Black Hole Initiative besteht darin, nicht nur Interesse in verschiedenen akademischen Disziplinen zu entfachen, sondern auch bei der allgemeinen Öffentlichkeit. Wir wollen – tatsächlich müssen wir auch – die Vorstellungswelt der Öffentlichkeit erobern. Es ist notwendig, dass unsere Detektivgeschichten gelesen werden, notwendig, dass unsere Bemühungen, die Theorie an den harten Kontakt mit den Daten anzupassen, hinreichend verstanden werden, damit die gesamte Menschheit die wissenschaftlichen Erfolge feiern kann. Nur auf diese Weise werden wir so viele brillante, strebsame Geister ausbilden, wie wir brauchen, um den gegenwärtigen Herausforderungen und denen der Zukunft begegnen zu können.

Außerdem *schulden* die Wissenschaftler der Öffentlichkeit buchstäblich etwas. Wir werden von der Öffentlichkeit finanziert. In großem Umfang lassen sich die meisten wissenschaftlichen Fortschritte auf Regierungsbeihilfen zurückführen, die durch öffentliche Steuern bezahlt werden. Somit trägt jeder Wissenschaftler, der direkt oder indirekt profitiert hat (womit so gut wie alle von uns gemeint sind), eine Erklärungslast nicht nur für seine Arbeit, sondern auch für die Methoden, die bei dieser Arbeit eingesetzt wurden. Wir haben die Pflicht, über unsere aufregendsten Entdeckungen und Vermutungen zu Themen, die bei der Öffentlichkeit Resonanz finden, Bericht zu erstatten, wie beispielsweise die kosmischen Ursprünge der Menschheit, Schwarze Löcher und die Suche nach außerirdischem Leben.

Die Naturwissenschaft ist keine Beschäftigung der Elite in isolierten Elfenbeintürmen, sondern ein Unternehmen, von dem alle Menschen profitieren und das alle begeistert, und zwar unabhängig von ihrem akademischen Hintergrund. Ich glaube, dass das insbesondere stimmt, wenn man es aus dem Blickwinkel der Astrophysik betrachtet. Die Fragen, mit denen das Universum uns konfrontiert, sind umwerfend und fesselnd. Sie stimmen auch demütig. Unsere Aufgabe besteht darin, nach Ereignissen Ausschau zu halten, die lange Zeit vor unserem Erscheinen auf der Bildfläche stattfanden, und nach Objekten, die noch lange nach unserem Verschwinden existieren werden. Im Vergleich zur Größe der Gegenstände unserer Forschung steht uns das kürzeste Zeitfenster zur Verfügung, eine wertvolle kurze Zeit, in der wir das Universum erforschen und ihm die Antworten auf seine Rätsel und Paradoxien vielleicht entlocken können.

• • •

Ich setze meinen Glauben und meine Hoffnung in die Wissenschaft. Mein ganzes Leben lang hat mich mein Optimismus unmittelbar belohnt. Tatsächlich bringt mich diese Erfahrung, etwas gratis zu bekommen, reiche Belohnungen im Gegenzug zur einfachen, bescheidenen Praxis der Detektivarbeit der Wissenschaft, zu meinem Schlussgedanken.

Mit Paul Chesler, einem Postdoktoranden bei der Black Hole Initiative in Harvard, entwarf ich eine Theorie über das Schicksal der Materie, während sie sich der Singularität eines Schwarzen Lochs nähert. Wir beschlossen, die Frage anhand eines einfachen theoretischen

Modells zu behandeln, das Quantenmechanik und Schwerkraft miteinander kombinierte. Und als wir die mathematischen Implikationen des Modells überprüften, stellten wir fest, dass es auch für das zeitlich umgekehrte Problem galt, bei dem die Materie expandiert, anstatt sich zusammenballt. Das deutete darauf hin, dass wir nicht das Risiko einer Reise in ein Schwarzes Loch einzugehen bräuchten, das uns wahrscheinlich durch die Gravitationskraft auseinanderreißen und sicherlich Facebook-Posts ausschließen würde, sondern dass wir stattdessen nach oben und um uns herum auf all die Materie blicken könnten, die ihren Ausgangspunkt in einer anfänglichen Singularität in der Zeit hatte, im Urknall. Dieselben Gleichungen, die die Singularität eines Schwarzen Lochs beschrieben, konnten auch verwendet werden, um herauszubekommen, wie das Universum zu seiner beschleunigten Expansion kam.

Genau wie die biblische Geschichte von Saulus, der sein Königreich zufällig fand, während er nach den verloren gegangenen Eseln seines Vaters suchte, stolperten Paul und ich über eine unerwartete Erkenntnis, während wir ein völlig anderes Ziel verfolgten. Indem wir darauf abzielten, Schwarze Löcher besser zu verstehen, stießen wir auf einen Mechanismus zur Erklärung unseres beschleunigt expandierenden Universums.

Unser theoretisches Modell ist unvollständig. Es erfordert eine Menge Feineinstellung. Selbst wenn das Modell der theoretischen Überprüfung standhält, muss es doch neue Vorhersagen machen, die die Guillotine zukünftiger Daten überlebt. Ein Teil oder auch das Ganze dieser Arbeit mag sich für andere Theorien und in anderen Winkeln der Naturwissenschaft als nützlich erweisen. Und in der Folge von 'Oumuamuas Besuch hinterlässt sie in mir einen Gedanken, der mich ständig verfolgt. Auch dieser ist eine Lektion, die ich von unserem interstellaren Besucher gelernt habe.

Eine Begegnung mit einer anderen Zivilisation kann einen demütig machen. Und angesichts all dessen, was wir insbesondere von einer hoch entwickelten Zivilisation lernen könnten, sollten wir sogar *hoffen*, demütig zu werden. Eine solche Zivilisation wird zweifellos die

Antworten auf sehr viele Fragen wissen – Antworten, die wir nicht herausgefunden haben und Fragen, die wir vielleicht nicht einmal gestellt haben. Damit wir jedoch an intellektueller Glaubwürdigkeit gewinnen, wäre es schön, wenn wir das Gespräch damit beginnen, dass wir unsere eigene wissenschaftliche Weisheit über die Geburt des Universums teilen.

SCHLUSS

Viele Naturwissenschaftler behaupten, dass wir die Öffentlichkeit erst dann informieren sollten, wenn unsere kollektive Detektivarbeit zu einer nahezu einstimmigen Schlussfolgerung geführt hat. Diese Kollegen von mir glauben, dass Diskretion notwendig ist, um unser gutes Image zu bewahren. Andernfalls, so lautet ihre Überlegung, könnte die Öffentlichkeit dazu gelangen, an den Wissenschaftlern und dem wissenschaftlichen Prozess zu zweifeln. Tatsächlich kommt das auch vor, wenn es eine nahezu einstimmige Schlussfolgerung unter den Naturwissenschaftlern *gibt*. Man denke nur, so betonen sie häufig, an den kleinen Teil der Öffentlichkeit, der den Klimawandel immer noch infrage stellt. Sich an einer Kontroverse zu beteiligen, die die Stellung der Naturwissenschaft aushöhlen könnte, so ihre Befürchtung, ist ein zu großes Risiko.

Aber meine Sichtweise ist eine andere. Ich meine, wenn wir glaubwürdig sein wollen, müssen wir zeigen, dass die wissenschaftliche Forschung ein Prozess ist, der gewöhnlicher und vertrauter ist, als ein Großteil der Öffentlichkeit annimmt. Allzu oft trägt der Ansatz meiner Kollegen zur populistischen Sichtweise der Naturwissenschaft als einer Beschäftigung der Elite bei und fördert ein Gefühl von Entfremdung zwischen Naturwissenschaftlern und der Öffentlichkeit. Doch die Naturwissenschaft ist keine Angelegenheit im Elfenbeinturm, die durch unzugängliche Mittel eherne Wahrheiten hervorbringt, auf die nur die Weisen verzichten können. Die wissenschaftliche Methode steht vielmehr dem vernünftigen Problemlösungsansatz näher, den ein Klempner im Sinn hat, wenn er ein undichtes Rohr repariert.

Ich meine durchaus, dass Forscher und Öffentlichkeit davon profitieren würden, die Praxis der Naturwissenschaft als nicht so anders denn die Praktiken vieler anderer Fachleute aufzufassen. Wir stehen verwirrenden Daten gegenüber, ebenso wie ein Klempner mit einem verstopften Rohr konfrontiert ist, und wir greifen auf unser Wissen, unsere Erfahrung und die Weisheit der Kollegen zurück, um Hypothesen aufzustellen. Und diese testen wir dann an den Belegen.

Das Ergebnis des wissenschaftlichen Prozesses steht nicht im Belieben der Fachleute, da die Wirklichkeit von der Natur bestimmt wird. Die Wissenschaftler versuchen bloß herauszubekommen, worin die Wirklichkeit besteht, indem sie so viele Belege wie möglich sammeln und über verschiedene Interpretationen streiten, wenn die Belege begrenzt sind. Das erinnert mich daran, was Michelangelo sagte, als er gefragt wurde, wie er so schöne Skulpturen aus einem Marmorblock hervorbrächte: »Die Skulptur ist im Marmorblock bereits fertig, bevor ich mit der Arbeit beginne. Sie ist schon da, ich muss nur das überflüssige Material wegmeißeln.« Auf ähnliche Weise geht es beim wissenschaftlichen Fortschritt um das Sammeln von empirischen Beweisen, die uns ermöglichen, die große Anzahl von überflüssigen Hypothesen zu beseitigen.

Die Erfahrung, dass wir einige unserer falschen Ideen verwerfen müssen, erfüllt mit Demut. Wir sollten unsere Fehler nicht als Beleidigungen verstehen, sondern vielmehr als Gelegenheiten, etwas Neues zu lernen. Schließlich ist unsere bescheidene Insel der Erkenntnis von einem unermesslichen Ozean der Unwissenheit umgeben, und nur empirische Belege – und nicht ungerechtfertigte Überzeugungen – können die Landmasse dieser Insel vergrößern. Besonders Astronomen sollten von Bescheidenheit beseelt sein. Wir sind gezwungen, uns mit unserer Bedeutungslosigkeit im kosmischen System des Universums auseinanderzusetzen, und wie begrenzt ist doch unser Verständnis im Vergleich zum unermesslichen Umfang aller physikalischen Phänomene. Unser Ansatz sollte demütig sein, wir sollten uns gestatten, öffentlich Fehler zu machen und nachvollziehbare Risiken einzugehen, während wir versuchen, etwas über das Universum zu erfahren. Genau wie Kinder.

Als ich sah, wie die Kollegen gegen die ernsthafte Erwägung der Hypothese, dass 'Oumuamua außerirdisch sein könnte, die Reihen schlossen, fragte ich mich häufig: Was ist aus der Neugier und Unschuld unserer Kindheit geworden? Während des ganzen Mediensturms, der als Resultat meiner (bis dahin) allgemein bekanntesten Arbeit an SETI über mich hereinbrach, war ich häufig von einem einfachen Gedanken angetrieben: *Wenn ich als Folge davon, dass ich den Anforderungen der Medien entspreche, auch nur ein Kind irgendwo auf der Welt zur Naturwissenschaft locke, dann werde ich zufrieden sein. Und wenn ich die Öffentlichkeit und vielleicht auch meinen Berufsstand dazu bringe, meine ungewöhnliche Hypothese bereitwilliger in Betracht zu ziehen, umso besser.*

• • •

Im Sinne der Gedankenexperimente, mit denen ich dieses Buch eröffnet habe und die ich meinen Undergraduates in Harvard vorlegte, folgt hier ein weiteres:

Stellen Sie sich vor, dass die NASA, sagen wir 1976, Beweise für außerirdisches Leben auf einem anderen Planeten entdeckt hat – zum Beispiel auf dem Mars. Die NASA hatte eine Raumsonde auf den Roten Planeten geschickt; diese Sonde führte Bodenproben durch, die analysiert wurden, wobei man feststellte, dass sie organische Materie enthielten. Und die Folge war, dass die ultimative Frage – ist das irdische Leben das einzige Leben im Universum? – eindeutig beantwortet wurde. Die Daten wurden von der naturwissenschaftlichen Gemeinschaft präsentiert und von der Öffentlichkeit akzeptiert.

Folglich ist die Menschheit in den letzten vierzig Jahren ihren Alltagstätigkeiten und wissenschaftlichen Forschungen mit der Vorstellung nachgegangen, dass am irdischen Leben nichts einzigartig ist, denn wenn organische Materie auf dem Mars existiert, ist es statistisch nahezu sicher, dass es auch anderswo existiert. Geleitet von dieser Vorstellung, haben die Komitees, die neue wissenschaftliche Projekte und Instrumente evaluieren und finanzieren, beschlossen, Geld in die weitere Suche nach Leben jenseits der Erde zu lenken. Öffentliche Gelder sind geflossen, die diese neuen Forschungen unterstützten. Lehrbücher wurden umgeschrieben, Graduiertenprogramme mit einem neuen Schwerpunkt ausgestattet, alte Annahmen infrage gestellt.

Und nun stellen Sie sich vor, dass vierzig Jahre, nachdem Beweise für organisches Leben auf dem Mars gefunden wurden, ein kleines interstellares Objekt – mit hoher Leuchtkraft, merkwürdig taumelnd, mit einer 91-prozentigen Wahrscheinlichkeit, scheibenförmig zu sein – durch unser Sonnensystem hindurchflog und ohne sichtbare Ausgasungen ruckfrei auf einer Bahn beschleunigte, die von derjenigen, die von der Schwerkraft der Sonne allein bestimmt wäre, abwich, und zwar mit einem zusätzlichen Schub, der umgekehrt zum Quadrat der Entfernung abnahm.

Und jetzt stellen Sie sich vor, dass die Astronomen genug Daten über dieses Objekt gesammelt haben, um diese Anomalien zu verstehen, und dass ein paar Wissenschaftler die Daten untersuchten und verkündeten, eine mögliche Erklärung für die sonderbaren Eigenschaften dieses Objekts sei sein außerirdischer Ursprung.

Was wäre in dieser alternativen Wirklichkeit Ihrer Meinung nach die Reaktion des Berufsstands und der Öffentlichkeit auf eine solche Hypothese?

Bei einem Zeitraum von vierzig Jahren, in dem sie sich auf Belege für außerirdisches Leben einstellen konnte, hätte die Welt meiner Vermutung nach diese Hypothese unter all den ungewöhnlichen Szenarien, die für die Erklärung von ’Oumuamuas Besonderheiten angeboten wurden, als weniger exotisch angesehen. Vielleicht hätte die Welt auch die dazwischenliegenden vierzig Jahre darauf verwendet, sich so zu organisieren, dass sie besser auf die Entdeckung und Untersuchung ’Oumuamuas vorbereitet gewesen wäre; das hätte den Wissenschaftlern ermöglichen können, ’Oumuamua schon im Juli 2017 zu entdecken, was ihnen genügend Zeit gegeben hätte, ein Raumfahrzeug zu dem Zweck zu starten, diesem sonderbaren Objekt zu begegnen und seine Oberfläche aus der Nähe zu fotografieren.

Und vielleicht würden wir nun – anstatt auf den Tag zu warten, an dem die Starshot-Initiative ihr erstes Lichtsegelfahrzeug in das Universum hinausschickt, wie wir es gegenwärtig tun – die bevorstehende Rückkehr der Daten eben dieser Raumfahrzeuge erwarten, die vor zwanzig Jahren gestartet worden wären.

Dieses Gedankenexperiment hat zwei Ziele. Es sollte uns daran erinnern, dass wir die Daten, die das Universum liefert, zwar nicht kontrollieren können, es aber durchaus in unserer Macht steht, wie wir nach ihnen suchen, sie bewerten und unsere zukünftigen wissenschaftlichen Unternehmungen neu ausrichten. Die Welt der Möglichkeiten, der wir uns zu öffnen entscheiden und die von den Belegen begrenzt wird, die wir sammeln und die wir unsere kollektive Intelligenz in Betracht ziehen lassen, bestimmt in hohem Maße die Welt, in der unsere Kinder und Enkelkinder leben werden.

Das zweite Ziel dieses Gedankenexperiments besteht darin, eine verpasste Gelegenheit hervorzuheben.

Im Jahr 1975 schickte die NASA zwei Viking-Landemodule zum Mars; diese kleinen Sonden erreichten den Roten Planeten im darauffolgenden Jahr. Sie führten Experimente durch und sammelten Bodenproben, die sie anschließend analysierten. Alle Ergebnisse wurden zur Erde zurückübertragen.

Im Oktober 2019 veröffentlichte Gilbert V. Levin – Projektleiter bei einem der Experimente, die von den Viking-Landemodulen durchgeführt wurden, dem Labeled-Release-Experiment – einen Aufsatz im *Scientific American*, in dem er behauptete, dass das Experiment zu positiven Ergebnissen geführt hatte, die ein Beweis für Leben auf dem Mars waren. Es war dazu entworfen, die Marserde auf organische Materie zu überprüfen, schrieb Levin in dem Artikel, und »anscheinend hatten wir diese ultimative Frage beantwortet«.[23]

Das Experiment war einfach: Man führe Nährstoffe in den Marserdboden ein und sehe zu, ob irgendetwas in diesem Erdboden sie als Nahrung aufnimmt. Das Landemodul war mit radioaktiven Überwachungsgeräten ausgestattet, die irgendwelche Stoffwechselspuren entdecken konnten, die eine solche Aufnahme hervorbringen würde. Darüber hinaus konnte das Landemodul das Experiment wiederholen, nachdem es die Erde bis zu einer Temperatur erhitzt hatte, die alles bekannte Leben abtöten würde. Wenn es im ersten Experiment einen Nachweis für einen Stoffwechsel gäbe, und im zweiten Experiment nicht, dann würde das darauf hinweisen, dass biologisches Leben am Werk war.

Und genau das zeigte Levin zufolge das Experiment auch.

Anderen Experimenten gelang es jedoch nicht, bestätigende Nachweise für Leben auf dem Mars zu finden. Das Ergebnis des ersten Experiments wurde von der NASA als falsch positives Ergebnis bezeichnet. Und in den folgenden Jahrzehnten hat kein NASA-Landefahrzeug, das zum Mars geschickt wurde, Instrumente zur Weiterverfolgung dieses Experiments mit sich geführt.

Sowohl die NASA als auch andere Raumfahrtbehörden planen, Geländefahrzeuge auf dem Mars landen zu lassen mit einer Ausrüstung, die dazu entworfen ist, nach Anzeichen vergangenen Lebens zu suchen. Treffenderweise wird das Gerät auf dem Geländefahrzeug der NASA als Scanning Habitable Environments with Raman and Luminiscence for Organics and Chemicals instrument (Instrument zur Überprüfung habitabler Umgebungen auf organische und chemische Stoffe mit Raman- und Lumineszenz-Spektroskopie) – kurz SHERLOC – bezeichnet. Wir können alle einen gewissen Trost aus der Tatsache ziehen, dass die Detektivarbeit der Naturwissenschaft, wie zögerlich auch immer, weitergeht.[24]

NACHWORT

Am 14. September 2020 berichteten Naturwissenschaftler auf der Erde erstmals über eine mögliche Biosignatur in der Atmosphäre eines anderen Planeten. Diese neuen potenziellen Belege für außerirdisches Leben wurden nicht etwa in der Nähe eines weit entfernten Sterns gefunden. Vielmehr fand man sie so wie bei ʼOumuamua ganz in der Nähe der Erde, in unserem eigenen Sonnensystem.

Ein Forschungsteam, das von Jane Greaves von der Cardiff University im Vereinigten Königreich geleitet wurde, hatte durch vorsichtiges Herantasten eine chemische Verbindung namens Phosphin (PH3) in den Wolken unseres Nachbarplaneten Venus entdeckt. Bei der Suche nach seinem spektralen Fingerabdruck bei der Absorbierung von Licht im Millimeterwellenlängenbereich hatten sie Anzeichen des Gases in einer Höhe von etwa 56 Kilometern über der Oberfläche des Planeten festgestellt. Die Oberfläche der Venus ist gegenwärtig zu heiß, als dass flüssiges Wasser auf ihr existieren könnte, und deshalb ist ihr steiniges Terrain, soweit wir wissen, für Leben unwirtlich. Aber in solcher Höhe sind die Temperatur und der Druck den Bedingungen in der unteren Erdatmosphäre ähnlich – was die eindeutige Möglichkeit aufwirft, dass Mikroben innerhalb von flüssigen Tröpfchen leben könnten, die in der Venusatmosphäre schweben.

Auf der Erde ist Phosphin ein Produkt des Lebens. Und bis heute wurden keine alternativen chemischen Reaktionspfade für die Produktion von Phosphin in den Konzentrationen ausfindig gemacht, die in der Venusatmosphäre beobachtet wurden.

Diese potenzielle Entdeckung rüttelte die Astronomiegemeinschaft ebenso sehr auf wie die Entdeckung 'Oumuamuas fast genau drei Jahre zuvor. Wie damals spornte die ursprüngliche Bekanntmachung meine Forschergruppe zu hektischen Berechnungen an. Beispielsweise berechnete ich mit Manasvi Lingam, dass die minimale Mikrobendichte, die für die Produktion des Phosphins erforderlich war, das man in der Wolke der Venus gefunden hatte, nicht größer ist als die in der Luft auf der Erde, sondern um viele Größenordnungen darunterliegt. Mit anderen Worten, es musste überhaupt nicht viel Leben auf der Venus gegeben haben, damit Anzeichen davon von der Erde aus entdeckt werden konnten. Darüber hinaus zeigten Amir Siraj und ich, dass Asteroiden, die Planeten streifen, den Atmosphären von Erde und Venus Mikroben verabreicht haben könnten – was auf die überprüfbare Möglichkeit hindeutet, dass ihr Leben gemeinsame Vorfahren hatte, wenn es auf der Venus tatsächlich überhaupt Leben gibt.

Wie bei 'Oumuamua markiert das Phosphin der Venus den Anfang und nicht das Ende einer neuen Entdeckungsreise. Als Nächstes werden die Naturwissenschaftler mehr Daten bekommen, mit denen sich die Realität des berichteten Nachweises prüfen lässt, und sie werden außerdem überprüfen, ob der einzige natürliche Reaktionspfad zur Herstellung von Phosphin bei lebenden Organismen liegt. Schlüssige Beweise für Leben werden auf eine Sonde warten müssen, die die Venus physisch besucht, Material aus ihren Wolken abschöpft und in diesen Proben nach Mikroben fahndet. Kurz, die Detektivarbeit geht weiter.

DANK

Mein tiefster Dank geht an meine Eltern, Sara und David, die umsichtig meine Neugier und mein Staunen während meiner gesamten, nie endenden Kindheit förderten, und an meine bemerkenswerte Ehefrau Ofrit und unsere bezaubernden Töchter, Klil und Lotem, deren bedingungslose Unterstützung und Liebe mein Leben lebenswert machen.

Während meiner gesamten wissenschaftlichen Laufbahn profitierte ich stark von der Zusammenarbeit mit Dutzenden brillanter Studenten und Postdoktoranden, von denen ein kleiner Bruchteil namentlich durch das ganze Buch hindurch erwähnt wird und deren gesamtes Arbeitsspektrum auf meiner Website zu finden ist, https://www.cfa.harvard.edu/~loeb/. Wie Rabbi Hanina im Talmud bemerkte: »Ich habe viel von meinen Lehrern gelernt, mehr von meinen Kollegen und das meiste von meinen Schülern.«

Dieses Buch wäre nie geschrieben worden ohne entscheidende Teammitglieder. Insbesondere danke ich meinen Literaturagentinnen Leslie Meredith und Mary Evans dafür, dass sie mich überzeugt haben, dieses Buch inmitten eines hektischen Forschungsprogramms zu schreiben; den Lektoren Alex Littlefield und Georgina Laycock für ihre großzügige Unterstützung und ihren Rat zu diesem Schreibprojekt und Tomas LeBien sowie Amanda Moon für ihre außergewöhnlich professionelle und brillante Kenntnis bei der Zusammensetzung und Organisation der Materialien in diesem Buch. Ich danke auch Michael Lemonick, dem Herausgeber des *Scientific American*-Blogs

Observations, dafür, dass er mir eine unschätzbare Plattform für die Entwicklung meiner Ansichten und Argumente geboten hat.

Diese Versammlung hilfreicher Mitarbeiter brachte mir bei, was ich über mich selbst und folglich über die Welt weiß. Schließlich werden die Horizonte des Universums, die wir entdecken, von dem bestimmt, was unserer Vorstellung nach da draußen existiert.

ANMERKUNGEN

1 International Astronomical Union, »The IAU Approves New Type of Designation for Interstellar Objects«, 14. November 2017, https://www.iau.org/news/announcements/detail/ann17045/.

2 Marco Micheli et al., »Non-gravitational Acceleration in the Trajectory of 1I/2017 U1 ('Oumuamua)«, *Nature* 559 (2018): S. 223–226, https://www.ifa.hawaii.edu/~meech/papers/2018/Micheli2018-Nature.pdf.

3 Roman Rafikov, »Spin Evolution and Cometary Interpretation of the Interstellar Minor Object 1I/2017 'Oumuamua«, *The Astrophysical Journal* (2018), https://arxiv.org/pdf/1809.06389.pdf.

4 David E. Trilling et al., »Spitzer Observations of Interstellar Object 1I/'Oumuamua«, *Astronomical Journal* (2018), https://arxiv.org/pdf/1811.08072.pdf.

5 Man-To Hui und Mathew M. Knight, »New Insights into Interstellar Object 1I/2017 U1 ('Oumuamua) from SOHO/STEREO Nondetections«, *Astronomical Journal* (2019), https://arxiv.org/pdf/1910.10303.pdf.

6 NASA, »Nearing 3000 Comets: SOHO Solar Observatory Greatest Comet Hunter of All Time«, 30. Juli 2015, https://www.nasa.gov/feature/goddard/soho/solar-observatory-greatest-comet-hunter-of-all-time.

7 Darryl Seligman und Gregory Laughlin, »Evidence that 1I/2017 U1 (V) Was Composed of Molecular Hydrogen Ice«, *Astrophysical Journal Letters* (2020), https://arxiv.org/pdf/2005.12932.pdf.

8 Zdenek Sekania, »1I/'Oumuamua As Debris of Dwarf Interstellar Comet That Disintegrated Before Perihelion«, arXiv.org (2019), https://arxiv.org/pdf/1901.08704.pdf.

9 Amaya Moro-Martin, »Could 1I 'Oumuamua Be an Icy Fractal Aggregate«, *Astrophysical Journal* (2019), https://arxiv.org/pdf/1902.04100.pdf.

10 Sergey Mashchenko, »Modeling the Light Curve of 'Oumuamua: Evidence for Torque and Disk-Like Shape«, *Monthly Notices of the Royal Astronomical Society* (2019), https://arxiv.org/pdf/1906.03696.pdf.

11 Yun Zhang und Douglas N. C. Lin, »Tidal Fragmentation as the Origin of 1I/2017 U1 ('Oumuamua)«, *Nature Astronomy* (2020), https://arxiv.org/pdf/2004.07218.pdf.

12 'Oumuamua ISSI Team, »The Natural History of 'Oumuamua«, *Nature Astronomy* 3 (2019), https://arxiv.org/pdf/1907.011910.pdf.

13 Michelle Starr, »Astronomers Have Analysed Claims 'Oumuamua's an Alien Ship, and It's Not Looking Good«, *Science Alert*, 1. Juli 2019,

https://www.sciencealert.com/astronomers-have-determined-Oumuamua-is-really-truly-not-an-alien-lightsail.

14 Aaron Do, Michael A. Tucker und John Tonry, »Interstellar Interlopers: Number Density and Origin of 'Oumuamua-Like Objects«, *Astrophysical Journal* (2018), https://arxiv.org/pdf/1801.02821.pdf.

15 Amaya Moro-Martin, »Origin of 1I'Oumuamua. I. An Ejected Protoplanetary Disk Object?«, *Astrophysical Journal* (2018), https://arxiv.org/pdf/1810.02148.pdf; Amaya Moro-Martin, »II. An Ejected Exo-Oort Cloud Object«, *Astronomical Journal* (2018), https://arxiv.org/pdf/1811.00023.pdf.

16 Eric Mamajek, »Kinematics of the Interstellar Vagabond 1I/'Oumuamua (A/2017 U1)«, *Research Notes of the American Astronomical Society* (2017), https://arxiv.org/abs/1710.11364.

17 Giuseppe Cocconi und Philipp Morrison, »Searching for Interstellar Communications«, *Nature* 184, Nr. 4690 (19. September 1959): S. 844–46, http://www.iaragroup.org/_OLD/seti/pdf_IARA/cocconi.pdf.

18 Adam Mann, »Intelligent Ways to Search for Extraterrestrials«, *New Yorker* (3. Oktober 2019).

19 »SETI Is a Very Young Field (Academically)«, *AstroWright* (blog), 23. Januar 2019, https://sites.psu.edu/astrowright/2019/01/23/seti-is-a-very-young-field-academically/.

20 Silpa Kaza et al., »What a Waste 2.0: A Global Snapshot of Solid Waste Management to 2050«, Weltbank (2018), https://openknowledge.worldbank.org/handle/10986/30317.

21 Mario Livio, »Winston Churchill's Essay on Alien Life Found«, *Nature* (2017), https://222.nature.com/news/winston-churchill-s-essay-on-alien-life-found-1.21467; Brian Handwerk, »›Are We Alone in the Universe?‹ Winston Churchill's Lost Extraterrestrial Essay Says No«, SmithsonianMag.com, 16. Februar 2017, https://www.smithsonianmag.com/science-nature/winston-churchill-question-alien-life-180962198/.

22 Sie können sich ein Video von Hawkings kurzer Rede im Haus meiner Familie am 22. April 2016 unter folgendem Link ansehen: https//www.cfa.harvard.edu/~loeb/SI.html.

23 Gilbert V. Levin, »I'm Convinced We Found Evidence of Life on Mars in the 1970s«, *Scientific American*, 10. Oktober 2019, https://blogs.scientificamerican.com/observations/im-convinced-we-found-evidence-of-life-on-mars-in-the-1970s/.

24 Am 14. September 2020 wurde der erste Bericht über eine mögliche Biosignatur in der Atmosphäre eines Planeten verkündet. Ein Forschungsteam, das von Jane Greaves von der Cardiff University in England geleitet wurde, entdeckte Phosphin (PH_3) in den Wolken der Venus in einer Höhe von etwa 56 Kilometern über dem Boden, wo Temperatur und Druck den Bedingungen in der unteren Atmosphäre der Erde ähnlich sind und wo Mikroben im Innern von flüssigen Tröpfchen leben könnten. Auf der Erde ist Phosphin ein Produkt von Leben, und man nimmt an, dass es aus einer Lebensform in der Atmosphäre seines benachbarten steinernen Planeten ausströmt. Als Nächstes werden die Wissenschaftler überprüfen, ob der einzige natürliche Pfad für die Herstellung von Phosphin in lebendigen Organismen besteht. Schlüssige Belege für Leben werden auf einen Forschungssatelliten warten müssen, der die Venus physisch besuchen wird, das Material aus ihren Wolken abschöpft und diese Proben auf Mikroben untersucht. [Jane Greaves et al., »Phosphine Gas in the Cloud Decks of Venus«, *Nature Astronomy* (2020), https://arxiv.org/ftp/arxiv/papers/2009/2009.06593.pdf].

WEITERFÜHRENDE LITERATUR

Viele der Ideen, die in diesem Buch behandelt werden, wurden zuerst in meinen zuvor veröffentlichten Aufsätzen angeschnitten und erforscht. Eine Liste mit Hyperlinks ist hier erhältlich: https://www.cfa.harvard.edu/~loeb/Oumuamua.html.

Unten sind einige meiner Aufsätze zu den Themen jedes Kapitels aufgeführt. Alle URLs, die in diesem Abschnitt und im nächsten für Aufsätze aus wissenschaftlichen Zeitschriften angegeben sind, leiten zu arXiv weiter, einem Vorabdruck-Server, der wissenschaftliche Aufsätze für die wissenschaftliche Gemeinschaft und die Öffentlichkeit zur Verfügung stellt.

Einleitung

Loeb, A., »The Case for Cosmic Modesty«, *Scientific American,* 28. Juni 2017, https://blogs.scientificamerican.com/observations/the-case-for-cosmic-modesty/.

— »Seeking the Truth When the Consensus Is Against You«, *Scientific American,* 9. November 2018, https://blogs.scientificamerican.com/observations/seeking-the-truth-when-the-consensus-is-against-you/.

— »Science Is Not About Getting More Likes«, *Scientific American,* 8. Oktober 2019, https://blogs.scientificamerican.com/observations/science-is-not-about-getting-more-likes/.
— »Essential Advice for Fledgling Scientists«, *Scientific American,* 2. Dezember 2019, https://blogs.scientificamerican.com/observations/essential-advice-for-fledgling-scientists/.
— »A Tale of Three Nobels«, *Scientific American,* 18. Dezember 2019, https://blogs.scientificamerican.com/observations/a-tale-of-three-nobels/.
— »Advice to Young Scientists: Be a Generalist«, *Scientific American, 16. März* 2020, https://blogs.scientificamerican.com/observations/advice-for-young-scientists-be-a-generalist/.
— »The Power of Scientific Brainstorming«, *Scientific American,* 23. Juli 2020, https://www.scientificamerican.com/article/the-power-of-scientific-brainstorming/.
— »A Movie of the Evolving Universe Is Potentially Scary«, *Scientific American*, 2. August 2020, https://www.scientificamerican.com/article/a-movie-of-the-evolving-universe-is-potentially-scary/
Moro-Martin, A., E. L. Turner und A. Loeb, »Will the Large Synoptic Survey Telescope Detect Extra-Solar Planetesimals Entering the Solar System?«, *Astrophysical Journal* (2009), https://arxiv.org/pdf/0908.3948.pdf.

1. Kundschafter

Bialy, S. und A. Loeb, »Could Solar Radiation Pressure Explain 'Oumuamua's Peculiar Acceleration?«, *Astrophysical Journal Letters* (2018), https://arxiv.org/pdf/1810.11490.pdf.
Loeb, A., »Are Alien Civilizations Technologically Advanced?«, *Scientific American,* 8. Januar 2018, https://blogs.scientificamerican.com/observations/are-alien-civilizations-technologically-advanced/.
— »Searching for Relics of Dead Civilizations«, *Scientific American,*

27. September 2018, https://blogs.scientificamerican.com/observations/how-to-search-for-dead-cosmic-civilizations/.
— »Q&A with a Journalist«, Center for Astrophysics, Harvard University, 25. Januar 2019, https://www.cfa.harvard.edu/~loeb/QA.pdf.

2. Die Farm

Loeb, A., »The Humanities of the Future«, *Scientific American*, 22. März 2019, https://blogs.scientificamerican.com/observations/the-humanities-and-the-future/.
— »What Is the One Thing You Would Change About the World?«, *Harvard Gazette*, 1. Juli 2019, https://news.harvard.edu/gazette/story/2019/06/focal-point-harvard-professor-avi-loeb-wants-more-scientists-to-think-like-children/.
— »Science as a Way of Life«, *Scientific American*, 14. August 2019, https://blogs.scientificamerican.com/observations/a-scientist-must-go-where-the-evidence-leads/.
— »Beware of Theories of Everything«, *Scientific American*, 9. Juni 2020, https://blogs.scientificamerican.com/observations/beware-of-theories-of-everything/.
Loeb, A. und E. L. Turner, »Detection Technique for Artificially Illuminated Objects in the Outer Solar System and Beyond«, *Astrobiology* (2012), https://arxiv.org/pdf/1110.6181.pdf.

3. Anomalien

Hoang, T. und A. Loeb, »Destruction of Molecular Hydrogen Ice and Implications for 1I/2017 U1 ('Oumuamua)«, *Astrophysical Journal Letters* (2020), https://arxiv.org/pdf/2006.08088.pdf.
Lingam, M. und A. Loeb, »Implications of Captured Interstellar Objects for Panspermia and Extraterrestrial Life«, *Astrophysical Journal* (2018), https://arxiv.org/pdf/1801.10254.pdf.

Loeb, A., »Theoretical Physics Is Pointless Without Experimental Tests«, *Scientific American, 10.* August 2018, https://blogs.scientificamerican.com/observations/theoretical-physics-is-pointless-without-experimental-tests/.

— »The Power of Anomalies«, *Scientific American, 28.* August 2018, https://blogs.scientificamerican.com/observations/the-power-of-anomalies/.

— »On 'Oumuamua«, Center for Astrophysics, Harvard University, 5. November 2018, https://www.cfa.harvard.edu/~loeb/Oumuamua.pdf.

— »Six Strange Facts About the First Interstellar Visitor, 'Oumuamua«, *Scientific American, 20.* November 2018, https://blogs.scientificamerican.com/observations/6-strange-facts-about-the-interstellar-visitor-Oumuamua/.

— »How to Approach the Problem of 'Oumuamua«, *Scientific American, 19.* Dezember 2018, https://blogs.scientificamerican.com/observations/how-to-approach-the-problem-of-Oumuamua/.

— »The Moon as a Fishing Net for Extraterrestrial Life«, *Scientific American, 25.* September 2019, https://blogs.scientificamerican.com/observations/the-moon-as-a-fishing-net-for-extraterrestrial-life/.

— »The Simple Truth About Physics«, *Scientific American,* 1. Januar 2020, https://blogs.scientificamerican.com/observations/the-simple-truth-about-physics/.

Sheerin, T. F. und A. Loeb, »Could 1I/2017 U1 'Oumuamua Be a Solar Sail Hybrid?«, Center for Astrophysics, Harvard University, Mai 2020, https://www.cfa.harvard.edu/~loeb/TL.pdf.

Siraj, A. und A. Loeb, »'Oumuamua's Geometry Could Be More Extreme than Previously Inferred«, *Research Notes of the American Astronomical Society* (2019), http://iopscience.iop.org/article/10.3847/2515-5172/aafe7c/meta.

— »Identifying Interstellar Objects Trapped in the Solar System Through Their Orbital Parameters«, *Astrophysical Journal Letters* (2019), https://arxiv.org/pdf/1811.09632.pdf.

— »An Argument for a Kilometer-Scale Nucleus of C/2019 Q4«,

Research Notes of the American Astronomical Society (2019), https://arxiv.org/pdf/1909.07286.pdf.

4. StarChips

Christian, P. und A. Loeb, »Interferometric Measurement of Acceleration at Relativistic Speeds«, *Astrophysical Journal* (2017), https://arxiv.org/pdf/1608.08230.pdf.

Guillochon, J. und A. Loeb, »SETI via Leakage from Light Sails in Exoplanetary Systems«, *Astrophysical Journal* (2016), https://arxiv.org/pdf/1508.03043.pdf.

Kreidberg, L. und A. Loeb, »Prospects for Characterizing the Atmosphere of Proxima Centauri b«, *Astrophysical Journal Letters* (2016), https://arxiv.org/pdf/1608.07345.pdf.

Loeb, A., »On the Habitability of the Universe«, *Consolidation of Fine Tuning* (2016), https://arxiv.org/pdf/1606.08926.pdf.

— »Searching for Life Among the Stars«, *Pan European Networks: Science and Technology*, Juli 2017, https://www.cfa.harvard.edu/~loeb/PEN.pdf.

— »Breakthrough Starshot: Reaching for the Stars«, *SciTech Europa Quarterly*, März 2018, https://www.cfa.harvard.edu/~loeb/Loeb_Starshot.pdf.

— »Sailing on Light«, *Forbes*, 8. August 2018, https://www.cfa.harvard.edu/~loeb/Loeb_Forbes.pdf

— »Interstellar Escape from Proxima b Is Barely Possible with Chemical Rockets«, *Scientific American*, (2018), https://arxiv.org/pdf/1804.03698.pdf.

Loeb, A., R. A. Batista und D. Sloan, »Relative Likelihood for Life as a Function of Cosmic Time«, *Journal of Cosmology and Astroparticle Physics* (2016), https://arxiv.org/pdf/1606.08448.pdf.

Manchester, Z. und A. Loeb, »Stability of a Light Sail Riding on a Laser Beam«, *Astrophysical Journal Letters* (2017). https://arxiv.org/pdf/1609.09506.pdf.

5. Die Lichtsegel-Hypothese

Hoang, T. und A. Loeb, »Electromagnetic Forces on a Relativistic Spacecraft in the Interstellar Medium«, *Astrophysical Journal* (2017), https://arxiv.org/pdf/1706.07798.pdf.

Hoang, T., A. Lazarian, B. Burkhart und A. Loeb, »The Interaction of Relativistic Spacecrafts with the Interstellar Medium«, *Astrophysical Journal* (2017), https://arxiv.org/pdf/1802.01335.pdf.

Hoang, T., A. Loeb, A. Lazarian und J. Cho, »Spinup and Disruption of Interstellar Asteroids by Mechanical Torques, and Implications for 1I/2017 U1 ('Oumuamua)«, *Astrophysical Journal* (2018), https://arxiv.org/pdf/1802.01335.pdf.

Loeb, A., »An Audacious Explanation for Fast Radio Bursts«, *Scientific American*, 24. Juni 2020, https://www.scientificamerican.com/article/an-audacious-explanation-for-fast-radio-bursts/

6. Muschelschalen und Bojen

Lingam, M. und A. Loeb, »Risks for Life on Habitable Planets from Superflares of Their Host Stars«, *Astrophysical Journal* (2017), https://arxiv.org/pdf/1708.04241.pdf.

— »Optimal Target Stars in the Search for Life«, *Astrophysical Journal Letters* (2018), https://arxiv.org/pdf/1803.07570.pdf.

Loeb, A., »For E. T. Civilizations, Location Could Be Everything«, *Scientific American,* 13. März 2018, https://blogs.scientificamerican.com/observations/for-e-t-civilizations-location-could-be-everything/.

— »Space Archaeology«, *Atmos, 8.* November 2019, https://www.cfa.harvard.edu/Atmos_Loeb.pdf.

Siraj, A. und A. Loeb, »Radio Flares from Collisions of Neutron Stars with Interstellar Asteroids«, *Research Notes of the American Astronomical Society* (2019), https://arxiv.org/pdf/1908.11440.pdf.

— »Observational Signatures of Sub-Relativistic Meteors«, *Astrophysical Journal Letters* (2020), https://arxiv.org/pdf/2002.01476.pdf.

7. Von Kindern lernen

Lingam, M. und A. Loeb, »Fast Radio Bursts from Extragalactic Light Sails«, *Astrophysical Journal Letters* (2017), https://arxiv.org/pdf/1701.01109.pdf.

— »Relative Likelihood of Success in the Searches for Primitive versus Intelligent Life«, *AstroBiology* (2019), https://arxiv.org/pdf/1807.08879.pdf.

8. Unermessliche Weite

Loeb, A., *How Did the First Stars and Galaxies Form?* Princeton, NJ: Princeton University Press, 2010.

— »Geometry of the Universe«, *Astronomy*, 8. Juli 2020, https://www.cfa.harvard.edu/~loeb/Geo.pdf.

Loeb, A. und S. R. Furlanetto, *The First Galaxies in the Universe*. Princeton, NJ: Princeton University Press, 2013.

Loeb, A. und M. Zaldarriaga, »Eavesdropping on Radio Broadcasts from Galactic Civilizations with Upcoming Observatories for Redshifted 21 cm Radiation«, *Journal of Cosmology and Astroparticle Physics* (2007), https://arxiv.org/pdf/astro-ph/0610377.pdf.

9. Filter

Lingam, M. und A. Loeb, »Propulsion of Spacecrafts to Relativistic Speeds Using Natural Astrophysical Sources«, *Astrophysical Journal* (2020), https://arxiv.org/pdf/2002.03247.pdf.

Loeb, A., »Our Future in Space Will Echo Our Future on Earth«, *Scientific American,* 10. Januar 2019, https://blogs.scientificamerican.com/observations/our-future-in-space-will-echo-our-future-on-earth/.

— »When Lab Experiments Carry Theological Implications«, *Scientific American,* 22. April 2019, https://blogs.scientificamerican.com/observations/when-lab-experiments-carry-theological-implications/.

— »The Only Thing That Remains Constant Is Change«, *Scientific American,* 6. September 2019, https://blogs.scientificamerican.com/observations/the-only-thing-that-remains-constant-is-change/.

Siraj, A. und A. Loeb, »Exporting Terrestrial Life Out of the Solar System with Gravitational Slingshots of Earthgrazing Bodies«, *International Journal of Astrobiology* (2019), https://arxiv.org/pdf/1910.06414.pdf.

10. Astroarchäologie

Lin, H. W., G. Gonzalez Abad und A. Loeb, »Detecting Industrial Pollution in the Atmospheres of Earth-Like Exoplanets«, *Astrophysical Journal Letters* (2014), https://arxiv.org/pdf/1406.3025.pdf.

Lingam, M. und A. Loeb, »Natural and Artificial Spectral Edges in Exoplanets«, *Monthly Notices of the Royal Astronomical Society* (2017), https://arxiv.org/pdf/1702.05500.pdf.

Loeb, A., »Making the Church Taller«, *Scientific American,* 18. Oktober 2018, https://blogs.scientificamerican.com/observations/making-the-church-taller/.

— »Advanced Extraterrestrials as an Approximation to God«, *Scientific American,* 26. Januar 2019, https://blogs.scientificamerican.com/observations/advanced-extraterrestrials-as-an-approximation-to-god/.

— »Are We Really the Smartest Kid on the Cosmic Block?«, *Scientific*

American, 4. März 2019, https://blogs.scientificamerican.com/observations/are-we-really-the-smartest-kid-on-the-cosmic-block/
— »Visionary Science Takes More Than Just Technical Skills«, *Scientific American, 25. Mai* 2020, https://blogs.scientificamerican.com/observations/visionary-science-takes-more-than-just-technical-skills/.

11. 'Oumuamuas Wette

Chen, H., J. C. Forbes und A. Loeb, »Influence of XUV Irradiation from Sgr A* on Planetary Habitability and Occurrence of Panspermia near the Galactic Center«, *Astrophysical Journal Letters* (2018), https://arxiv.org/pdf/1711.06692.pdf.
Cox, T. J. und A. Loeb, »The Collision Between the Milky Way and Andromeda«, *Monthly Notices of the Royal Astronomical Society* (2008), https://arxiv.org/pdf/0705.1170.pdf.
Forbes, J. C. und Loeb, A., »Evaporation of Planetary Atmospheres Due to XUV Illumination by Quasars«, *Monthly Notices of the Royal Astronomical Society* (2018), https://arxiv.org/pdf/1705.06741.pdf.
Loeb, A., »Long-Term Future of Extragalactic Astronomy«, *Physical Review D* (2002), https://arxiv.org/pdf/astro-ph/0107568.pdf.
— »Cosmology with Hypervelocity Stars«, *Journal of Cosmology and Astroparticle Physics* (2011), https://arxiv.org/pdf/1102.0007.pdf.
— »Why a Mission to a Visiting Interstellar Object Could Be Our Best Bet for Finding Aliens«, *Gizmodo,* 31. Oktober 2018, https://gizmodo.com/why-a-mission-to-a-visiting-interstellar-object-could-b-1829975366.
— »Be Kind to Extraterrestrials«, *Scientific American,* 15. Februar 2019, https://blogs.scientificamerican.com/observations/be-kind-to-extraterrestrials/.
— »Living Near A Supermassive Black Hole«, *Scientific American,* 11. März 2019, https://blogs.scientificamerican.com/observations/living-near-a-supermassive-black-hole/.

12. Samen

Ginsburg, I., M. Lingam und A. Loeb, »Galactic Panspermia«, *Astrophysical Journal* (2018), https://arxiv.org/pdf/1810.04307.pdf.

Lingam, M. und A. Loeb, »Subsurface Exolife«, *International Journal of Astrobiology* (2017), https://arxiv.org/pdf/1711.09908.pdf.

— »Brown Dwarf Atmospheres as the Potentially Most Detectable and Abundant Sites for Life«, *Astrophysical Journal* (2019), https://arxiv.org/pdf/1905.11410.pdf.

— »Dependence of Biological Activity on the Surface Water Fraction of Planets«, *Astronomical Journal* (2019), https://arxiv.org/pdf/1809.09118.pdf.

— »Physical Constraints for the Evolution of Life on Exoplanets«, *Reviews of Modern Physics* (2019), https://arxiv.org/pdf/1810.02007.pdf.

Lingam, M., I. Ginsburg und A. Loeb, »Prospects for Life on Temperate Planets Around Brown Dwarfs«, *Astrophysical Journal* (2020), https://arxiv.org/pdf/1909.08791.pdf.

Loeb, A., »In Search of Green Dwarfs«, *Scientific American*, 3. Juni 2019, https://blogs.scientificamerican.com/observations/in-search-of-green-dwarfs/.

— »Did Life from Earth Escape the Solar System Eons Ago?«, *Scientific American*, 4. November 2019, https://blogs.scientificamerican.com/observations/did-life-from-earth-escape-the-solar-system-eons-ago/.

— »What Will We Do When the Sun Gets Too Hot for Earth's Survival?«, *Scientific American*, 25. November 2019, https://blogs.scientificamerican.com/observations/what-will-we-do-when-the-sun-gets-too-hot-for-earths-survival/

— »Surfing a Supernova«, *Scientific American*, 3. Februar 2020, https://blogs.scientificamerican.com/observations/surfing-a-supernova/.

Siraj, A. und A. Loeb, »Transfer of Life by Earth-Grazing Objects to Exoplanetary Systems«, *Astrophysical Journal Letters* (2020), https://arxiv.org/pdf/2001.02235.pdf.

Sloan, D., R. A. Batista und A. Loeb, »The Resilience of Life to Astrophysical Events«, *Nature Scientific Reports* (2017), https://arxiv.org/pdf/1707.04253.pdf.

13. Singularitäten

Broderick, A. und A. Loeb, »Portrait of a Black Hole«, *Scientific American* (2009), https://www.cfa.harvard.edu/~loeb/sciam2.pdf.
Forbes, J. und A. Loeb, »Turning up the Heat on 'Oumuamua«, *Astrophysical Journal Letters* (2019), https://arxiv.org/pdf/1901.00508.pdf.
Loeb, A., »'Oumuamua's Cousin?«, *Scientific American,* 6. Mai 2019, https://blogs.scientificamerican.com/observations/Oumuamuas-cousin/.
— »It Takes a Village to Declassify an Error Bar«, *Scientific American,* 3. Juli 2019, https://blogs.scientificamerican.com/observations/it-takes-a-village-to-declassify-an-error-bar/.
— »Can the Universe Provide Us with the Meaning of Life?«, *Scientific American,* 18. November 2019, https://blogs.scientificamerican.com/observations/can-the-universe-provide-us-with-the-meaning-of-life/
— »In Search of Naked Singularities«, *Scientific American,* 3. Mai 2020, https://blogs.scientificamerican.com/observations/in-search-of-naked-singularities/.
Siraj, A. und A. Loeb, »Discovery of a Meteor of Interstellar Origin«, *Astrophysical Journal Letters* (2019), https://arxiv.org/pdf/1904.07224.pdf.
— »Probing Extrasolar Planetary Systems with Interstellar Meteors«, *Astrophysical Journal Letters* (2019), https://arxiv.org/pdf/1906.03270.pdf.
— »Halo Meters«, *Astrophysical Journal Letters* (2019), https://arxiv.org/pdf/1906.05291.pdf.

Schluss

Lingam, M. und A. Loeb, »Searching the Moon for Extrasolar Material and the Building Blocks of Extraterrestrial Life«, *Publications of the National Academy of Sciences* (2019), https://arxiv.org/pdf/1907.05427.pdf.

Loeb, A., »Science Is an Infinite-Sum Game«, *Scientific American,* 31. Juli 2018, https://blogs.scientificamerican.com/observations/science-is-an-infinite-sum-game/.

— »Why Should Scientists Mentor Students?«, *Scientific American,* 25. Februar 2020, https://blogs.scientificamerican.com/observations/why-should-scientists-mentor-students/.

— »Why the Pursuit of Scientific Knowledge Will Never End«, *Scientific American,* 6. April 2020, https://blogs.scientificamerican.com/observations/why-the-pursuit-of-scientific-knowledge-will-never-end/.

— »A Sobering Astronomical Reminder from COVID-19«, *Scientific American,* 22. April 2020, https://blogs.scientificamerican.com/observations/a-sobering-astronomical-reminder-from-covid-19/.

— »Living With Scientific Uncertainty«, *Scientific American*, 15. Juli 2020, https://www.scientificamerican.com/article/living-with-scientific-uncertainty/.

— »What if We Lived a Million Years?«, *Scientific American*, 16. August 2020, https://www.cfa.harvard.edu/~loeb/Li.pdf.

Siraj, A. und A. Loeb, »Detecting Interstellar Objects through Stellar Occultations«, *Astrophysical Journal* (2019), https://arxiv.org/pdf/2001.02681.pdf.

— »A Real-Time Search for Interstellar Impact on the Moon«, *Acta Astronautica* (2019), https://arxiv.org/pdf/1908.08543.pdf.

REGISTER

**Die verborgene Wirklichkeit:
Paralleluniversen und die Gesetze des Kosmos**

Universum – dieser Begriff bezeichnet nicht nur den Weltraum, sondern umfasst die Gesamtheit aller Dinge in unserer Welt. Doch was wäre, wenn das Universum doch nicht die gesamte Welt darstellen würde? Wenn es zwei, drei, ja unendlich viele Universen gäbe? Dass die Idee des Multiversums, also mehrerer möglicher Universen, nicht nur Stoff für Science-Fiction-Romane ist, sondern ein wichtiges Forschungsfeld der Physik, das unseren Blick auf die Welt und unser Verständnis der Wirklichkeit verändert, zeigt Brian Greene in seinem Bestseller.

»Greene schreibt großartig und verknüpft in seiner Darstellung geschickt Metaphern, Analogien und historische Episoden.«
DIE WELT